装修典范03

居家风水
1300问

国际风水、佛学研究专家 崔江◎主编

山东电子音像出版社

目录
Contents

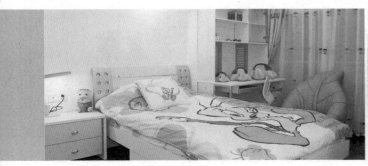

第二部分 居家风水实践篇

第三部分 居家风水关系篇

第二十二章 事业与风水 288

附录

第一部分
风水基本要略篇

　　风水学其实就是古代先贤们总结大自然的规律，在人类生存环境中的运用。风水学包罗万象，内涵博大精深，上至天文，下至地理，讲究藏风、得水、聚气。天地万物都有自己的生命，并有不同的属性，这些属性之间能够相互生克制化，形成一个和谐自然的环境。风水的兴起，风水的流派，风水的历史发展，风水的基本要义，如何对风水理论进行科学的印证，这些都是在学习实用风水时必须了解的基本内容。

　　本篇将传统晦涩的风水典籍简化了，并以通俗易懂的文字，为大家解释深奥枯燥的风水理论知识，其中加入了许多有关风水的逸闻传说、风水大师的趣闻逸事，更加生动和形象。

第一章 风水的历史和演变

1 | "风水" 一词最早源自哪本著作？

"风水"一词最早出现在晋代郭璞所著的《葬书》中。书中说："葬者乘生气也。气乘风则散，界水则止。古人聚之使不散，行之使有止，故谓之风水。"

郭璞指出人在充满生气的地方才能更好地生存，因此人就要寻找能让生气不散的方法。古人认为生气遇到风就会扩散，遇到水就会停止，所以，古人就发明出一系列让生气汇聚而不扩散、运行而不停止的方法，这就是风水学。这段对风水学十分精要的解释，被后世人无数次地引用和诠释。藏风、得水、聚气，也就成为风水师调理风水的重中之重。

2 | "风水" 有哪些别称？

形法：形法是相地相形之意，但它的外延似乎更宽，还包括相人、相畜。

堪舆：堪舆中的"堪"为天道，"舆"为地道，堪舆就是天地运行的原理。

青囊：青囊取自堪舆学的一本秘传著作《青囊经》，这本书流传和影响都很广。传说郭璞就是从这本书中学到风水的精髓而成为一代风水名家。

青乌：传说中有一位专门相墓的堪舆名家青乌子，后人就用他的名字来指代风水。

青鸟：青鸟是一个官名，古代曾把记录时间的天文历法官员叫做"青鸟氏"。

地理：在古代，地理不仅是地貌的意思。古人认为不同地方的地貌变化是有章法和依据的，对它们的总结和预测就是地理。所以，古代的地理家或地师实际上是中国最早的专职风水师。

3 | 风水学是如何诞生的？

远古时期，人类的生存主要依靠大地，要不断地向大地索取生活物资。因此，在远古人类的眼中，大地就像母亲一样，给予了他们生命并养育了他们。所以，他们认为大地是有生命的，还和人类一样有经络穴位，这些经络就是大地生气行走的路线，穴位就是生气聚集的处所。基于大地生气说，中国古人为了得到大地的生气，就千方百计地寻找最具生气的处所，风水学由此诞生了。

4 | 风水学有什么含义？

风水学又叫堪舆学。《尚书》中有"成王在丰，欲宅邑，使召公先相宅"的记载。《淮南子》中记载："堪，天道也；舆，地道也。"堪即天，舆即地，堪舆学即天地之学，它是以河图、洛书为基础，结合八卦九星和阴阳五行的生克制化，把天道运行和地气流转以及人在其中，完整地结合在一起，形成一套特殊的理论体系，从而推断或改变人的吉凶祸福。因此堪舆与人之命运息息相关。

风和水在整个堪舆界学术理论中极具重要性。其实，研究风和水的根本目的，是为了研究"气"。《黄帝内经》曰："气者，人之根本；宅者，阴阳之枢纽，人伦之轨模，顺之则亨，逆之则否。"《易经》曰："星宿带动天气，山川带动地气，天气为阳，地气为阴，阴阳交泰，天地氤氲，万物滋生。"因此，可以看出气对人的重要性。气与风水有着千丝万缕的密切联系。古书载：气乘风则散，界水而止。《水

龙经》也有"水飞走则生气散，水融注则内气聚"等说法，都说明了风和水的重要性。

5 | 为什么说风水学是中国古代的环境文化？

中国人自古就有"天人合一"的观念，认为大地充满了生命，因为大地给予了一切生命以养分，人作为自然的一分子，了解大地气息流转的规律，根据太阳、月亮、行星等天体运行的规律及其对动植物的影响，制定了一套完整的耕种日历，并据此来安排农事，就能达到与自然融合的境地，从而化自然所有

为己所有。

所谓"天人合一",实质就是人如何最有效地利用自然,其方法就是顺应天道,即按照自然运行的方式去寻找最好的自然条件,或将自己所处的环境尽量改造到与自己最为协调。这种改造环境并使之与自己相协调的方法,就是风水学。所以,从改造和利用自然环境的意义上来说,风水学也就是中国本土的环境文化。

6 | 风水学在中国古代的发展状况如何?

风水是古代中国人生活中的重要内容,风水被人们作为一门科学来看待,一般有文化的人都懂得风水。从皇帝到平民,几乎所有的中国人都相信风水的作用。朝廷有专门研究风水的官员,无论是建筑宫殿、衙门、住宅还是陵墓,都需要这些官员指定地址和方位布局。遇到大事件,则需要由他们占算。平民婚丧嫁娶都要翻看黄历,以定吉日;而修建住宅或墓地,都会请专业的风水师来选址布局;如遇事不顺,还要请风水师为其改善风水。

7 | "百家争鸣"局面对风水学产生了怎样的影响?

春秋战国时代,古代天文学、地理学等学科蓬勃发展,引起了人们对宇宙演化和发展的探求,出现了不同的学术流派和哲学思潮,史称"百家争鸣"。人们在对宇宙起源的深入思考中,总结出了一系列为人处世、治国理事的方法,同时也对世界运行原理进行了深入的探讨,这其中就产生了阴阳、八卦、五行、元气等学说。人们根据这些研究又写出了大量技术性专著,如地理和阴阳类书籍,这些都成为人们利用和改造自然的指导。春秋战国时代浓厚的学术氛围、活跃的哲学思想、丰富的理论著作,为中国风水奠定了理论基础。而当时诸侯割据、战乱频繁、各国不断迁都,又为风水理论提供了大量的实践机会。由此,风水学界人才辈出,对其后风水学的发展产生了巨大影响。

8 | 五行学说的盛行对风水学有哪些影响?

五行学说兴起于秦汉时期,当时人们认为自然万物有五种基本属性:水、木、金、火、土,它们之间周而复始地相生相克,构成了一种动态的平衡。现代科学发现的元素周期率证实了中国古代五行周期变化的合理性。五行与阴阳观的结合,又形成了"阴阳五行学说",它认为有了阴阳五行的平衡和协调,才能推动和维持所有事物的正常生长、发展、变化和消亡。阴阳五行学说对后世产生了深远的影响,成为中国古代自然科学和社会科学的总原则。

风水学在阴阳五行学说的影响下,得到了广泛的发展和应用,秦汉时期的术数从而迅速发展。到汉武帝时,术数名家众多,形成了"五行家"、"堪舆家"、"建筑家"、"丛辰家"、"天人家"、"太乙家"与"历家"等,推动了风水学的发展。

9 | 为什么说儒家思想与风水学是不可分割的？

《周易》是风水学的奠基之作，经孔子编修加注之后，成为《易经》，也就是"六经"之一。孔子是儒家思想的代表人物，儒学对《周易》的承传功不可没。当然不能说《周易》的思想都是儒家的思想，但是孔子认同《周易》的基本思想，他说："五十以学易，可以无大过矣。"（《论语·述而》）这话证明了孔子认为《周易》是一部认识事理法则的书。其次，孔子对《周易》有很大的发挥，一般认为《十翼》都出于孔子的手笔，就算《十翼》不是孔子一人的创作，但孔子毕竟是主要作者。因此，儒家的思想里既灌注融会了《周易》里的基本哲学观念，又演化出了许多具体文化思想，可以说儒家思想和风水学是不可分割的。

10 | 道教为风水学作出了怎样的贡献？

道教是中国的本土宗教，其宗旨是通过身体的修炼和对自然的利用，达到天人合一的境界，从而脱离世俗成仙。道教注重对自然环境的研究，对风水学的发展有重要的影响。

道教的经典著作《道藏》中，就收录了风水经典《宅经》和与风水有关的丧葬礼仪著作《儒门崇理折中堪舆完孝录》。理气派风水的"九星说"即是借鉴

道教风水典籍而来的，《九天玄女青囊海角经》就是借了道教神仙谱中的"玄女"之名。青龙、白虎、朱雀、玄武原本是道教中四个方位的保护神，风水借其名形成"四灵"模式。风水的"符镇"借鉴了道教的"符箓"，风水的"悬镜"借鉴了道教的"照妖镜"。风水对道家理论和方法的借鉴，也使道家出现了专门研究风水的道士，这些道士利用道家广泛的群众基础来传播风水，同时也利用改造风水的效果来传播道教。

11 | 佛教与风水学有什么关系？

佛教能在中国盛行，得益于它能根据地域、时代的变化而作出一定的变通。在中国，由于神仙方术和风水堪舆十分流行，为了吸引信众，佛教吸纳了风水中的望气、五行、星宿等知识来占验、预卜、治病等，与风水知识融会贯通。

12 | 秦汉时期风水的性质发生了什么变化？

秦汉时期，以"阴阳"、"五行"为基础的世界观已经形成，风水理论趋于成熟。与此同时，风水术也变得深奥起来，先秦时期的相地术中的迷信成分得到进一步发展，到了汉代，又加入天文学和其他内容，使原本朴素的相地术开始两极分化。其中，以"图宅"为代表的风水流派，因迷信成分加重而跨入了迷信的行列。

13 | 汉代风水学与"黄道"有怎样的关联？

在出现"黄道"概念之前，中国人观测天象是以赤道为坐标的。经过长时间的天文观测，人们发现，在日、月、五星的周围，有一群星星环绕着它们，日、月、五星在它们之间运行，人们就把这些星星定为黄道坐标。汉代的贾逵首次在浑天仪上加入了黄道环，制作出了"黄道铜仪"。

黄道上的星星被古人分为28个星座，由于它们很像日、月、五星的休息场所，就被命名为"二十八宿"，再分为东、南、西、北四个宫，每宫七个星宿，并以青龙、白虎、朱雀、玄武四个灵兽的名字为四宫命名，用来分管东、南、西、北四个方位，取"天之四灵，以正四方"的意思。古人利用它们来观测昼夜、寒暑的交替和阴阳的变化，并测定岁时和季节。在汉代，人们根据黄道研究出了"择吉术"，择吉术给二十八宿赋予了吉凶的内容，成为人们选择吉日的重要依据。择吉术将黄道中的青龙、天德、玉堂、司命、明堂、金匮六星宿称为六黄道，而黄道吉日就是这六星宿所在的日子。

14 | 南北朝时期的山水美学对风水有怎样的影响？

中国古代的"天人合一"观念，使中国人自古对山水充满热爱。魏晋南北朝时期，混乱的政治格局使人们对政治失去了兴趣，而更多地把精力投入到自然环境中。古人发现，山水也有很大的不同，只有充满美感的山水才有灵秀之气，从而出现了山水美学。

人们对山水美学的研究大大促进了风水学的发展。对山水认识的增加，使古人有了更完备的理论和实践知识。这一时期涌现出了一大批优秀的风水大师，写出了各种风水著作，将风水学向前推进了一大步。

15 | 唐宋风水理论大发展有什么标志？

唐宋时期是风水理论大发展的时期，其发展的主要标志有两方面：一是出现了大批风水名家，如唐代的李淳风、杨筠松、张遂等，宋代的蔡元定、赖文俊等，这些风水名家使风水分支学说理论得以迅速发展；二是《宅经》这一类理论著作的大量出现，使风水学与佛、道、儒的观念兼容，在环境观念上合拍。

16 | 明清时期风水学发展何以兴盛？

在宋代基本定型的风水理论上，明清时期的风水学者在实际运用中，对已有的著作做出了进一步的解释，总结和增加了在实践中得到的经验，研究和注释风水著作的风气开始兴盛起来。特别在清代乾隆、嘉庆年间，考证之风的兴起更推动了风水理论研究的发展，众多"校对"、"避谬"之作不断涌现。《四库全书总目提要》几乎对每篇风水著作都做了考证，对当时流行的《葬书》、《宅经》、《地理玉函纂要》、《九星穴法》、《披肝露胆经》、《地理总括》等书的作者、成书年代、大体内容等做了较详细的考证和论述，成为相当重要的风水文献资料。

第二章 历代风水文献与科学印证

17 | 第一本有文字记载的风水经书是什么？

《青囊经》是第一本有文字记载的风水经书，相传是秦朝时期的学者黄石公所著。全书只有寥寥四百余字，却将峦理乘气法尽显出来，为风水学的发展奠定了基石。《青囊经》有上、中、下三卷，上卷讲"化始"，叙述了河图五气、洛书方位与阴阳二气融合而化成天地的定位学理；中卷讲"化机"，讲天地间形气依附与方位配合而成一体的动力；下卷讲"化成"，说明了天地间形气方位与各种法则配合后的影响力。

18 |《易经》如何奠定风水学基础？

《易经》博大精深，无所不包，以太极八卦、河图洛书、阴阳五行学说为基础，旁及天文、地理、兵法、哲学、算术、医学，并渗透到中国社会几千年的政治、经济、军事、科技、文化、教育等各个领域，凝聚了中华民族传统文化的精华，是中国古代哲学的核心。历代名人如姜子牙、诸葛亮、刘伯温及诸子百家皆以《易经》为根据，以儒、道两家思想来阐释风水学。

《易经》中的风水学，实际上就是宇宙星象学、地理物理学、水文地质学、环境景观学、建筑学、生态学以及人体生命信息学等多种学科合为一体的自然科学。它对后天八卦及其衍化进行解释和演绎，为风水师利用自然、改造自然提供了极为实用的方法，是风水学科学化的基础。

此外，汉代《淮南子·地形训》、班固《汉书·地理志》等著作以及对于"地理"、"阴阳"、"五行"等学说的研究，都为风水学奠定了坚实的基础。

19 | 哪两部著作促成了风水理论的形成？

汉代出现的《堪舆至匮》和《宫宅地形》两本风水理论著作，它们是在阴阳学说和五行学说的基础上形成的，是成书最早的系统性风水理论。

《堪舆至匮》讲五行，即用五行的生克原理将住宅与屋主的姓氏联系起来，以判断吉凶，是理法理论的始祖。《宫宅地形》讲形法，即如何选择堪舆作为城市和宫室的自然地形的理论，是形法理论的始祖。自《堪舆至匮》和《宫宅地形》开始，产生了风水理论中理法与形法的分类。

20│《堪舆至匮》与"图宅术"有什么关系？

《堪舆至匮》一书早就流失，其真面目现已无法见到，但经专家推测，"图宅术"是此书的主要内容之一。"图宅术"的理论要点是将住宅与屋主的姓氏联系起来，其理论基础与依据正是五行之气相生相克的原理。该术所用六甲神明与《堪舆至匮》一书中主要内容"六壬"的说法类似，故认为"图宅术"是理法理论的始祖《堪舆至匮》的内容之一。

21│《宫宅地形》是一部什么样的风水书？

《宫宅地形》是关于相地与相宅的图书，称得上是形法理论的始祖，它的内容是关于选择地形、城市、宫室的理论，但此书已散佚，学者推测其是一部对春秋战国以来考察地形、山川，选择城市、宫室位置的经验进行总结的著作。

22│《管氏地理指蒙》与相地术有什么关系？

三国时期的管辂以占墓灵验而闻名天下，后世就有人托他的名写了《管氏地理指蒙》。该书指出要以五行学说来指导丧葬，帮助人返本归元，将天、地、人三者统一。

该书偏重于讲述大地的形势，对山势和地形有全

面的论述。其中，它用物象来比喻地形，以判断吉凶，并对它们进行五行属性的分类。该书说明了大地形势有哪些是不好的，希望人们在相地的时候加以注意。可以说这也是一本内容丰富、观点全面的相地术系统资料。

23│为什么说《葬书》是堪舆理论的奠基之作？

《葬书》是晋代人郭璞写的一部专门论述墓地风水的典籍，书中认为人的福祸、富贫、贵贱都取决于其祖辈墓地风水的好坏。人生于父母，生命的气息就与父母有联系，即使父母死了，他们的骨骸中仍残留着烛火般的气息，将父母的骨骸葬在生气聚集的地方，就能将这些生气传递到与之有气息联系的子孙身上，从而福荫后人。

《葬书》讲的是相墓地的方法，但其中谈到风水保持的方法、地形选址的方法、葬地吉凶的判断方法等，都同样适用于住宅。《葬书》偏重风水形势，几乎不讲卦气、宗庙，内容简明，通俗易懂，书中多次

引用"经曰"，可能是《宅经》，说明《葬书》不是开山之作，但《葬书》在风水术中的权威地位不可忽略，是堪舆理论的奠基之作。

24 |《灵城精义》如何贯通形势派和理气派？

《灵城精义》把辨龙辨穴作为风水的基础，但又认为山川是相对静止的，而时间是在不断变化的，所以要注意时间变化带来的气运变化。全书主张"元运说"，并以此来贯穿形势和理气。该书的上卷讲形势，论述山川形势；下卷讲理气，注重天干星卦的生克吉凶。

25 |《黄帝宅经》是一部怎样的著作？

《黄帝宅经》是一本综论阴宅阳宅的经典著作，此书有多种版本，如《道藏·洞真部众术类》、《小十三经》、《夷门广牍·杂占》、《道藏举要》第九集、《四库全书·子部术数类》、《居家必备·避邪》、《说郛》等都载有此书，足以证明其是一部相地术要籍，流传较广。

《黄帝宅经》将天干地支与八卦相配合，组成二十四山向，分别形成阴宅图和阳宅图。据说清朝皇室的陵墓都曾根据二十四山向，用罗盘测出一块吉祥之地，这种做法称为点穴，点了穴才能破土动工。此书还强调综合考察阳宅，开篇就讲住宅风水的重要性，所以说这是一部综论阴宅阳宅的经典著作。

有人认为此书作者是黄帝，其实在黄帝时代文字还没有完全被创作出来，且著作中列出了李淳风、吕才等人的《宅经》，由其看出此书是唐代或以后的作品。历来有许多托黄帝之名的书籍，如《黄帝内经》，就是为了"高远其所由来"而借黄帝的大名。

26 |《催官篇》与龙、穴、砂、水有什么关系？

《催官篇》为宋代赖文俊所编撰。全书的重点是论龙，龙以二十四山向分阴阳，以震庚亥为三吉，各受吉凶之应，穴、砂、水都受"龙"的制约和决定。《四库全书》评价其说：于阴阳五行、生克制化实能言之成理。《地理大全》、《四秘全书》都载有此书，清代尹有本作注。

27 | 为什么说《地理大全》是风水文献的集萃？

《地理大全》是明代李国木编撰的，古时候"地理"不仅指地理地貌，也指风水，而这本《地理大全》正是风水经典著作的集萃。

《地理大全》分为两集，共55卷，上集偏重形势，收录了郭璞的《葬书》，邱延翰的《天机素书》，杨筠松的《撼龙经》、《疑龙经》、《葬法倒杖》，廖瑀的《九星穴法》，蔡元定的《发微论》，刘基的《披肝露胆经》，李国木的《搜玄旷览》；下集偏重理气，收录了曾文辿的《青囊序》，杨筠松的《青囊奥语》、

《天玉经》内传外编，刘秉忠的《玉尺经》，附逊庵《原经图说》，赖文俊的《催官篇》，附逊庵《理气穴法》，吴克诚的《天玉经外传》《四十八局图说》，李国木的《索隐元宗》。

28 | 民国期间出现了哪些风水学著作？

进入20世纪后，风水学作为一门学说在近代的新学科观词汇面前连连受挫，但作为一种文化现象，它却始终没有消失。民国年间上海出版过廖平的《地学答问》及《地理辩正补证》、佛隐的《阴阳地理风水讲义全集》等相地书。风水本身主要以一种民俗的形式传播，因此它在民间的流行始终没有停止过。

29 | 风水中的"气"是什么物质？

风水中讲究藏风得水以聚气，风水中最重要的是把"气"留在居所之内，从而让这种气对人产生有益的影响。直到明清时期，理论界都没有对"气"作出明确的解释。到了现代，科学人士则提出了一个大胆的假设：气就是微波。

获得1978年诺贝尔物理学奖的两位美国射电天文学家发现，在宇宙创生时，太空中充满了微波辐射，即看

不见的光。由于它们诞生在天地之始，又有能量，所以被称为万物之母。而在风水中，气又叫生气，是让万物萌发生机的物质。这样的解释让"气"与微波有了联系。

风水学认为，生气旺盛的地方都是能有效接收微波的地方。风水中一些化解煞气的方法，又与微波的性质有很强的联系。有研究发现，气功之"气"，其实就是一种微波，气功之气与风水之气有着本质上的联系。因此，很多风水师都认为，所谓风水，其实就是寻找和制造对人体有益的微波合理聚集的场所。

30 | 地球磁场会对人产生哪些影响？

风水学用数千年的经验和理论来判断某个区域或地点是否利于人的生活、健康和发展，其中很多规律和原理都与现代地球地理学是相通的。地理学指出，地球是一个巨大的磁场体，区位不同，其磁场强度也不同，对人产生的影响也不同。例如，在

日本的中部、中国的四川和贵州等地，由于地球的磁场强度特别高，这些地方的人就不容易长高。另外，在地球的内部，各种元素也会产生不同方位和强度的热能、磁场、重力场以及各种放射性物质。山川、河流、植物、动物、微生物等都有属于自己的"场"信息，并能影响周围的物体。这些不同类型的"场"，会对人体的细胞组织产生有益或有害的作用力，从而对人产生影响。

协调感，从而在一定程度上影响睡眠。除了地球这个大的磁场体外，地球中的某些区域也会出现强烈的磁场，从而对人产生影响。

风水中的方向理论，就是对地球磁场力方向的研究。有些人认为房屋的朝向、床头的朝向等布置是无稽之谈，但它却是风水学对地球磁场方位对人类及其居住状态影响规律的研究结果，是让人与地球相协调的一种方法。

31 | 风水中的方位理论是否科学?

地球在自转和绕太阳公转的过程中，产生了一种强大的磁场力，使地球成为以南北两极为端点的强大磁场。地球磁场力的鲜明方向，使地球上的某些物体产生了一种磁性感应，也产生了辨别方向的能力。

人和鸟类体内有辨别方向的感应机能，如住在北半球的人头朝北睡会有一种更为安定舒适的感觉，这是北极磁场对大脑产生的安定、调节作用。若朝东或朝西睡，会因为磁力方向与人体方向不一致而产生不

32 | 风水学中的"龙脉"思想是否科学?

风水中提到的"龙脉"思想，与现代地质地理学中关于山脉、水流与岩层的走向问题是一致的，其实就是中国的风水地理学。中国的风水地理学有数千年的实践经验，对山川河流、地质地貌、山脉走向、水土关系进行了大量的研究，有大量关于它们及其内部的化学元素对人类的生理与心理、健康与事业产生影响的实践成果。其中"保护龙脉"的观念与现代水文地质学中的水土保持和环境保护等观念相吻合。

中国风水地理学的这些研究和实践的成果、观念，正在成为现代的水文地质学的研究资料，为人类了解自然、利用自然、改造自然、顺应自然提供了更多的参考。

33 | 风水中"命格"理论的科学基础是什么?

风水学不仅研究环境对人类的影响，也注重研究环境与具体的每个人之间的关系。风水学认为，每个

人都具有不同的命格。所谓命格，是指每个人都有不同的出生时间、地点、父母亲戚、生活环境等，它们共同作用能影响这个人的命运轨迹。

命格理论与现代的人体信息学是异曲同工的。人体信息学认为，每个人都具有各自不同的生命信息、能量及组合，这些有不同生命信息及能量状态的人在不同的时间、地点与不同的自然能量信息相对接、交换，就会产生不同的正负效应。

34 | 住在断层地区的人为什么更容易生病？

据研究显示，地质结构的异常，会使地层释放出一些放射性气体，从而引起局部地磁的变化，对人和动植物的生长产生不良的影响。在断裂带生长的动植物容易发生病变，人患肿瘤疾病的发病率比其他地区高两三倍，交通事故的发生率比其他地区高十倍以上。而地质结构良好的地区，地层中含有大量对人和动植物有益的元素。欧洲的英国、法国、瑞士、意大利等国，中国的广东、湖北、山东、江苏、浙江、上海、

北京等地，都有良好的地质结构，在这些地方生活，不仅自然灾害相对较少，人的综合素质也普遍较高，经济也更为发达，人的发病率自然就低。这些科学研究的结果与风水测算的结果有着惊人的相似。

35 | 大地中的物质对人有什么影响？

大地是由各种不同的物质组合而成的，这些物质又是由不同的有机和无机元素按不同的结构方式和含量结合而成的。物质中这些不同的元素会对人产生不同的影响，如铁、锌、有机蛋白等对人体有益，镭、氡、锶等放射性元素则对人体有害，有些元素含量少可能对人体有益，含量大则可能对人体有害。所以，不同的物质根据化学元素的含量和结构方式的不同，会对人体产生不同的正负效应。

人的健康或疾病等与当地的水文地质环境有着紧密的联系，而风水研究也注重通过实地勘察地貌、水流、水质来判断风水，以利于人的健康。

36 | 宇宙星体与大地、人之间有什么联系？

地球是宇宙的一分子，宇宙的星体时刻对地球产生着吸引力和排斥力。太阳的吸引力使地球围绕它旋转，太阳光让万物生长，但黑子的大规模爆发却又给地球的生命带来严重的负面影响。月亮的旋转会影响地球上的潮汐、人类的情绪及女性的经期。日食、月食及彗星等特殊的星体现象，不仅对地球的磁场、气

温、地震、旱涝灾害等产生特殊的作用力，还对人类的生理、心理、思维、情绪以及疾病等产生影响，甚至可引起社会动荡及变迁。由此可知，人与地球都能感应宇宙星体的变化。

风水师在实践中发现了天体与大地及人相互影响的关系，从而形成了"天、地、人"和谐对应的统一观。风水师通过夜观星象、测算历法，得出了天体运行的规律，并总结出其对大地和人体的影响及应对方法，成为"天、地、人"和谐观的重要实践。风水师的这些实践，在与现代宇宙星体学的接轨中得到了验证。

37 | 风水学与生态建筑学有怎样的关系？

生态建筑学与中国的风水学有着惊人的相似之处，风水学致力于研究自然、建筑与人之间的关系。生态建筑学致力于研究人类建筑环境与自然界生物共生关系，它把人类聚居的场所视为整个大自然生态系统的一部分，同时又把自然生态视为一个具体的建筑结构。所以，生态建筑学要求人类的居住场所要与自然平衡，在自然中选址则要考虑自然生态环境的机构功能和其对人类的各种影响，这样才能合理地利用、改造和顺应自然，建造与自然平衡共生的居所。

风水学认为，建筑处于不同的地理位置，采用不同的材料、形态、规模、风格、方位与色彩等，会对不同身份、职业及生命信息的人产生不同的影响力和作用力，从而产生不同的正负效果。让人、建筑、自然生态和谐共生，是生态建筑学和风水学的共同目的。

38 | 风水与医学有什么联系？

风水是通过调整环境以使人与自然达到和谐的效果，而医学则是通过调节人体信息以使人与自然相和谐的。中医直接采用自然界的信息能量载体作用于人体，使人体的五脏六腑来对应天地的阴阳五行，并采用不同五行属性的自然能量来治疗疾病，如各种草药、矿物质，以让人体吸收与自然相平衡的能量，使体内五行平衡，从而达到治疗疾病的效果。西医也是间接地采用了来自自然的物质对人进行治疗。所以，医学是从人体内部来调整人的生命信息，而风水则是从人的外部来调整人的生命信息，它们都是让人与自然相协调的方法。

39 | 风水学与气象学有怎样的关系？

风水学的许多理论建立在中国古代气象学的基础上，它是探索人类居所如何布局以适应气象、气候变化，从而有利于人类的一门研究。

风水学研究建筑与风、气场的关系，不同的风对气场有不同的影响，而建筑就是要让对气场有益的风进入，阻挡对气场有害的风。在气象学上，不同地域、不同季节有不同类型的风，建筑要在考虑当地气象的条件下趋利避害。如风水上讲北方的房屋要坐北朝南，气象学解释为这种朝向利于躲避北方寒冷的风，而向南接受充足的阳光。风水上讲南方建筑要注意防热防潮，多开门窗、天井，气象学则认为这是由南方炎热湿润的气候特征决定的，通风能有效消除湿闷，令人头脑清晰。

第三章 风水的渊源及流派

40 | 古代风水学有哪些流派？

秦汉时期是风水学的形成时期，新的科学和思潮影响了风水学的发展。此时天文学及谶纬内容的加入，使风水学逐渐出现了派别之分。加入谶纬内容的"图宅术"，在其理论中加入了迷信的成分，从而走入了迷信的行列；而以"形法"、"堪舆"为代表的流派，则更多地注重对山川形势的考察，以及对指南针的应用与推广，使风水学得到科学的发展。

在先秦时期，风水流派的分别已经有所显现。当时围绕建筑选址、营造活动的就有两种官员，一种是"地官司徒"，他的工作是考察自然地理的各方面条件，经评价后作出选址规划；另一种是"春官宗伯"，他的工作主要是以占星、卜筮等方法来选择城市、宫宅、

陵墓、宗庙等建筑的方位及营造时辰。在汉代时他们就有了"形法家"和"堪舆家"的区别，但直到唐宋时期，风水学发展到了鼎盛时期，他们才各自形成宗派，各立门户，产生了"形势派"和"理气派"两大派别。形势派注重的是山水脉络形势，理气派注重的是方位八卦和阴阳生克。

41 | 为什么风水术会演变出诸多流派？

在封建制度统治之下，风水术的传授不可避免地要受到封建式教育制度的束缚。风水术一直都是师传徒受，作为风水术的主要理论和操作技术载体的经文，都是用隐语的形式写成的，要有师父传授口诀才能真正理解。不同的门派之间互相保密，守口如瓶。这种保守、封闭式的传授方式，虽对保持堪舆队伍的纯洁有好处，但总体来说，是弊大于利。后来的理气派政出多门，就是由此而产生的直接后果。

唐宋时期，社会和平稳定时间相应较长，人们对风水书籍和风水师的需求急剧增加。那个时候，杨筠松的经文已经由其徒弟、后裔付梓成书，在社会上广为流传。于是，许多落难秀才、道士、和尚及其他术士也纷纷加入到堪舆队伍中来。但是，他们之间并没有师承，无法正确地理解杨公的经典，只能用自己的思路去作解释，著书立说，印书卖钱。这些书都打着

杨公风水术的旗号，一经印刷发行，其影响可想而知。后来，自学堪舆的文人又不断加进自己的理解，并带徒传授，于是，门派也就越来越多，越来越复杂。

42 | "形势派"和"理气派"是绝对独立的流派吗？

风水术源远流长，古代被人们称作"帝王之术"，唐朝以前一直被禁锢在皇室深宫，民间鲜有人知。自唐朝光禄大夫、掌管灵台地理事务的杨筠松来到赣南的兴国三僚村定居并带徒传授，堪舆学才开始逐渐流传于民间。

风水术在长期的历史发展过程中，形成了诸多流派。各个流派的理论、术语、操作技巧等各个方面都有不同的特点，看待和剖析风水的角度也各不相同。长期以来，堪舆流派被划分为形势派和理气派两个庞大的派系，两个流派下又有诸多小流派。

在实际上，风水师认为峦头形势是地理风水之体，理气则是风水之用。所谓的"形势派"并非不理气，风水理气的专著《天玉经》就是"形势派"的祖师杨筠松所著；被称为"理气派"的玄空祖师蒋大鸿也极力主张形势为重中之重，理气尚在其次。两者的理论彼此渗透、互相融通，这正是万法归宗之意。所以，学习风水学要对两派的精华兼收并蓄，既要精通理气派，又要吸收形势派的精髓。

43 | 风水中的"形势"是指什么？

风水中的"形"是指结穴之山的形状。风水学认为山的形状是气能否在此停留的关键，山形的吉凶就是穴的吉凶，穴的吉凶就是人的吉凶。风水中的"势"，是指龙脉发源后走向穴场的过程中连绵起伏所呈现出的各种态势。风水学认为山的态势决定了气的优劣，所以山的态势是寻找风水宝地时的首要考虑因素。"形势"就是寻找风水宝地时必须看的两大要素：山形和山势，风水师据此寻找到生气最强盛的地方。

44 | 理气派的"气论"是指什么？

气论认为山环水抱是好风水的宏观地理条件，而山水形势只能决定气的气势，但随着宇宙的运行，天空中的星辰会流转；随着时间的推移，大地有四季的变迁，这些都会导致气运的变化。人对气运的变化有感应，所以在研究风水的时候，必须把气运的变化考虑进去。"气论"的出现，将风水学上升到将宇宙万物与人相融合的高度，是风水学的重大突破。

45 | 形势派是怎样的风水流派？

形势派是风水门派中非常古老的一支，它注重观察山川形势，寻找生气旺盛的处所，偏重地理形势，主要是以龙、穴、砂、水的方向来论吉凶，实际上属于风水地理。

形势理论得到广泛的推广，代表人物是唐代的杨筠松。杨筠松为风水倾注了毕生精力，留下了众多著述。他的风水理论主要强调"山龙落脉形势"，从而开创了形势派。杨筠松曾在江西教学授艺，将形势派的风水理论传承发扬。形势派注重观测山水地势，以龙、穴、砂、水为四大纲目，有很强的实用性。

46 | 形势派分为哪三个门派？

形势派分为峦头派、形象派、形法派这三个小门派，但实际上这三个小门派之间是互相关联的，并没有完全分离。

其一，峦头派：峦头表示自然界的山川形势，自然地理的峦头包括龙、砂、山。龙是指远处伸展而来的山脉；砂是指穴场四周360度范围之内的山丘；山是指穴场外远处的山峰。

其二，形象派：形象实际上是风水中一门高深的学问，因为它是把山的形势生动地看做某一种动物或其他物体，例如某个山的形状像一只狮子。有关形象的名称很多，如美女照镜、七星伴月等，不胜枚举。

其三，形法派：形法指的是在形象派的基础上展开的峦头中的一些法则，主要是论述形象与穴场配合的法则。例如有一条道路与穴场对冲，在形法派中称为"一箭穿心"。如房屋的右前方有一间小屋，若将门开在小屋的前面，这就是"白虎探头"的格局。

总之看形象的，离不开山体（即峦头）；看山体的，也脱离不了形象和形法。在中国很多山势高峻的地方，由于其山势影响大，很多风水师都重视山势形象与峦头。

47 | 命理派是什么样的派别？

命理派是以宅主命局中的五行喜忌配合二十四山向的五行及玄空飞星进行风水布局，配合装饰颜色等，对各类阳宅的室内装潢以及风水调整具有很大的指导作用。

48 | 理气派是怎样的风水流派？

理气派产生于宋朝，由王及、陈抟等人创立，也称为"三元理气派"，主要活动在浙江、四川、福建一带，是在形势派的基础上发展起来的，在风水地理的基础上增添了《周易》中的学说和占星学说，将宇宙更多不同方面对人产生影响的理论应用到风水中。

相对形势派来说，理气派注重环境与人的细微协调性，因而更加实用，但理论众多，是一个相当庞杂的风水门派。

49 | 理气派分为哪些门派？

理气派的理论相当庞杂，包含凡是与数术有关的理论，如阴阳五行、八卦、九星、河图、洛书、星象、神煞、玄空、六壬等，形成了十分复杂的风水学说。正因为理气派过于繁杂，而由此衍生了很多的小门支派。如八宅派、命理派、三元派、三合派、翻卦派、玄空飞星派、紫白飞星派、星宿派、八卦派等。

50 | 三合派是什么样的派别？

三合派又叫三合水法，以山水为主，配合二十四山向与坐宅山论生克关系。所谓坐宅山，实际上是指坐宅在罗盘上的五行与宅外山峰或各个建筑物之间构成的五行生克关系。配水则以十二长生来论吉凶。十二长生就是命理学中长生、沐浴、冠带、临官、帝旺、衰、病、死、墓、绝、胎、养。一般都以向上配水和水的来去论吉凶，主要是用于阴宅。但在三合派中向上配水与十二长生存在阴阳混杂之象，运用起来往往会有偏差，所以一定要分辨阴阳，配尽阴尽阳为善。三合派的创始人是杨筠松祖师，杨筠松、曾文辿、廖瑀、赖文俊被誉为"赣南风水术的四大祖师"。

51 | 八宅派是什么样的派别？

八宅派又叫游年八宅派，是风水的入门级门派，它的理论与阳宅三要派相似，容易操作。八宅派有三大要点：一是用八卦坐山配游年九星来论吉凶；二是将八卦坐山分为东四宅和西四宅，然后将宅主的命卦与之相配；三是将游年九星配上七曜星，得出宅主吉凶的应期。而阳宅三要派则不重视年命，它主要以房子的大门、主房、灶位三者宫位的生克原理来判断吉凶。

52 | 三元派是什么样的派别？

三元派又叫三元八卦水法、先后天水法、三元龙门八局，是一个相当有影响力的门派。该派特殊之处在于要同时用到先天八卦和后天八卦。该派认为，先天八卦主人丁，后天八卦主妻财。所以看风水时，先以坐山方向为基准，划出八个方位，再与先天八卦和后天八卦相对应。

53 | 翻卦派是什么样的派别？

翻卦派以八卦翻出九星卦为主，然后再配合山水以论吉凶。翻卦派有几种翻法，如辅星翻卦，又名黄石公翻卦法，它是根据纳甲配以贪狼、巨门、禄存、文曲、廉贞、武曲、破军、左辅、右弼九星来推断吉凶。

54 | 玄空飞星派是什么样的派别?

玄空飞星派是将山向配合元运来看,从而看山水配合室内布局论旺衰吉凶。所谓玄空飞星指的是:一白在坎为贪狼,二黑在坤为巨门,三碧在震为禄存,四绿在巽为文曲,五黄中央为廉贞,六白在乾为武曲,七赤在兑为破军,八白在艮为左辅,九紫在离为右弼。玄空学的实质就是注重元运的旺与衰,以及一至九九个数字的生克制化与命局中的喜忌配合。

55 | 星宿派是什么样的派别?

星宿派指的是二十八宿,如亢金龙、氐土貉、房日兔、心月狐、尾火虎等,分别代表五行的属性。此排辈主要根据坐向论生克关系,是用来判断二十四山向的理气吉凶的。

56 | 紫白飞星派是什么样的派别?

紫白飞星派是按洛书九宫的顺序演化而来的,它用后天八卦方位来排列九星,以中间宫位与八方宫位的五行生克关系来判断吉凶。此流派重点是注重元运

的旺衰,即天体运行的时间和周期造成事物的兴旺和衰弱。将事物兴衰的顺序按一至九排列,周而复始,再对应八方的生克制化,就能有效判断吉凶了。该派是将星象与风水结合的重要门派。

57 | 八卦派是什么样的派别?

八卦派又叫六爻派,以六爻为基础,是较难入门的一个派别。只有拥有深厚的六爻功底,才能学到这一门派的精髓。该派看风水是以三元九运当令之九星入中宫的方法,阳宅以向上飞星为上卦,以大门为下卦,将两卦组合成复卦,再用八卦、六亲、太岁等,按方位判断九星,是一门复杂而精深的学问。

第四章 著名风水宗师

58 | 传说中最早的风水大师是谁?

传说在黄帝时期,出现了一位有名的风水大师,名叫青乌子。青乌子是古代专职相墓的行家,自他开始风水术开始走向专业化,并有了勘察墓地和住宅的两大分支。但世人对他生活的年代没有一个统一的认识,有人说他是商周时期的人,有人说他是秦汉时期的人。

青乌子著有一本专业的相墓书籍《青乌经》,但早已散佚。现在有一本名为《青乌先生葬经》的书收在《四库全书》里,但据考证,此书并非古本,乃是后人托名伪造的。

59 | 九天玄女为什么被称为"风水圣姑"?

九天玄女的传说十分离奇,传说她的前世为西王母身边的《九天秘笈》使者,但现实中似乎并没有这个人。传说九天玄女生于先秦时期,她原本就懂得堪舆之术。有一天她发现了一条黑龙,本来想擒获它,却被它引入了一个山洞。九天玄女在洞中发现了《九天秘笈》,从中洞悉了天、地、人的秘密。从此,九天玄女就被学风水的后人称为"风水圣姑"了。

60 | 商代国君盘庚如何利用风水兴国?

盘庚是商朝的第20代帝王,被认为是最早懂得用风水兴国的君主。盘庚继位的时候,商朝的国力已经十分衰弱。为了振兴国家,盘庚决定迁都。自商汤灭夏以来,商朝已经迁过四次都城了,群臣都反对第五次迁都,因为大臣们在原都城有自己的田地、房产和奴隶。

为了迁都,盘庚亲自去考察,最后选定了能趋吉避凶的殷。盘庚向臣子们许诺,说搬到殷之后,商朝一定会再次振兴。盘庚说服百官迁都后,果然国力大盛,使快要没落的商朝,又延续了几百年的时间。人们至今提到商朝,还常常将其称为殷商。

61 | 为什么说公刘是第一个通晓风水的首领?

公刘是周朝的部落首领,为了使周族变得强盛,公刘为他的族人在陕西相到了一块好地。公刘在选择新的聚居地时,非常小心谨慎,他察山观水,把住处建在流水环绕的地域之内。自这次迁徙之后,周族开始强盛起来,后人认为是公刘通晓风水而使周变得强大起来的。

62 | 古公亶父如何为都城布局?

古公亶父是周部落首领,也是一个笃信风水的首领。他为了选址,带着风水师走了很多地方,直到看到岐山下的周原。古公亶父带领周人定居于周原,部族日益强盛,被认为是一个先知型的首领。

古公亶父建造的城市坐北朝南,并第一次有了厚实的城墙、雄阔的宗庙和祭坛、巍峨的宫门,形成了古代都城的建制模式。宫殿分为内廷和外廷,外廷是君王处理政事的地方,内廷是君王生活的地方,严格地将工作与生活进行了有效的区分。廷中东面的宫殿因为向阳,而被定为太子宫;西面的宫殿属阴,被定为嫔妃宫殿。后世几乎所有的宫殿都是按照这样的格局进行修建的。

63 | 周文王对风水学作出了什么贡献?

周文王是周朝推翻商纣的最早发起人,但之前却一度被商纣王关在牢里。周文王身陷牢狱的时候,并没有怨天尤人,而是认真研究古代人的天地智慧。他在河图洛书和伏羲先天八卦的基础上,推演出了文王后天八卦,并对八卦卦爻及其变化进行了详细的注解,形成《周易》一书。文王后天八卦和《周易》总结了天地的运行规律和万物的生克原则,是洞悉天地奥秘的利器。

周文王推演出的八卦和《周易》,不仅是古代人认识世界的宝贵智慧,更是后世各种术数的发展源头。

风水学也把文王后天八卦和《周易》作为推断吉凶的重要工具。

64 | 葬地兴旺论与樗里子有什么关系?

据《史记·樗里子传》记载,樗里子名疾,是战国时期秦惠王之弟,因居住在渭南阴乡樗里,故被称为樗里子。樗里子十分聪明,在秦武王时期担任丞相,当时就有"智囊"之称。

樗里子生前为自己修建陵墓,他曾预言说,以后会有天子的宫殿将他的墓地夹在中间。到了汉朝,长乐宫恰好修在樗里子墓地的东面,未央宫恰好修在墓地的西面。樗里子从此名声大噪,风水术士也就认为"葬地兴旺论"源自于樗里子对墓地的预言。

65 | 东晋陶侃为何葬父得到升迁?

陶侃是东晋庐江浔阳人(今江西九江)人,初为县吏,渐升郡守,后官至刺史,都督八州军事,为人严谨,颇有政声。据《晋书·周访传》载:陶侃幼年丧亲,将葬,家中忽失一牛,寻牛时忽遇一老者,老者对他说:"前冈有一牛,眠卧山污之中,其地若葬先人,后代位极人臣,贵不可言。"并指着旁边一山说:"此亦其次,当世出两千石。"按照他的指引,陶侃寻回失牛,葬其亲于牛眠之处,并将老者所选择的另一处让给周访,后来周访于此葬父,果然升任刺史,传公三代,其灵验——如老者所言。因受这个故事的影响，后人称这个风水宝地为"牛眠之地"。据称，陶侃曾撰有风水著作《捉脉赋》。

66 | 孔子与风水学有什么关系？

孔子是儒家学派的创始人，但他晚年却极度喜爱《周易》。他不断地翻看《周易》，不仅对《周易》进行了整理，更重新对其进行了注释，并把《周易》的内容列入学生的课本。虽然儒家更注重其中的道德修养部分，但孔子的编注实际上对《周易》起到了保护和推广的作用。孔子在学习《周易》时将竹简上的牛皮绳都翻断了三次，后世形容爱学习的典故"韦编三绝"便源自于此。

67 | 舒绰如何找到风水宝地？

据《浙江通志》记载，舒绰，隋东阳（今浙江金华）人，稽古博文，尤善相家。吏部侍郎杨恭仁想迁葬祖坟，请舒绰等五六个知名阴阳家为其选择坟地。大家众说纷纭，各抒己见，所选地点有多个，杨恭仁不知哪个地点正确，于是他派手下前往各个预选葬地，各取样土一斗，将其所在的方位和地理形势"悉书于历"，密封起来，然后将样土示众。几位阴阳名家说后，人言人殊，只有舒绰所言丝毫不差，不仅如此，舒绰还说：此土五尺外有五谷，得其即是福地，世为公侯。为了验证此话，杨恭仁便与舒绰同到该处进行挖掘。掘到七尺时果然发现一穴，如五石瓮大，有粟

七八斗。原来此地过去曾为稻田，因蚂蚁捞窝，故土里含粟米。尽管如此，"死耗子"还是让他这只"猫"逮住了，所以当时朝野上下都以绰为神人。

68 | 董仲舒的理论如何促进风水学的发展？

汉代的董仲舒是个儒家名士，他将庄子的"天人合一"思想引入，从而构建了中华传统文化的主体。天人合一思想的正统化，不仅使风水研究进入理论化阶段，对风水的推广也起到积极的作用。

董仲舒之前的儒家，只讲阴阳，而董仲舒是第一个将阴阳五行合流并用的人，他将五行归属为五种物质属性，认为客观世界是由金、木、水、火、土五种最基本的元素构成，这五种"元"不断相互作用和影响。这种观念是朴素而又唯物的，与现代科学周期率元素表极其相似，有异曲同工之妙，为风水的发展开辟了新的道路。

69 | 管辂怎样利用"四象"相地理论预测吉凶？

管辂是三国时期的魏国人，是当时闻名天下的术士，容貌丑陋，不讲究礼仪，性好嗜酒，言谈无常。传说他从小就爱观测星辰，成年后便成为精通《周易》、风水和占相等的术士。

管辂独创了一套以"四象"相地的理论。传说他有一次经过一个墓地，不由得倚树叹息说，这个墓地周围的山是玄武藏头、苍龙无足、白虎衔尸、朱雀悲哭，四种危险的征兆它都具备了，不出两年，这个家族就会被灭。不久之后，管辂的预言果然应验。后世托其名所作《管氏地理指蒙》（十卷一百篇），是一部风水学巨著。

70 | 历史上著名的风水学第一大师是谁？

中国人公认的古代第一风水大师，是隋末唐初的袁天罡。据传袁天罡是隋文帝杨坚的儿子，因皇后杀了他的母亲，所以将他抱给袁家抚养。后来他到峨眉山学道术，下山的时候遇到了李淳风的父亲李播和药王孙思邈，向他们学习了数术、医术、相术，成为了中国历史上著名的风水历算家和风水相术大师。

袁天罡精于术数，发明的"六壬"法，即用易卦数学原理和中医养生原则来讨论天人关系。他在武则天还是婴儿的时候，就预测她将会大贵。

袁天罡最有名的一次占墓是为自己选的墓地。他认为阆中的天宫乡是块风水宝地，就在风水穴位处埋了一枚铜钱。当工人要开工建墓的时候，发现李淳风也在此选择了墓地，于是就找到衙门评理。衙门按袁天罡说的穴位去找铜钱，却发现铜眼上正插着李淳风的银针。两位风水大师惺惺相惜，便各自将墓地退后两里，以相互守望。

71 | 晋代郭璞为什么被称为"风水鼻祖"？

晋代人郭璞第一次在他所著的《葬书》中界定了"风水"的含义，《葬书》中"气乘风则散，界水则止"的理论，更成为后世风水学的经典。郭璞因此被称为"风水鼻祖"。郭璞是一个相当博学的人，他曾经为《尔雅》、《三仓》、《方言》、《山海经》、《楚辞》、《穆天子传》等书作注释，是著名的文学家、训诂学家、神学家，贯通儒道两家。

72 | 僧人泓师有怎样的先见之明？

僧人泓师，祖籍黄州（湖北黄冈），善阴阳算术。根据北宋李昉等编辑的《太平广记》记载：武则天当政时，泓师曾帮燕公在京城长安东南购置一宅，并告诫燕公说："此宅西北地是王地，慎勿于此取。"过了一个月，泓师又对燕公说，此宅气候忽然索漠，肯定是有人在西北角取土，燕公与泓师一起到西北角查看，果然有三处取土坑，皆深丈余。泓师大惊曰："祸事！令公富贵止于一身而已，二十年后，诸君皆不得天年。"燕公惊问："可否填之？"答曰："客土无气，与地脉不相连。今纵填之，如人有痔疮，纵有他肉补之，终是无益。"后来燕公之子张均、张即皆被安禄山委任大官，叛乱平定后，张均被诛杀，张即被流放，相继验证了他的话。

73 | 邱延翰在风水学上取得了什么成就？

邱延翰字翼之，家住山西闻喜，唐朝永徽年间以文章著名。后游泰山，于石室之中遇神人授《海角经》，遂通晓阴阳，依法选择，无有不吉，开元时为同乡卜选葬地。适逢太史向皇上奏曰："河东闻喜有天子气。"朝廷忌之，派人挖断其同乡所葬之山的龙脉，并下诏捉拿邱延翰，但是没有捉到。于是又下诏免去其罪，求其进京献艺。邱延翰以《八字》、《天机》等书进呈，被唐玄宗授予亚大夫之官，死后祀三仙祠。

74 | 吴景鸾著有哪些风水著作？

吴景鸾字仲祥，江西德兴人，西汉长沙王吴丙后裔，其祖父吴法旺精通天文、地理。其父亲吴克诚曾师从宋代著名易学家、华山道人陈图南学习易经和堪舆之术，受其影响，吴景鸾自幼对风水训练有素、精研有验。庆历一年，宋仁宗下诏选拔阴阳家，本郡学官推举吴景鸾入京应试。吴景鸾果然受

到宋仁宗赏识，被授予司天监正职。然而不久因为论牛首山"坤风侧射，厄当国母；离宫坎水直流，祸应至尊下殿"之语而被下大狱。一直到仁宗去世，才蒙大赦，他出狱后向皇帝献《中余图》，未受赏识，遂佯狂削发，修道于湖北天门县白云山洞，常往来于饶、心二州（均在江西）。著有《理气心印》、《吴公解义》等。

75 | 风水大师李淳风对古代科学有怎样的贡献？

李淳风是唐朝的开国军师，还是一位风水大师，更是一位著名的科学家。天下太平后，李淳风开始专心研究天文学，编制了《甲子元历》，对后世的天文、历法、数学的发展做出了很大的贡献。他还在《法象志》中论述了"前代浑天仪得失之差"，影响较为深远。他在担任编写《梁书》、《陈书》、《北齐书》、《周书》、《隋书》的总指导时，为《晋书》亲自撰写了《天文志》、《履历志》、《五行志》，保存大量古代天象变化和自然灾害的史料。

除了在天文上的贡献，李淳风还写出了世界上最早的气象学专著《乙巳占》，成为世界上第一个为风力定级的科学家。他为培养数学人才整理了古代的算数书，编为《算经十书》，不仅纠正了版本和学术上的错误，还将自己的见解和相关学者的成就注释在书中，保护了更多的数学成果。

76 | 徐仁旺与宋定陵的选址有什么关系?

徐仁旺是江西上尧白云山人,曾上奏折议迁宋定陵,他主张用牛头山前地,认为山后之地有以下害处:"坤水长流,灾在丙午岁内,丁风直射,祸当丁未岁中。"对于他的这番话,皇帝并没有采纳。后来金人犯边,果在丙午年,而丁未年后,诸郡火灾相继不断,东南州郡半为盗区,于是人们想起他的预言。

77 | 杨筠松对形势派风水学作出了哪些贡献?

杨筠松是唐朝人,他少年时期就聪慧过人,才20岁就经科举进入朝廷当官,官至金紫光禄大夫,掌管灵台地理事务,即宫廷建筑及重要寺庙的规划布局,负责观察天象,主持皇族祭祀。

黄巢兵变的时候,洛阳沦陷,杨筠松就偷偷地带着宫廷里面的风水秘籍逃离了长安。他和仆人一路逃到江西后,开始收徒讲学,并潜心研究风水二十多年,写了众多著名的风水著作,如《疑龙经》、《撼龙经》、《青囊奥语》、《天玉经》、《玉尺经》、《画夹图》、《四大穴法》、《立锥赋》、《拨砂图》、《胎腹经》、《望龙经》、《倒杖法》等等。

杨筠松徒弟众多,多来自于江西,从而形成了"江西派"。他的徒弟曾文辿及再传弟子廖瑀、蔡元定都是有名的形势派风水大师。

78 | 廖瑀在风水学中取得什么成就?

廖瑀是唐代宁都人,自号金精山人,后世多称廖金精,是著名的风水宗师。据说他年方十五便读通四书五经,所以乡人当时都称他为廖五经。因为父亲廖三也是风水师,廖瑀自幼耳濡目染,对风水学也产生了极大的兴趣,加上唐朝末年兵荒马乱,科举停办,廖瑀便专心研究堪舆之术。后来得传杨救贫(即杨筠松)《青囊奥语》之学,并且另创出廖公九星,将各种山形分为太阳、太阴、紫气、金水、天财、天罡、孤曜、燥火、扫荡九种,每种星体各有九种变化。据《地理正宗》记载:"廖瑀,字莐纯,或云字万邦。宁都人,隐金精山,号金精山人。作《穴法》、《泄天机》及《鳌极金精》。"

79 | 司马头陀如何钦定佛学圣地?

根据《江西通志》记载,司马头陀曾学习堪舆之术,历览洪都(今南昌)诸山,钦定佳穴170余处,多有所验。一日在拜见某百丈(即禅宗高僧)时说:"我最近在湖南觅得一山,可住一千五百善知识者。"百丈问:"老僧可否住得?"答曰:"不可。"当时华林觉禅师为百丈手下的第一首座,百丈禅师问司马头陀:"此人如何?"答曰:"不可。"于是百丈禅师令侍者请为灵祐禅师,当时灵祐禅师为典座(负责寺院伙食)。司马头陀一见就说:"此为主人也。"后来李景让(灵祐禅师)率众人建庙于此,请朝廷赐号"同庆寺"，此地遂成禅学中心，结果应验了司马头陀的预言。司马头陀著有《司马头陀水法》一书传世。

80 | 蔡元定是一名怎样的堪舆家？

蔡元定字季通，号西山，福建省建阳麻沙人。朱熹门人，世称西山先生，堪舆学家，其父蔡发是著名的理学家。

蔡元定精于风水之说，曾筑室于西山山顶，刻苦读书。乾道六年，朱熹与蔡元定在福建西山、云谷山绝顶相望，被誉为"朱门领袖"、"闽学干城"。朱熹将女儿许配给蔡西山之子，结成姻亲。庆元二年，理学党徒受到专权打击，"朱学"被称为"伪学"，蔡元定谪居道州。临行前师徒在建阳坝桥饮酒话别，两年后，客死舂陵。其子蔡沉扶柩千里，葬归建阳崇泰里后山陈布村翠岚之源，朱熹亲往致祭，祭文曰："呜呼季通，而至此耶。精诣之识，卓绝之才，不可屈之志，不可穷之辩，不复可得而见矣。"蔡元定著有《律吕新书》、《皇极经世指要》、《八阵图说》、《脉经》等书。

81 | 赖布衣为什么被称为"风水大侠"？

赖布衣原名叫赖文俊，他的一生相当有传奇性，他生于宋徽宗年间，9岁就高中秀才，后来曾经担任国师之职。由于遭到了秦桧的排挤，他不得已弃官云游，称自己为布衣子，于是后世称他为"赖布衣"。

云游时，赖布衣遇上了一位堪舆师，便一心学习寻龙点穴的功夫。赖布衣不仅学习了前人的理论，还创立了天星风水学，他的这套理论系统而完整，他发明的"天星拨砂法"和"辅星水法"直到今天仍被广泛使用。他还创立了"人盘"，即在罗盘的"天盘"、"地盘"基础上，加入"人盘"，使罗盘上天、地、人三才齐备。赖布衣在风水理论和实践上都有超越前人的成就，遂成为理气派的一代宗师。

学成之后，赖布衣凭着精湛的堪舆理论和技术游走天下，足迹几乎踏遍了全中国。他一路救贫救苦，锄强扶弱，留下了许多传说，从而被称为"风水大侠"。

82 | 杨宗敏为什么被称为"杨地仙"？

杨宗敏是明代绍兴新昌县人，永乐年间，有一个僧人为逃避官府追捕，躲藏在杨宗敏家里，授其堪舆之术。杨宗敏当时迅速得神解。他登山隔十里左右，即知穴位的坐向，倒杖也不差毫厘，因此时人都称他为"杨地仙"。

83 | 廖均卿与十三陵的选址有什么关系？

廖均卿是江西宁都人，风水师，其祖先为唐朝著名堪舆家廖瑀，根据顾炎武《昌平山水记》记载，明朝永乐五年（1407年）七月，皇后徐氏崩，皇上命礼部尚书赵羽召集通晓堪舆学的廖均卿等人为皇后选择墓葬地，他们最后选址于昌平县黄土山。皇上将封其山为天寿山，于永乐七年（1409年）五月己卯修作长陵。

84 | 张储是如何预言更朝换代的？

张储字曼胥，江西南昌人，明大学士张位之弟，堪舆医卜、风监之术，无所不精，明万历时曾巡览辽东，回来后对人讲："吾观王气所在辽左，又观人家葬地，三十年后皆当大贵，闻巷儿童走卒往往多王侯将相。天下其多事也！"听者以为他胡说八道，皆未在意，不久清兵入关，恰好应验了他的预言。

85 | 明代刘伯温在风水学上有什么研究？

刘伯温是明代开国元勋，著名军事家、政治家、文学家。辅佐朱元璋，为明王朝的建立和发展立下了汗马功劳。刘伯温自幼聪颖异常，天赋极高。他从小好学深思，喜欢读书，对儒家经典、诸子百家、天文地理、兵法术数等学问潜心研究，颇有心得。在风水先生眼里，刘伯温是一位神机妙算的风水大师，不亚于诸葛亮。他的"今日灯火朝上，来日灯火朝下"和"今日活牛耕地，来日铁牛耕地"等近似梦呓的预言，如今均已成为现实。

据明朝人写的《英烈传》记载，朱元璋定都金陵，是刘伯温相的地。当时刘伯温在正殿基址时，设柱子立在水中，朱元璋嫌太逼仄，于是将柱子移到后边，刘伯温依此断言："如此亦好，但今后不免有迁都之举！"后来明成祖朱棣在1421年把都城从南京迁到北京，被刘伯温说中了。此外《乐郊私语》记载了刘伯温在海盐县与风水先生讨论龙脉的事情，刘伯温认为海盐的山是南方龙的尽头，是风水宝地，只有周公、孔子这样的人才配葬在这里。

民间流传刘伯温的《堪舆漫兴》，乃是后人托刘伯温之名而作，但刘伯温在风水史上依然是一个里程碑式的重要风水大师。

86 | 沈竹礽对玄空风水学作出了哪些贡献？

沈竹礽是清朝浙江钱塘人，生于道光二十九年六月，卒于光绪三十二年六月，是清代著名的风水师、堪舆学家，为玄空风水学的重要人物。沈氏穷一生精力，对历来视之若秘之玄空风水学苦心研究，更不吝传授给后人，可以说是对近代风水学研究者影响至大的人物之一。

沈竹礽自小对风水学有强烈兴趣，他的父亲早逝，沈氏经常想找一个可供先父安息的吉地，故此便博览群书，又考察不同的墓穴。沈氏初习三合派风水，后屡经亲自验证，知道此派风水有不少谬误不足之处。其后发觉有玄空学风水，屡有证验，故此便全心投入研究。沈竹礽解通了由杨筠松至蒋大鸿、章仲山一脉之玄空风水学，并着手重新补入注释，玄空风水学的神秘之门方被真正打开。沈氏的门人将沈竹礽生前留下来的手稿，结集辑录成《沈氏玄空学》，此书亦成为玄空风水学研究者必读之书籍。

87 | 蒋大鸿在风水学中取得了什么成就？

蒋大鸿名珂，字平阶，号宗阳子，门人称其"杜陵夫子"，是明末清初的著名风水师、堪舆学家，亦为有名诗词人。

蒋大鸿幼年丧母，中年丧父。初随父安溪公习形势风水。后经多番引证，发觉很多不妥当的地方，但却不知如何改正。后机缘巧合，得无极子传授玄空风水，恍如茅塞顿开，之后再集纳各家之法，加以融会贯通，先后习吴天柱水龙法、武夷道人阳宅法等。十年后，蒋大鸿开始四处游历，引证所学风水，又过了十年，他便掌握了玄空风水的真谛，成为中国一代风水宗师。晚年的蒋大鸿在绍兴稽山若耶溪定居，死后葬于若耶溪樵风泾。著有《地理辨正》、《水龙经》、《阳宅指南》、《地理辨正补义》等风水著作。

88 | 章攀桂是一位怎样的风水师？

章攀桂字淮树，安徽桐城人。乾隆时曾在甘肃某地任知县，累升至江苏松太兵备道。根据《清史稿·艺术传》的说法："此人有吏才，多术艺，尤精形家言。谓近世形家之书，理当辞显著者，莫如张宗道《地理全书》，为之作注，稍辨其误失。"大旨本元人《山阳指迷》之说："攀桂既仕显，不以方技为也。自喜其术，每为亲戚交友择地，贫者助之财以葬。""乾隆数南巡，自镇江到江宁，江行险，每由陆诏改通水道，议凿句容，故破岗渎。攀桂相其地势，曰：'茅

山石地势高，纵成渎，非设闸不成，储水多劳费，请从上元东北摄山下，凿金乌珠刀枪河故道，以达丹徒。'工省修易，遂监其役，渎成，谓之新河，百年来赖其便利，攀桂亦因受褒赏。"然而，因大学士于敏中收受贿赂之事暴露，受到乾隆皇帝指责，而攀桂因为曾经帮助于敏中在金坛修建私家园邸，所以被革职，丢官后，他散居江宁，晚年沉溺禅理，著作有《选择正宗》行于世。

89 | 叶泰著有哪本风水著作？

叶泰字九升，清代安徽人，著有《山法十三书》十九卷，该书行于世，影响甚大，被收入《四库全书》中。该书囊括了前人堪舆之说，而以己意评析，亦间附以己作，大旨以杨筠松、吴景鸾二家为主，论峦头阴阳，尤尊杨公，而避廖金精之说。

第五章 风水逸闻传说

90 | 为什么说仰韶文化遗址是最早的风水应用?

考古学家在仰韶文化遗址的墓葬中,发现了一组用蚌壳堆成的龙虎图。这个墓葬距今有6000年左右的历史,墓葬里,一个壮年男子的尸骸头朝南,脚朝北,在他的西面有一条头朝北、背向西的蚌壳龙,他的东面有一只背朝东的蚌壳虎。

墓主的葬法,十分符合中国传统的南北方向观。龙与虎的图案不仅与天上星座相对应,更符合了后世风水学中"左青龙,右白虎"的风水格局,因此风水中"四灵兽"辨方定位大致可以追溯到6000年前。这个墓葬说明,"天人合一"的观念在原始时期的中国就已经产生,它可能是中国风水应用的最早证明。

91 | 七朝古都开封有怎样的好风水?

战国时期魏国在开封建都称大梁,五代后梁在此建都称为东都,后晋、后汉、后周、北宋在此建都为东京,金朝宣宗在此建都称为南京,因此,开封被称为七朝古都。开封位于黄河中游的南岸,地处中原和华北大平原的西部边缘。它北据燕赵,南通江淮,西

峙嵩岳,东接青齐,附近的地势一马平川,无险可守。开封之所以被统治者选为都城,关键在于它处在经济富庶之地,交通方便,利于居内控外。

92 | 伍子胥怎样布置苏州城风水?

相传伍子胥在布置苏州风水时,由于当时吴国的理想是灭掉越国、楚国、齐国,称霸天下,所以在陆门的设置上,伍子胥颇费了一番心思,设置了陆门八座,水门八座。越国处于吴国的东南方,在十二生肖的方位上为蛇,所以东南门为蛇门。为克制蛇,越国在西南设了盘门,取青龙盘踞的意思,正好吴国的主位就在龙位。北面另有"平"、"齐"两道门,取平定齐国的意思。西北的阊门,则直接被改为破楚门。然而,伍子胥的风水布局违背了城市布局应追求人与自然和谐共存的原则,虽然之后吴国打败了这几个国家,实现了称霸的愿望,但最终导致四面受敌而亡国。

93 | 为什么秦始皇要修建秦淮河?

秦始皇时期,有个"善观天象"的太史官上奏,说是金陵城内有一股"天子气"。那时嬴政自称为始

皇帝，满心以为天下是他赢家一姓的天下，要传给子孙万万世的。他听了这话，生怕若干年后会出现圣人夺了他赢家的天下，急忙移驾南巡，下令把龙脉掘断，以泄"王气"。于是金陵城内自东至西挖成一条内河，把金陵城分成两半，引淮河水灌入。因为是秦始皇所开，引的又是淮河水，所以叫做"秦淮河"。

94 | 秦朝咸阳城的风水好在哪里？

咸阳城的规划设计体现宇宙象征主义思想，天子居住的地方以星象为依托。《三辅黄图》说，秦始皇筑咸阳城，北面依山修宫殿，四面有门，仿效天上的紫微宫，象征皇帝居住之地。渭水横贯都城，象征天上的银河。横桥南渡，象征银河边上的鹊桥。这种象天法地的思想意境，是风水学说的内容之一。从地理学的角度看，咸阳形势很好，北依高原，南临渭水，是关中东西大道的分界线，控制关中平原的枢纽。渭水与黄河相连，水上交通方便，关中平原是农业基地，粮食给养充足。

95 | 秦始皇为何选择在骊山建造陵墓？

墓地的选择，在古人眼里是一件厚泽子孙的大事，秦始皇把自己的陵墓选择在骊山的山麓上，据郦道元解释说，那是因为陵墓所在地叫蓝田，山阴产金子，山阳产玉，秦始皇喜欢它的美名，所以把自己葬在这里。自春秋时期开始，就兴起了依山造陵的观念，之

后，人们在选择墓地的时候又特别强调依山傍水的环境，而秦始皇陵正是依山傍水的风水陵墓典范。秦始皇陵的南面是骊山，北面是渭水，东北面是一条人工改向的河流，东面还有四季不断的温泉流过，成为一处山水环抱的风水宝地。

96 | 秦朝广州的龙脉受到了怎样的破坏？

传说早在秦朝的时候，广州就是一处风水绝佳之地，它背山面海，地势开阔，有雄霸天下的气势。当时城北2.5公里处有一座马鞍岗，岗顶常有紫色的云和黄色的气升起，有人就说这是"天子气"。秦始皇知道后，就派人去凿马鞍岗，凿断广州的地脉进而破坏广州的风水。这一传说在《广州记》中得到了证实。

秦始皇凿断龙脉的做法似乎起了作用，一直到元末广州才有了"天子"气象。据史书记载，元末时，增城人朱光卿起兵，建立了大金国；广州人林桂芳起兵，建立了罗平国。

97 | 为什么说光武帝的陵墓违背了风水原则？

原陵的历史其实就是一部中国独有的传说史，而它所在的北邙山的所有墓冢的历史则是一部中国文明史。原陵有着其他陵墓没有的奇怪之处，从风水学上来看，它完全不是一块吉地，但也正因此，它成了皇陵的一道奇特风景，引得后人观望与惊叹。

中国有句古话叫"生在苏杭，死葬北邙"，意思

就是说北邙山是一个风水宝地，倘若死后能长眠于此，那么子孙万代都将因此而受益，特别是它对面就是黄河，更是符合了风水学说的思想："背山面河，以开阔通变之地形，象征其襟怀博达，驾驭万物之志。"也正因如此，但凡在中原建都的皇帝都想在死后入住北邙山，以福荫后人，江山永固。北邙山上下，战国、秦、汉、曹魏、西晋、北魏、东魏、唐、后梁、南唐、宋、元、明等各朝各代君王和显赫人物都在此长眠。其中在北邙山的东汉帝陵一共有五座：光武帝的原陵、安帝的恭陵、顺帝的定陵、冲帝的怀陵，以及灵帝的文陵。其他四陵皆在北邙山之阳，而东汉光武帝刘秀的陵墓特立独行，选址蹊跷，坐落在北邙山之阴的黄河滩上。即使是普通百姓，也认为房后有山，房前有河是大吉之地，但这座诡异的陵墓却恰恰相反，好比是房门开在山前，房后是河——南倚北邙山，北临黄河。

98 | 西安城久为帝都有什么风水奥秘？

史书记载，西安之所以成为帝都，是因为它有"山川之固"的地理优势。西安三面环山，东临黄河，是一个进可攻、退可守的军事要地。此外，西安所在的关中平原气候温和、土地肥沃、河流众多，为农业的发展创造了优越的地理条件，使西安成为了全国最富庶的地方。从公元前11世纪周朝建都镐京起，到公元10世纪唐朝灭亡，在这2000多年间，有14个朝代将都城定在了西安。

汉代的长安城位于西安龙首山的北麓，这里临近渭水南岸，地势较为低洼，水中的盐分含量也偏高，在军事上有诸多不利的方面。因此隋文帝把都城迁到龙首山的南麓，兴建了大兴城。负责规划设计的宇文恺，把龙首山南麓的六条岗看做是乾卦的六爻，于是在最高的一条九二处建造宫殿，作为皇帝居住的地方；在稍低的第二条九三处，建立百官的办公场所；而更低的九五之地，却是一个尊贵无比的卦位，不可以让凡人居住，所以就在这里建造庙宇，让神仙居住。至此，国家的统治机构都处于全城的制高点上，不但有主宰万民的威严，还能监视百姓，同时也更加安全。

唐代的长安是在隋朝大兴城的基础上改造来的。此时的长安北靠龙首山，南对终南山，另有泾、渭、沣、涝、潏、滈、浐、灞八条河流环绕在它的周围，形成了著名的"八水绕长安"之势，长安的风水改造，使长安更加富有，也使唐朝的发展迅速达到了历代王朝的巅峰。

99 | 郭璞如何调理温州城风水？

晋代时，温州要修建郡城，原本按照中国传统的坐北朝南的观念，郡城应修在瓯江的北岸。但客居温州的郭璞发现，瓯江北岸的土壤轻，南岸的土壤重，于是建议把温州建在瓯江的南岸。

郭璞选择周围有众山环绕的城址，其中华盖、松台、海坛、西郭四山是北斗星的斗勺，积谷、翠微、仁王三山是北斗星的斗柄，左右两边黄土、灵官二山，则是左辅右弼。因而，此处成为一个易守难攻的格局。郭璞在城内开凿了28口水井，象征天上的二十八星宿，用来解决百姓用水问题。为了避免发生战争后断水的情况，郭璞又在城内设置了五个水潭，取五行之意。这五个水潭都与护城河相通，并与瓯江相连。

温州城建好之后，历次遭遇入侵，温州都没被攻破，可谓是固若金汤。

100 | 李德林如何从地名预知家族未来的运势？

隋唐五代时期，我国的风水术已经相当发达，影响也十分广泛，上自天子公侯，下迄庶民百姓，都很重视居住地的风水，更莫说对于祖坟风水的要求了。这一时期，风水先生也相当多，不仅有以风水为业的术士，就连沙门浮屠、公卿宰相都对风水术有一定程度的研究。

当时隋朝内史令李德林想要迁葬父母之坟，就让懂风水的儿子与一位当时极负盛名的风水师回到家乡饶阳城东区选择葬地。葬地选好之后，儿子与风水师回家向他汇报。风水师说："那块地高山落脉，龙楼凤阁，辞楼下殿，龙峰上紫气腾腾，萦绕盘旋，有三分三合八字水之势，峦头暗金开口，太极晕分明如画，左龙右虎操抱有情，两边砂峰旗鼓相映，案山一字开面，罗城宽大，水口紧锁，内堂呈黄白之气，小河水从左到右曲曲而至，经水口静静而消，不见去处，但闻来路。内堂东边有个村子，西边是城郭，南边有一条路经穴前环绕而去，形成金城玉带之状；北方有一个平正的河堤关拦，水停聚于此，然后渐渐消出。"儿子接着说："此地应有八公之贵，富寿绵远。"李德林听后问道："东边的村子叫什么名字？"风水师答道："五公村。"李德林听后不由惋惜地叹道："唉！只剩下三公了，这都是命啊，知道了又能怎么样呢？"于是就择吉将其父母的骨骸迁葬于此穴中。

不久，李德林就由内史令受封安平公爵号。后来他的儿子李百药、孙子李安期均袭封为安平公爵号。到了其曾孙时，因其参与徐敬业、骆宾王等人起兵长安讨伐女皇武则天事件，被革除爵号，正应验了李德林所断的"三公"之语。

101 | 唐代的皇陵是如何选址的？

唐代的皇陵一改过去积土成山为陵的做法，而是采用直接凿山为墓的方式。历代帝王都喜欢用高大的山或土堆来显示皇权的气势，直接把墓选在山中，正好能得到比土堆更气派的墓场。在风水中，山为大地的脉搏，是生气行走的地方，将墓选在这里，能更好地吸收生气。另外，鉴于历代过于猖獗的盗墓现象，挖土堆山的做法容易泄露墓葬的所在地，而在山中开凿墓室，封闭后不容易显露痕迹。唐朝的18座帝王陵寝分布在渭河的北岸，各枕一山，形成了一个庞大的陵寝群。

102 | 武则天的乾陵为何选在梁山？

乾陵所在的梁山因为地貌酷似女性的一双美乳，当地人又称为"奶头山"。此山近看奇伟，远观则低平，当时袁天罡认为此山阴气太重，弄不好李家的龙脉会让一个女人所伤，坏掉大唐的千秋好事。袁天罡认为梁山在九峻山的西面，而大唐的龙脉在其东面，他认为已葬入李世民的昭陵所在的九峻山为大唐龙首。按堪舆术中的风水位序说和传统的"昭穆"葬制，儿子李治应该葬在其父的下方，应从下方的金粟山、嵯峨山、尧山一带选择，现在一个妇人却"骑"在李姓男人的头上。

从风水宝地的格局上讲，梁山东西两面环水，藏风聚气，秦始皇嬴政、汉武帝刘彻都曾钟情于梁山，不可谓不是风水宝地。当时的风水先生也都承认这一点，但梁山所在风水与昭陵互不呼应，王气欠缺和谐，恐怕三代后国运受阻，因此打折。

长孙无忌和李淳风称此地是万年吉壤，袁天罡的意思则是"葬不宜"，而武则天却力劝李治不要犹豫，梁山陵址就这样定下来。袁天罡知道皇帝的金口玉言难再收回，当时长叹"代唐者，必武昭仪"，此后果然应验。

103 | 文成公主怎样为西藏调理风水？

据西藏的五世达赖喇嘛记述，当年文成公主进藏时，发现整个雪域高原的地形犹如一个仰卧的罗刹魔女，这在风水上叫做"魔女晒尸"，非常不吉利。为了镇压魔女的煞气，文成公主在罗刹魔女的心脏处建立庙宇并安放释迦牟尼等神像来镇压，这就是今天的大昭寺；在红山上的布达拉宫，恰好镇压在她的心骨。文成公主又在魔女的肩、足、肘、膝、掌灯地方修建庙宇，形成了西藏历史上著名的"镇魔十二寺"，另外还在其他风水恶劣的地方修建佛塔、石狮、佛像、大鹏、白螺等来改造风水。此后，西藏日益强盛，佛教也随之兴盛，至今不衰。

104 | 宋代祝评事如何助人官运亨通？

宋代洪迈著的《夷坚志》中记载，有位精通风水的祝评事，因儿子是仙游县令而随儿子在仙游县生活。当时有个傅秀才请祝评事帮他父亲点个穴位，祝评事就让秀才买下一座山，并定下穴位。祝评事对秀才说："这个穴位正是房宿星所在地，昴宿星又正好降临在前面的水口上，与天上的星宿相合，是块风水宝地。在这个地方埋葬你父亲，到了壬午年你会得一子，他将来能当大官，位至侍从，之后的子孙也会官运不断。"傅秀才按祝评事说的安葬了父亲后，一切都如祝评事所说的一样，儿子官至"中书舍人龙图阁侍制"。

105 | 永定陵穴位选址是如何确定的？

宋代笔记《春渚纪闻》记载了关于永定陵穴位的争论问题。当时的皇帝想将宋钦宗赵恒的灵柩迁到永定陵，于是就派了当时著名的风水师徐仁旺与丁晋公一起负责迁陵的事情。徐仁旺和丁晋公在穴位的位置上有分歧，丁晋公认为应该将穴位定在牛头山的后方，徐仁旺认为应该定在前方。徐仁旺给皇上上表说，如果穴位定在牛头山的后方，丙午年定有大灾祸，丁未年各州会发生火灾、各郡遭盗窃。但是丁晋公是皇亲国戚，位高权重，没有人敢得罪他，所以最后还是将陵墓安在牛头山后方。结果丙午年，金兵大举进犯，丁未年后很多州都发生了火灾，继而盗窃横行。大家都惊叹徐仁旺的风水眼光，但已经无法改变什么了。

106 | 宋代的陵墓有什么风水特征？

宋代帝陵在地形选择上与别代迥异。历代帝陵或居高临下，或依山面河，而宋陵则相反，它面嵩山而背洛水，各陵地形南高北低，陵台被置于地势最低处。在宋代盛行与汉代图宅术有关的"五音姓利"风水术，该风水术把姓氏按五行分归五音，再按音选定吉利方位。宋代皇帝姓赵，属于"角"音，利于壬丙方位，必须"东南地弯，西北地垂"。因此宋代各陵地形皆东南高而西北低。例如北宋王朝建都开封，陵区却设在巩县，远离京师汴京，其主要原因是这里山水秀丽、土质优良、水位低下，适合挖墓穴和丰窆厚葬。陵区南有嵩岳少室，北有黄河天险，可谓"头枕黄河，足蹬嵩岳"，是被风水家视为"山高水来"的吉祥之地。

107 | 宋朝苏轼家族如何得到风水助益？

苏轼是宋代著名的诗人，他家在四川省乐山市仁寿县境内，在他的祖上流传着一则有趣的风水故事。苏轼的祖父是一个出家人，号白莲道人，他有一个至交叫蒋山，是当时著名的风水师。蒋山每两年遍游名山大川一次，寻龙布穴，回来后都要到白莲道人的道观中静养修行。有一天，蒋山正与白莲道人下棋，突然蒋山问道："你想得风水宝地吗？"

第二天，蒋山就带白莲道人到彭山县的象耳山。蒋山手指放灯之处说道："此处就是佳穴之位，一步

也不能错开，葬在这里你家才能出文章盖世之士，其余地方均不能成穴，不信你就试试。"白莲道人为了稳当，就在自己认为可以立穴的地方，用油灯反复地测试，灯火均会被风吹灭，此时他才真正地叹服蒋山高超的风水之术。一年过去了，白莲道人的母亲去世了，他就将母亲葬在蒋山所点的穴位中。

不久，蒋山又来到道观，并与白莲道人一起再去考证他母亲的坟墓，蒋山看后叹道："你这还有一点小的差误，我帮你纠正一下。"于是，蒋山就做起自己的法事来，并在坟头的左边添了不少土。事过几年，白莲道人的儿子苏洵就以文章出仕了，并连出了苏轼、苏辙。他们都是以诗词歌赋名震天下，在"唐宋八大家"中，仅苏家就占了三位，这个"油灯定穴"的故事，至今还流传于四川各地。

108 | 朱元璋为都城选址带来什么风水影响？

明朝原本定都在南京，开国皇帝朱元璋命大臣刘伯温去选址。刘伯温不仅是军事家、政治家，还是一位著名的风水大师。他通过勘察，在建造宫殿的最佳位置打上了一根木桩。听说宫殿的地址已经选好了，朱元璋非常高兴，然而皇后却说：你贵为天子，难道修宫殿的事还要听一个臣子的吗？朱元璋听了觉得有道理，就派人把木桩挪了个地方。

第二天，刘伯温陪朱元璋察看选好的吉地，发现木桩挪了位置。他知道这是朱元璋的意思，只能说：这里也是一块吉地，但在这里建宫殿恐怕会引起后代的争斗，甚至可能迁都。朱元璋不以为然，将宫殿建了起来。在他死后，朱棣篡位成功，并把都城迁到了北京。

109 | 明代北京城有怎样的风水格局?

明代北京城由外城和内城组成,是一座充满了阴阳八卦思想的都城。人居住的场所应该要阳气充足,但内城却属阴。因为九在八卦中是老阳之数,内城就布置了九道城门来转阴为阳。外城原本属阳,就用少阳之数只布置了七道城门。外城位于南面,是乾位,象征"天",为阳;内城位于北面,是坤位,象征"地",为阴。为配合天圆地方、乾坤照应、阴阳合德之势,外城略宽,呈扁圆形;内城略窄,呈方形。外城的东南为兑位,象征"泽",所以有个凸起的角;内城的西北为艮位,象征"山",所以向内呈凹陷状。

北京从永定门经正阳门、紫禁城到达钟、鼓二楼,是一条长达7.5千米的笔直的中轴线。北京城就是以此为轴线,按九宫来设置:南面设九宫,中间设五宫,北面设一宫。帝王的宫殿设置在中央,象征着驾驭四方四隅的权威。另外,天、地、日、月、社稷五坛也是按照九宫八卦设置的,其中天坛在南方,呈圆形,在外城之内;地坛在北方,呈方形,在内城之外;日坛在东方,呈圆形,在内城之外;月坛在西方,在内城之外;社稷坛在中央,在内城之中。

110 | 黄巢起义兵败有什么风水原因?

在黄巢起义的高峰时期,朝廷久战难以将其镇压,就请教国师,当时朝廷的钦天监有一位姓张的风水师,上知天文,下明地理,中算人事,无不精准,他说金

州牛山上有"帝王之气",如果要想打败黄巢,就必须派人去金牛山在来龙过峡处挖掘,斩断此山的地脉,让王气消散,俗话就叫"挖人家祖坟"。乾廷听信了风水师的话,派风水师带一万多名工人去金牛山,用了一个月的时间,在黄巢起义兵路过的峡谷处挖出一个石桶,桶中有黄腰兽,桶上有一把三尺长的宝剑,而且上面还有少许像血一样的湿泥。在挖出石桶不久后,黄巢起义就失败了。

111 | 羊祜为什么要破坏自家祖坟的龙气?

在《晋书·羊祜传》中有这样的记载,魏晋时期,朝廷一位叫羊祜的官员请了一位风水师去看自己家的祖坟,风水师看后说:"此地紫微垣,乃五星朝天,后人当出天子。"羊祜听后,心中非常害怕,因为怕因此言而招来杀身之祸,于是派人挖断墓穴之峦头,破坏墓地的形势,想以此来破坏风水上的应验,不久这位风水师再度去看他家的风水,观后言"此地你虽然挖坏了峦头之气势,但龙脉还在行度,所以还能出折臂三公"。羊祜一听,只要不出皇帝,就不会招来杀身之祸了,也就没有再理它。

事过几年,一次羊祜在行军作战中不慎从马上摔下来,摔断了胳膊,但被封官而位至三公,应验了风水师的断语。羊祜应该也是一位懂风水的人,当他听说要出天子时,就掘断山形,以坏其气,后听说这样会出三公之官时,就顺应自然了,所以他是一个知深浅进退之人。

112 | 紫禁城的风水布局好在哪里？

据传，为了压制元朝，明代紫禁城在元代皇宫的延春阁上堆土为山，形成了煤山（今景山公园）。这座山正好位于全城的中轴线上，又立于南北两大城墙的正中，成为全城的制高点。紫禁城还在旧址上修建了护城河，形成了金水环绕的格局，从而人为地为紫禁城制造出了背山环水的风水格局。

风水以星象对应大地的各州，北京因处于东北方，被认为是北斗星在大地上的投影。既然北斗星是天上的中心，北京就是地上的中心，因而紫禁城严格地按照中轴线规划宫殿。其中奉天殿（今太和殿）是天子举行大典、接受朝贺的地方，当处于正中，并且比其他宫殿高；而华盖殿（今中羽殿）、谨身殿（今保和殿）及后稷宫、乾清宫、交泰宫、坤宁宫，都处于轴线上。其他宫殿则左右、东西地对称排列：外朝，文华殿居左，武英殿居右；后寝，端本宫（即太子宫寝）居东，后官居西。

113 | 北京作为当代首都选址后有什么发展？

新中国成立后，毛主席决定定都北京中南海，选址的过程中也运用了东北角上的星辰位。关于将首都定在北京后的发展，20世代50年代发生了支援大西北的活动，六七十年代开展上山下乡，80年代全国改革开放后农民外出务工，这些都是由中央办公地所决定的。因为离位有水为虚，为远走高飞或者说远离的意思，艮位为水，为八运的当运旺地，所以，全国人民会进一步富裕。解放初期，毛主席规划的密云水库、十三陵水库、官厅水库等也为增加人口和人民的富裕创造了条件，还有天坛、地坛和人民大会堂等作为补充。

114 | 明十三陵有哪些风水优势？

明代皇帝朱棣迁都北京后，就开始为自己挑选陵墓。他召集了大量的相地名士，跑遍了北京的山山水水，挑中了北京北郊的黄土山。黄土山发脉自燕山山脉，陵区中央宽阔平坦，正是理想的明堂；陵区的东、北、西面有无数山峰耸立，仿佛有层层的屏障护卫着皇陵；南面有两座对峙的小山，左边一座为龙山，右边一座为虎山，中间则可毫无阻碍地通往北京小平原。

朱棣对这处风水宝地十分满意，就把黄土山改名为天寿山，并修建了长陵。明朝共有13个皇帝、23个皇后及众多的嫔妃葬在这里，因而后世把这里称为明十三陵。

115 | 永陵与清代统治有何联系？

永陵是清代皇室的祖陵，列诸陵之首，有兴京陵、二祖陵、四祖陵等多种称谓，当地百姓称其为"老陵"，是历代皇家陵园称谓最多的一座，位于新宾满族自治县。顺治时期为求清室万世昌盛，更"兴京陵"为"永陵"，永陵之名沿用至今。康熙年间，永陵部分建筑又经重建、改建，使永陵建筑规制趋于完善并形成最后面貌。

永陵背靠启运山，濒临苏子河，依山傍水。清朝，永陵陵山被统治者视为龙脉之中心，受到清皇室的重点保护。人们将启运山错落起伏的山峰同清朝的国势联系起来，说启运山绵延起伏的12座山峰正是清朝12代王朝的象征，其中间的主峰最高，两侧越来越低。东侧第一、二座小峰分别代表努尔哈赤、皇太极时期。启运山的第四座至第六座山峰是海拔最高处，有人说这是康乾盛世的象征。嘉庆、道光二朝，清朝政治、经济走向衰退，以后的皇朝一代不如一代，启运山的山峰也越来越小，直到最后一个山头几乎已不能称其为峰了。所以人们说，就是由于清朝皇室选择于此山脚下建祖茔，并封此山为祖陵陵山，因此注定大清王朝只有12个朝代，注定第12个皇帝为亡国之君。

116 | 中国风水第一村在哪里？

位于江西兴国县的三僚村，是著名的风水大师杨筠松的故乡，被誉为"堪舆文化发祥地"、"中国风水第一村"。

据说唐代杨筠松逃到江西后，发现了这个人迹罕至的肥沃盆地，这里山环水绕，中间有一座长条形的石峰，盆地边缘有一棵高大的松树，树下是一块圆形的巨石。杨筠松认为整个盆地就是一个硕大的罗盘，盆地中间的石峰如同指针，松树和巨石则是风水先生的伞和包裹，这里适宜风水先生世代居住。于是他和弟子曾文辿、廖瑀各自搭了一个茅棚，形成了最早的三僚村。

此后曾文辿举家搬迁至此地，杨筠松亲自为他相宅地，并预言他家有38代官职显赫。曾、廖两家在此发展为4600户人口的大村，代代以风水传家，每代都有学艺精湛的人才，因而历代国师辈出。三僚村大约出了国师24位，明师72位，其中由皇帝封为钦天监博士的有36位，明十三陵、故宫、天坛、长城、九镇军事要塞等建筑，都由三僚村风水师相地、督建。

117 | 中国规模最大的八卦城位于哪里？

新疆特克斯县县城是中国规模最大的八卦城，建筑完整而又正规。特克斯八卦城最早是由南宋道教全真七子之一的丘处机布置的。当时长春真人丘处机应成吉思汗的邀请前往西域，当他经过特克斯河谷时，被这里的山川形势所打动，于是就布置了这座八卦城。1936年，人们再次发现了这座八卦城，于是又花了两年的时间重新修建。县城的街道组成一个放射性的圆形，六十四卦、三百八十六爻均清晰可见。

118 | 山西裴柏村是怎样的宰相村？

位于山西闻喜县涑水河畔的裴柏村，是唐代名相裴度的故乡。裴度在唐宪宗、穆宗、敬宗、文宗四朝为朝廷重臣，出将入相，爵封晋国公。

裴柏村的龙脉发自北岳恒山，具有令人叹为观止的"九凤朝阳"的风水格局，而裴氏坟地就在村东五公里的凤凰垣上。这个显赫的家族中，共出了59位宰相、59位大将军、3位皇后，其他官员更是不计其数，可谓"将相接武，公侯一门"，成为声名远扬的"宰相村"。除此之外，裴柏村也出学术人才，地理地图的创始人裴秀、风水鼻祖郭璞、风水第二代名师邱延翰都生于此。

119 | 刘伯温如何调理浙江俞源村的风水？

浙江武义县俞源村的村口有太极布局，村庄则是按"天罡引二十八宿，黄道十二宫环绕"来修建的，因而被称为"太极村"。

相传俞源村原是一个旱涝肆虐的村庄，后来村民请刘伯温调理风水。刘伯温发现俞源村四周有11道山冈环绕，本是充满了灵瑞之气，但村中直流的溪水把这些瑞气都带走了。于是刘伯温将村口的溪流由直变弯，形成了太极图案，以挡住村北吹来的寒冷气息。溪流分出的太极阴阳鱼，如同双鱼座，这就与其他的11道山冈共同构成了黄道十二宫，从而把村子的瑞气留住。

刘伯温还对村庄进行了重新布局，将村中的28处建筑群，按东方青龙七宿、南方朱雀七宿、西方白虎七宿、北方玄武七宿的方位来排列。他又在村中挖了7口水塘，形成北斗七星状。这就是"天罡引二十八宿"布局，而俞氏宗祠就装在北斗星的"斗"里。俞源村从此逐渐富庶起来，在明、清两代富甲一方，人才辈出，先后出了尚书、大夫、抚台、知县、进士、举人等260多人。

120 | 重庆的龙脉是如何形成的？

长江从江津流下来后接连拐了6个大弯，环绕在鹅岭、佛图关、平顶山附近。山的那一边，嘉陵江穿越沥鼻山、温塘山、观音山，形成3个著名的峡口之后，也来到主城附近。从平顶山至佛图关、鹅岭这条山脉，被两江环绕，山脉顺着江水而蜿蜒，被称为"顺势"，被许多人当做风水宝地。

这条海拔不到500米，长10千米左右的山脉，被称为重庆龙脉，是城市核心区的脊梁，它是中梁山的余脉，和大巴山相连。这条山脉有1亿多年的历史。主城"龙脉"形成于恐龙的鼎盛时期侏罗纪时代，主要由石灰岩组成。此后在漫长岁月中，山脉由于受到两江冲刷和滋润，曾经发生过多次摆动，后来河床慢慢移动下切，山脊慢慢升高，渝中半岛在挤压中不断移动调整，形成现在的景观。主城龙脉就好像是城市的靠山。龙脉前两江环绕，然后东去，形成风水学说中的"左青龙、右白虎"的形态。嘉陵江洪崖洞附近、长江珊瑚坝附近形成了大湾，每逢涨水，江面会变宽阔，如同聚宝盆，符合依山傍水的风水布局原则。

121 | 临川县良好的风水布局产生了哪些影响？

临川县列入"中国名人辞典"的多达134人，有历代"临川才子之乡"的光荣称号，如宋代的宰相兼大文豪王安石、曾巩，明代戏曲大师汤显祖等均出于此县。临川县之所以人才辈出，和风水地理有很大的关系。

临川县位于江西省抚州市，该县西南有一小镇，名为"上顿渡"，是众水所汇之处，地理风水的气场十分优越，南面的赣江、崇江、抚河如扇形十弯九曲流向临川，在临川北汇合流入长江和鄱阳湖，成为地理风水难得的"聚水格"格局。临川西北有环形的山脉挡住西北风，形成"山环水抱必有气"（即气聚）的格局，符合"山环水抱必有大发者"的风水定律。临川的北方又有九岭山、连云山、幕阜山层层包围，使北风不能入侵吹散气场。此外，临川较远的南方，有武夷山直行，成为来气之口直入临川，源源不绝地入而汇聚，形成一个优越不散的大气场，使临川成为一块风水宝地。所以尽管时代变迁，社会制度更换，但是这些从来不影响临川的人才辈出的地理环境。

122 | 广州的风水好在哪里？

广州的好风水重点在于它的龙脉，白云山的三条分脉贯通而下，将生气齐聚广州。越秀山山脉被称为政脉，省政府、市政府、市委市人大都在这里；瘦狗山山脉是商脉，中信广场、外经贸大厦、天河购物广

场等商贸区位于这里；五山、茶山是文脉，华南理工大学、华南农业大学、华南师范大学、暨南大学均位于这里。这三脉之气，汇集在东湖公园以北，这里正好是广州政治、经济、文化的中心区域。广州修建了许多连接各处的桥梁，这些桥梁正是传递生气的通道，把广州南北两岸的脉气贯通了起来，使广州日益繁荣昌盛。

123 | 香港拥有怎样的风水布局？

香港是有名的风水奇佳之地，历来受到风水家的推崇。从经济地理看，香港正好处于珠江的河口，和珠海、深圳形成了珠江经济三角洲，这里有得天独厚的深水良港，使香港成为了世界贸易组织运输的重要枢纽。从风水地理看，香港属于岭南山系，山势从武夷山经罗浮山延绵而来，在新界形成了不可多得的"九龙下海"的格局，这九条龙均气势稳健雄壮，到了新界后就停止结穴，从而使香港的生气格外旺盛。

香港本岛原是一个"双狮戏球"的格局，而大屿山则是"凤凰回巢"的格局，两个格局相互呼应，形成了不可多得的阴阳相交格局，更增加了香港的运势。

第六章 古代勘察风水的方法

124 | 原始人类如何选择居住地？

风水学又名堪舆、形法、地理、相宅、阴阳等，是指导人们考察山向地理环境（包括地质、水文、生态、气候及环境景观等），然后选择最适合的地点来建造房屋及陵墓，使其达到天、地、人三者合一的至善境界。原始社会的人类很注重住所及丧葬地点的选择，虽然限于文明的程度和其他因素的影响，选择的方式非常有限。原始人类在建设房屋时，以安全、避寒、防热为前提，一般选择在地势较高、较隐秘的地方，不易受洪水、猛兽的袭击。随着社会的发展，他们学会了观察山川河流的姿态、树木土石的变化和气候的转换，有意识地选择风力弱且向阳的地方居住。他们将这些生活经验和阴阳五行、八卦九星等结合在一起，慢慢演变成一门精深的风水学，并在实践中不断将其完善。

125 | 古代人用什么进行占卜？

中国古代的占卜者不仅探究卜骨上各种图符的含义，还善于制造可供解释的卜兆，形成了一套准科学的理论。古代人将宗教的燔祭简化为灼烧一块兽骨，通常是肩胛骨，这便是原始的骨卜。卜骨要经过刮、磨等精心的加工，使烧灼后的裂纹清晰可见，形成的灼孔规整且位置适宜。在烧灼的时候要十分讲究火候和方法，防止烧焦卜骨。

这种用卜骨的占卦方法简易可行，因而古人开始大量加工制作骨卜进行占卜。简化后的骨卜促使占卜技艺日臻精细，获得的卜兆更加清晰和规整，从而可以让人进行更为准确和系统的分析。

126 | 阴宅风水有哪些含义？

古人认为人死后仍存在于阴间继续生活，埋葬的地点就是死者居住和生者用于缅怀纪念的处所，因而，他们将为死者挑选的埋葬地称为阴宅。在传统的风水观念中，阴宅的落宅地及其周围的环境非常重要。阴宅周围的环境要素如山、水、风、空气、土壤、阳光等相互之间及其与气场、阴阳、五行、八卦之间的各种神秘联系，均蕴涵着其后人目前的生活状况和未来的吉凶祸福，风水也因此而被划分为阴宅风水和阳宅风水。

气是万物之源，各种事物皆是气的变化体，而聚气的关键在于风和水。古人选择住宅的最终目的在于聚气，聚气则吉，故能喜旺富贵；失气则凶，故致衰败贫死。

127 | "卜宅"一词出自哪里？

"卜宅"最早见于《尚书·召诰》一书，在殷墟出土的甲骨文记载当时已有卜宅之文。卜为考察、选择的意思，并非单指占卜。汉刘熙《释名》："宅，择也，择吉处而营之。"卜宅则意为择地而居，后世衍义，又有卜邻、卜居、卜筑、卜宇、卜地等语。最初的卜宅多用于聚落和城邑的选址与营造，主要包含有决定兴土动工的良辰吉日和营建地址的内容。但这种占卜事实还处于务虚的层次，并没有涉及如何建造的技术问题。

128 | 怎样用表和土圭来相地？

古代人很早就会用土圭测量方位，战国时有了司南，汉代有了壬盘，宋代有了风水罗盘，明清还出现了量穴尺。土圭是用太阳的光线测量方向，其他工具是利用指南针的原理测量方向。《葬经》中写道："土圭测其方位，玉尺度其遐迩。"古人在看风水时交相使用这些工具。

"表"是最早的测向工具，殷商时期就开始用"表"来测量方向，根据太阳升落时的表的影子就可以确定方向。当时甲骨文还没出现"表"字，据《殷墟卜辞研究》介绍，是用"臬"、"甲"、"士"等字形来表示的。"臬"是树立木杆为箭靶，"甲"即木柱上端有交横木，"士"像木棒插土的形状，都可以用来观察日影。

土圭是周代通用的仪器，用来测日影、正四时、测度土地，当时使用土圭的一般是土方氏和匠人。土圭的使用方法是在水平地上立木杆，通过悬绳使木杆垂直于地面，然后观察日出日落时木杆的投影，以木杆着地点为圆心、柱长为半径所画的圆与两边投影的两交点连线，就是正东西方向。在不同的季节要使用不同的土圭测量法，并且还要参照星星的位置，以确立正确的方位。据说周公曾在今河南省登封县的一个观象台上测日影、定地中。观象台上有一块石碑，称石表，用来测日影，古人称此处为"天地所合，四风所交，风雨所会，阴阳所和"。

129 | 古代风水师通过什么方法鉴定风水宝地？

古代风水师主要以望气、闻气等方法来测定空气质量，品水、养鱼等方法来测定水的质量，捏土、尝土等方法来测定土的质量。

在古代，科技不发达，风水师只有用眼看，用鼻闻，用口尝，用手捏，用秤称的原始方法去鉴定风水地的质量。到了科学昌明的今天，眼看鼻闻等方法仍然适用，同时风水家不断与时俱进，借助于科学仪器来测量空气质量、水的质量与土的质量。

130 | 古代人是如何相宅的？

在自然环境的抗争中，古代人发明了土圭法、土宜法、上会法等一系列上究天文、下察地理的方法。

这些方法使卜宅这一类的迷信活动上升为一种辨方、相土、观水的相宅实践，相宅比卜宅有了更大的发展，具有了更多实际的内容，主要有观察自然山水树木的状况，丈量土地、建筑的范围和规模，测量日影，确定建筑的朝向。对自然山水的全面巡视，形成背山向水的理想建筑模式；测量日影则让人类有了东南西北的自然方向观。这种理想模式后来为风水家们作为实践的指导原则。

131 | 早期的"相宅"用什么来测定方位？

在早期的相宅活动中，名叫土圭的古代玉器是非常重要的一种工具，一般用来测量日影、四时、土地。古代的经典名著《周礼》中明确规定，都城地点的选择都要通过"土圭"来确定。土圭是一种用来测量日影长短的工具。所谓"测土深"，是通过测量土圭显示的日影长短，求得不东、不南、不西、不北之地，也就是"地中"。这样选择的原因是，"地中"是天地、四时、风雨、阴阳的交会之处，也就是宇宙间阴阳冲和的中心，是理想的房屋建造之地。

132 | 汉代怎样使用六壬式盘测定方位？

汉代的六壬术是以阴阳、五行学说为依据的一种占卜术，水、火、土、金、木五行中以水为首，甲、乙、丙、丁、戊、己、庚、辛、壬、癸十天干中，壬、癸皆属水，壬为阳水，癸为阴水，舍阴取阳，故名为"壬"；在六十甲子中，壬有六位，即壬申、壬午、壬辰、壬子、壬戌，故名"六壬"。当时汉代人创造了一种供六壬占卜使用的工具，这就是六壬式盘。

六壬式盘分为天盘与地盘，天盘嵌在地盘当中，中有轴可以自由转动。从出土实物看，汉代六壬式盘天盘中绘北斗七星，周边有两圈篆文，外圈为二十八宿，内圈12个数字代表十二月将。地盘有三层篆文，内层是八干四维，中层为十二地支，外层为二十八宿。使用时转动天盘，以天盘和地盘对应的干支时辰判断吉凶。

133 | 宋代使用的罗盘是怎样的？

从宋代开始，风水罗盘多呈圆形，通常分为24个方位，即每15度为一个方位。24个方位由后天八卦中的四维卦（乾、坤、巽、艮）、八个天干（甲、乙、丙、丁、庚、辛、壬、癸）组成，这些名称仅为了表示方位。

罗盘中的24个方位起初是由南北磁极来决定的，称"正针"，也称"地盘"。由于南北磁极与南北地理极的偏离，人们发现了磁偏角的存在。唐代磁偏角大约是北偏东7.5度，故人们在罗盘上加了一层方位圈，称为"缝针"，又称为地盘。南宋时磁偏角度为北偏西约7.5度，因此人们在罗盘上又加了一个方位圈，称为"中针"，又称为天盘。风水使用的罗盘盘面结构一般比较复杂，有正针、中针、缝针之分，天盘、地盘、人盘之分，还有金盘、银盘、内盘、外盘之分等，其内容涉及五行占验、八卦、天干、地支、四时、九星、二十八宿等，由宋代的二十四方位配八卦五行，发展到明清之后的40多个圈层。

第七章 当代勘察风水的方法

134 | 什么是罗盘？

中国古代人发现了事物的磁性，并根据地球磁性制造了指南针，而罗盘就是根据指南针的原理制作的勘察风水的工具。

罗盘在风水中占有极其重要的地位，无论是龙脉的来向，还是房屋的坐山朝向，都离不开罗盘。罗盘不仅可以用来辨别方向，还可以用来推算星象、节气，用途十分广泛。

135 | 罗盘有哪些种类？

因风水门派的不同，罗盘的制作方式也不一样，一般分为三元派的"三元盘"、三合派的"三合盘"、三元派与三合派的"综合盘"。三元盘又叫"蒋盘"，

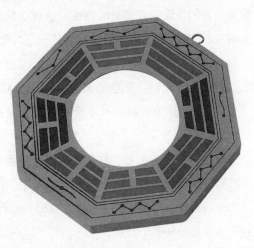

盘上有先后天六十四卦；三合盘又叫"杨公盘"，盘上主要有三层二十四山向。

选择罗盘时，要根据自己学的风水门派来选择。如果是形势派，则采用三元盘；如果是理气派，则采用三合盘。但现代风水多是形势与理气相结合，所以最好采用综合盘。

136 | 为什么说指南针是罗盘的雏形？

指南针是中国古人最早发明的指示方向的仪器，是中国古代四大发明之一。指南针的发展经历了漫长的历史阶段，在不同阶段有不同的形式和名称。它最早的名称叫做司南，《韩非子》中就有关于司南的记载，这些表明早在战国时期，古人就已经发现了磁石具有吸铁和指极的特性，并且发明了指示方向的仪器。后来，随着磁学知识的发展，古人发明了指南针，最早记载于沈括的《梦溪笔谈》中。在实际应用中，指南针技术又得到了进一步的发展，古人又发明了更方便的指南仪器——罗盘，当时的罗盘是水罗盘，磁针横串着灯草浮在水面上。到了明嘉靖年间出现了旱罗盘，旱罗盘以钉子支在磁针的重心处，并且使指点的摩擦阻力十分小，磁针可以自由转动。最早的罗盘只有南、北两极，其后又加进了东、西两极。为了使用起来更加方便，人们又在东、西、南、北的基础上细

分了8个方位，因而罗盘一共有了12个方位。可见罗盘的制作工艺及操作原理正是从指南针发展而来。

137 | 罗盘的盘面结构是怎样的？

风水罗盘的盘面结构非常复杂，主要分为指针和盘面两个部分。盘面是由一层层的圆组成，盘上有正针、中针、缝针，有天盘、地盘、人盘，有金盘、银盘，有内盘、外盘……内容涉及五行、八卦、天干、地支、四时、九星、二十八宿等内容。

由于风水门派众多，罗盘的样式也多样，常用盘有的少至几层，多的达到几十层，且各层都有不同的功用。同一种罗盘因为尺寸不同，所容纳的圈层内容也会有所不同。

138 | 罗盘的"三针三盘"代表什么？

罗盘的三针三盘指的是地盘正针、天盘缝针、人盘中针。三盘共分为二十四格，每格各占15度，称为"二十四山向"。当磁针指向子午的正中，称为正针；当指向壬子、丙午之缝，称为缝针；当指向子癸、午丁的中间，称为中针。

地盘正针，即是二十四山向，用于辨别方向和定位方向。这二十四山向分别由十二地支加八天干、四维来表示。十二地支为子、丑、寅、卯、辰、巳、午、未、申、酉、戌、亥，八天干为甲、乙、丙、丁、庚、辛、壬、癸，四维为乾、坤、艮、巽，加起来共二

十四山向。用后天八卦与此相对，一卦管三山，每个格各占15度。

天盘缝针，也是二十四山向，不过刻度比地盘正针差了7.5度，正好为半个格子。

人盘中针，依旧是二十四山向，不过刻度比地盘正针少了15度，正好少一个格子。

139 | 怎样挑选罗盘？

在看风水时要选择好的罗盘才能测量出准确的方位，从而预测吉凶，选择罗盘时要注意以下几点：

一是磁针要平直，不平直的磁针容易出现方向偏差；磁针转动要灵活，灵活转动的磁针才能真实反映磁场情况。

二是天池底部的红线要直指南北，将磁针对准红黑线，南面与天干的"午"正中相对，北面与天干的"子"正中相对，两根线必须相互垂直，天心十道呈直角。

三是内盘盘面字迹工整、清晰，尤其是靠近外边分金的红黑点，越清晰越好；外盘必须呈平整的正方

形，盘面不能有扭曲变形的情况。

四是制作材料合适，木质罗盘如果在制作时水分未干，就容易变形；金属或有机材料的，容易受到挤压而变形。

五是颜色合适，罗盘一般用颜色来表示阴阳，要注意颜色的标示是否正确。

140 | 怎样选择罗盘的尺寸？

罗盘的种类很多，大小规格也不同。最小的为2.8寸，最大的为12寸。如果经常勘察大型建筑，应该选择尺寸大的罗盘，但如果是勘察个人住宅或商铺，用中型盘就可以了。有些人为携带方便，会选择2.8寸、3.4寸的盘，尺寸越小的盘越费脑力，容易出差错，除非使用者已经具备了丰富的经验，否则还是选择中型的罗盘比较好。

141 | 如何正确使用罗盘？

罗盘在风水中占据着极为重要的地位，无论是测龙脉的走向，还是住宅的坐山朝向都离不开罗盘。

如果要测某个住宅的生旺方向，就要先站在住宅的中心位置。在使用罗盘之前，首先要清除周围的金属物体，以免影响磁针。然后手持罗盘，通常的手持罗盘法是人先站稳，双手拿着罗盘放到胸前，在保持罗盘水平状态的同时，尽量使外盘边线和建筑的墙体平行。在实际使用时，也可以将罗盘放置在三寸厚的米盘上来保持平衡。罗盘保持水平后，将罗盘正中的

红线对准要测算的方向，再转动罗盘，使磁针与天池底的子午线平行。此时再看红线在圆盘上指的是什么字，据此判定吉凶。如果为凶，就需要再调整罗盘红线所指的方向，直到找到吉方为止。

142 | 使用罗盘要注意哪些忌讳？

使用罗盘最忌讳磁针不灵，因此在使用前，要检查磁针是否转动灵活；如果磁针摆动不灵活，要检查原因并给予纠正，以保证罗盘检测的正确性。罗盘还忌具有磁性的物体，罗盘指针的摆动靠的是地球的磁性，如果有其他的磁场存在就会破坏原有的磁场，影响指针的准确性。所以在使用罗盘时不能携带磁铁，放置罗盘时也要避开磁铁。

罗盘放置一定要水平，如果磁针打偏触到了底部，就会使磁针偏离正南正北方向，使其长期处于不稳定状态中，磁针的磁性也会很快失效。

143 | 如何看罗盘的指针？

罗盘中央放针的地方叫天池，天池里的针叫磁针。磁针因为地磁原理，会在周围没有磁场干扰的情况下，准确地指向南北。

磁针的红头方向为正南方向，白头方向为正北方向。使用罗盘看方向时，需要把罗盘摆放平稳，红头指向"午"字，白头指向"子"字，并将其与天池内的子午黑线对齐，待磁针稳定后就可以判断吉凶了。

144 | 罗盘的磁针可能出现什么情况?

在使用罗盘的过程中,罗盘磁针并非都能指向南北。风水师们认为由于磁针周围配上了八卦、阴阳、五行后,使磁针对气场的感应变得更加灵敏,所以可出现普通指南针不能指向的情况。磁针可能出现的情况有以下几种:

一是磁针摆动不定,不归中线;二是针头上突;三是针头下沉;四是磁针转动不止;五是磁针半浮半沉,或上浮不达顶,下沉不达底;六是磁针虽然能达到中线,但不顺直,或者针头斜飞出;七是针已经静止了,却不能归到中线上;八是针不偏不斜地与中线平行。

在这八种现象中,前面七种都是不正常的,由于不能测出正确的方位,可能有对人不利的因素存在,测出前七种现象的地方不宜住人,第八种现象的出现才是正常、吉利的。

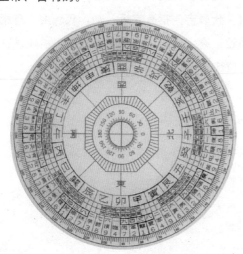

145 | 罗盘是如何表示方位的?

罗盘上用来表示方位的,主要有五层:第一层为天池,即指南针;第二层为先天八卦,即用先天卦列表来表示八方的位置;第三层为后天八卦,即用后天卦列表来表示八方的位置;第四层为十二地支,即用十二地支来表示十二方位;第五层为二十四山向,即将十二方位再细分为二十四方位。

146 | 罗盘上的山向用来测定什么方位?

罗盘上的山向主要用于为住宅、床、书桌、灶等测定方向。住宅的坐向,是判断这间房子风水的关键;床是人待的时间最长的地方,床的朝向会直接影响人的健康;书桌是财富收入的来源,它的方向决定了是否能招财守财;灶在风水中代表主妇,它的方向直接影响主妇的身体健康和地位。

147 | 怎样使用罗盘定建筑方向?

测量建筑物坐向和门向的方法,在风水中叫定中线。当用罗盘找到建筑的吉方后,保持罗盘的位置不动,再通过弹线或拉线制造与罗盘十字红线相同的建筑十字线。此时的罗盘处于建筑中心,罗盘红线所指示的吉方,就是建筑的朝向,即开大门的方向。

148 | 如何测量住宅的山向？

在测量住宅的山向时，要分几种情况来考虑。第一，对于独栋房屋来说，测量住宅山向时，应站在大门外三步的距离面向大门测，测量时将罗盘放在胸前，使罗盘的边线与大门水平平衡，这样才可以准确地找出这间屋的山向。第二，从地面到五楼的住宅，由于受到地磁的影响很大，所以需要以整幢大楼的坐向为单元本身的坐向，测定时应站在大楼正门外七步远的地方面对大楼测。第三，六楼及以上的电梯公寓的单元，受地磁影响很小，可以在自己的住宅前测山向。

149 | 什么是鲁班尺？

近年来，风水鲁班尺在风水界很流行，它从左至右共分成四排，分别为传统的寸、鲁班尺、丁兰尺、厘米尺四种标尺。这种风水尺使用时非常方便，有许多住户自己就备有这种风水鲁班尺。

鲁班尺亦作"鲁般尺"，为建造房宅时所用的测量工具，类似今天工匠所用的曲尺。此尺为上阳下阴，在中间有一条黑线，黑线以上为阳，可供量门及家具时使用；黑线以下为阴，可供建造坟墓时所用。

150 | 鲁班尺有什么风水含义？

鲁班尺长约42.9厘米，相传为春秋鲁国公输班所做，后经风水界加入八个字，以丈量房宅吉凶，并呼之为"门公尺"。其八个字分别是"财""病""离""义""官""劫""害""本"，在每一个字底下又有四小字，来区分吉凶含义。

财：代表吉，指钱财、才能；病：代表凶，指伤灾病患及不利等；离：代表凶，指六亲离散分开；义：代表吉，指符合正义及道德规范，或有募捐行善等行为；官：代表吉，指有官运；劫：代表凶，意指遭抢夺、胁迫；害：代表凶，祸患之意；本：代表吉，事物的本位或本体。

第八章 风水基本要义

151 | 什么叫风水宝地？

风水宝地意指一个生气浓盛的地方，包括龙、穴、砂、水、向五大要素。风水宝地通常都是一个山环水抱的环境，北边有绵延不绝的群山，南边有远近相互呼应的山丘，左右两侧有山呈环抱之势进行护卫，中间部分地势宽阔，有弯曲的流水环抱。

其实，风水宝地就是指最适宜人类居住的场所。

屋后有靠山是为了阻挡冬季北方吹来的寒风；流水的朝向能接收夏季南面吹来的凉风，还利于灌溉、交通、养殖；向阳的朝向能有效地吸纳阳光；缓坡阶梯的地势可以有效避免洪涝灾害；周围的植被不仅能保护水土，还能营造良好的小气候。这样的风水宝地，事实上就是指能营造一个有利于人类生存的有机生态环境。

152 | 什么是"生气"？

风水的核心要求就是在人的停留之处要有生气。生气不是传统意义上的空气，也不是阳光、土壤和水这些生命要素，它是环境中一切有利于生命成长的要素的总和。风水学认为，生气是指自然中一种能让万物生长发育的强大力量，能够焕发生命力的要素。也有人认为，生气是一种"场"，一种影响事物的微波，它能有效地改变环境，影响人的精神面貌。

153 | 水在风水中有什么重要的意义？

《葬书》中指出，风水中最重要的生气原则是"界水而止"，意思是生气遇到水就会停留下来，所以水在风水中是留住气的象征，引申含义就是可以留住财富。

水也是辨别龙脉的重要参照物。大的干龙由大江大河夹送，小的干龙由大溪大涧夹送，大的支龙由小溪小涧夹送，小的支龙由沟渠田水夹送。另外水流的长短也可以分辨支龙的大小。

154 | "山环水抱"的风水布局好在哪里？

从环境的角度讲，环抱着房屋的山，能挡住冷风和邪气的入侵；环绕着房屋的水，则能带来温润、充满生命的气息。从心理上讲，房屋周围有山可以给人安全感，意为有靠山，水在房屋的前方则能让人视线开阔、心情愉悦。

在风水学中，房屋的后面主管人丁，前面主管财禄。如果后有靠山环抱，就能人丁兴旺；前有流水环绕则能纳福旺财。所以"山环水抱"是判断好风水的重要原则，如果当地没有山水，也可以人为地制造。

155 | "穴"有什么含义？

穴，本指古人居住的空间，也指古人死后埋葬的地方。在风水中，"穴"是活人或死人居住的地方。风水上有"龙脉之穴"的说法，即是大地经络上的穴位。大地的生气经龙脉行走，在穴位停留，好的穴位必须为真龙之穴，还应该势大、形正、聚气、威风。有些地方的居所或墓地虽然被称为穴，却不是真龙之穴，不仅对人没有好处，甚至可能会对人产生危害。

156 | 风水中的"点穴"是指什么？

所谓点穴就是在找到真龙穴位后，经过仔细的观察测算，得出可以安坟立宅的点位。点穴在风水中是相当关键的一环，因为真穴非常小，稍有偏差，不仅浪费了一块吉地，还有可能变为祸患。所以这就要求风水师要仔细地观察穴位气息的阴阳、强弱、顺逆、急缓、向背、生死、浮沉、虚实，从而确定吉凶，定出地点的前后左右及尺寸的增减。

157 | 风水中的"砂"是指什么？

风水师常用"砂"摆出穴位四周的地形，用于研究和传授风水术。所以，"砂"就是指穴位四周的山水。在风水上，左右起伏错落而下的砂山，不仅对穴位起到护卫作用，还能藏风聚气，所以"砂"的好坏会直接影响穴位风水的好坏。

158 | 风水中的砂和穴有什么关系？

在选择风水吉地时，风水师会根据砂的位置、形状、多少来判断穴的好坏。砂位于穴的不同位置有不同的称呼：立在穴位来龙左右两边的，是待砂；从来龙方拥抱而来的，是卫砂；在穴位左右两边的，是护砂；在穴前环绕起伏的，是迎砂；在穴前耸立的，是朝砂。

砂与穴的关系就好比君臣关系，砂要对穴簇拥相随、一呼百应，如此才能显出穴的尊贵。如穴周围的砂太少，就像没有护卫的君王，缺乏气势。所以风水上讲究砂的排列要层层叠叠、前后有序，层次越多越好。

159 | 中国的三大干龙是什么？

风水学认为世界的山脉都发源于昆仑山，其中有三条主要的山脉在中国境内。山脉有主脉和支脉，在风水上对应的龙脉就是干龙和支龙，而中国境内的这三条主要山脉就被称为中国的三大干龙。

三条干龙以南海、长江、黄河、鸭绿江四大水域为界限。其中北干龙经过阴山、贺兰山，从北京进入辽海，它的支龙为恒山、太行山、燕山。中干龙经过四川进入中原，最后随淮水入海，其支龙为终南山、华山、泰山、嵩山。南干龙经过云南，进入湖南，其支龙为武陵山、衡山、庐山、天目山。

160 | 风水中的"龙脉"是指什么？

风水学认为大地是有生命的，大地上最突出的事物就是蜿蜒起伏的山脉，它连绵的起伏和从此到彼的走势，仿佛大地上突起了脉搏一般。大地的脉搏就是山脉，生气顺着山脉的走向行走，因为山脉绵延起伏、忽隐忽现，如同龙游大地，所以风水学把山脉称为龙脉。

161 | 如何判断龙脉的好坏？

风水上认为，要有众多山缠护的龙脉才是好的龙脉。在龙脉主体的两侧应有一些短小的山峦，这些山峦如同枝上的叶片，被称为枝脚。风水学认为这些枝脚也是生气聚集的余气所形成的，可以根据它们的形状来判断龙脉的真假吉凶。这些缠护在龙脉周围的山越多越密，则越显龙脉的尊贵，这就好比众多的臣子

围绕在君主的周围一般。

　　寻找好的龙脉首先要看祖山，祖山的气势是结穴之地聚气的关键，如果祖山高大，跨度绵长，就能聚气深厚，气脉悠长。看龙脉还要分枝干，处于干龙之上才会生气旺盛，支龙上虽然有较好的穴位，但始终不如干龙上的穴位精纯。

162 | 平地有没有龙脉？

　　平原地区地势虽然较为平坦，见不到山脉，但这里也有龙脉的存在。微地形是指在平坦的地势上仍有细微的起伏，所谓"高一寸为山"，这些起伏就是龙脉。水流则是龙的血脉，"低一寸为水"，只要四面有水环绕，并归流到一处，就是龙脉的结穴之地。

163 | 什么是"明堂"？

　　明堂原指天子理政、百官朝拜的场所，朝廷重大的朝会、祭祀、庆典、选士等大典活动都在这里举行。风

水中的"明堂"是指穴前众山环绕、众水朝谒、人气聚集之地，实际上明堂就是指人们居住的空间，地势一定要开阔，才能聚集生气，使居住者感到心旷神怡，心情开朗，而狭窄的明堂会使人感到局促，进而令人畏缩。

164 | 什么是水口？

　　水口是一定区域内水流进出的地方，水代表龙的血脉，主管财源，所以水口处的山势宜迂回收束。风水学上又把水的入口称为天门，水的出口称为地户。天门处的形式要呈开放之势，源远流长喻示生气旺盛，财源广进；地户处的形势要呈关闭之势，有众砂拦护，让水呈"之"字形或"玄"字形流出，这样才能将生气层层拦截，以聚气藏财。

165 | 环绕的水有哪些五行属性？

　　众水环绕，可形成水城，水城的作用是"界水"，使龙气不易散失。根据五行原理，水城有五种形势，并各有吉凶。

　　一是金城。环抱穴场，如带环绕，弯曲圆转。这样的水主荣华富贵、满门和顺、世代康宁，为吉利。

　　二是水城。弯曲婉转地盘桓在穴场周围，水流缓和迂回。这样的水主富贵至极、世代名望，为吉利。

　　三是木城。湍急的直流，奔腾而至，湍急澎湃的水流交叉流淌。这样的水主流离、夭折、穷困、孤独，为凶兆。

　　四是土城。方正圆平地流过，悠扬平静和美水流，

为吉；跌宕争流、水声轰鸣的，为凶。

五是火城。湍急的急流，奔腾而至。

166 | 风水中的阴阳指的是什么？

古人发现自然中任何事物都有相对的两面，如山有阴面和阳面，人有男和女，日有白天和黑夜，磁场有南极和北极，电子有正极和负极等等，这些事物此消彼长，此进彼退，并且在某些特定条件下一方还可能向对立面转化。这种动态的平衡，正是天地运行的重要规律。由此，古人认为世界就是由阴阳两部分组成的，它们相互依存、对立、转化，从而维持宇宙的平衡。但如果阴阳不调，就会出现不好的结果。因此，风水用阴阳来标注每个物体的属性，方便了解事物之间是否达到了阴阳平衡。

167 | 阴阳平衡有什么风水作用？

风水学认为，世间万物都有阴阳属性，只有阴阳平衡之地，才有利于人类居住。所以寻求阴阳平衡，是风水学调理风水的重要原则。但不是每个地方都会阴阳平衡，如常年太阳照射的地方，阳气太盛，易干燥，容易使居住在此的人脾气暴躁，也容易引起火灾；而常年浸水的地方，则阴气浓郁，易潮湿，容易使在此居住的人性格阴冷，也容易引起物体霉变。为了消除阴阳不调的现象，风水师会在阳气过盛的地方增加阴气，在阴气过盛的地方增加阳气。

168 | "河图洛书"源自什么传说？

"河图"、"洛书"是两个不同的传说，都发生在上古时期。传说"河图"的故事发生在伏羲时期，当时黄河边出现了一个怪物，让洛阳北面孟津的田地逐渐荒芜了。孟津的百姓找来伏羲帮忙。伏羲带着宝剑来到黄河边，一眼认出龙马是怪物。龙马知道伏羲的厉害，赶紧认错，还从河中托出一块玉板给伏羲。这块玉板就是河图，伏羲据此推演出先天八卦图，后人则据此写出了《易经》。

"洛书"的故事则出自大禹时期。当时中原地区洪水泛滥，大禹为了治水凿开了龙门，龙门南面的湖水流入了洛河，渐渐露出了湖底，这时人们发现一只磨盘大的乌龟趴在湖中心，大禹的部下认为这是怪物，要拿刀去砍，大禹制止了他们，并把大龟放生到洛河。为了报答大禹的救命之恩，大龟将洛河中的一块玉板送给了大禹。这块玉板就是洛书，大禹根据它整理出了一系列的科学方法，还写出了《洪范篇》。后世的周文王则根据它推演出了后天八卦图。

169 | 伏羲推演出的八卦有什么特征？

伏羲认为河图主要表现了事物的阴阳相生相克，并共同孕育宇宙万物，所以伏羲用太极图来表现宇宙本原，用八卦来显示万物的属性。伏羲用"—"来表示阳，再用"——"来表示阴，这就是"两仪"；如果给两仪各加一个阴或一个阳，就会出现四种符号，这就是"四象"；如果再给四象各加一个阴或一个阳，就会出现八种符号，这就是"八卦"。

伏羲认为三个"—"相加的符号是纯阳，放在南方；三个"——"相加的符号是纯阴，放在北方；其他符号分别代表着风、雷、山、泽、水、木、地、金，因为它们都有一一相对的属性，都放置在相对应的方位，世间万物就由这八种物质元素衍化而成。

170 | 八卦是如何表示时间的？

伏羲推演出的八卦是用八种符号表示万物，用八卦的三个层次来表示时间。北方象征冬天，冬天一过万物就开始生长，作为一年的伊始；南方象征夏天，夏天之后生命由生长转为成熟甚至死亡。所以按照宇宙运行方式的顺时针来旋转，过了北方之后的第一至第四卦，都是象征生气的"—"，而过了南方之后的第一至第四卦，都是象征成熟的"——"。按顺时针转动一圈，即为一年的时间。

八卦符号的第二层用来表示天，当太阳从东方升起经过的第一至第四卦为白天，所以用"—"表示；经过西方以后的第一至第四卦为黑夜，用"——"表示。

八卦符号的第三层则代表月。月亮由亏到盈，再由盈到亏，正好为一个月的时间，八卦符号中也用"—"和"——"分别代表月亮的盈亏。由此，在八卦上就能清晰地体现出年、月、日的时间变化。

171 | 八卦有哪些风水作用？

伏羲根据"河图"推演出了先天八卦，周文王根据洛书推演出了后天八卦。八卦事实上是先民在认识宇宙的基础上，对不科学的宇宙认识进行科学化的宇宙图解，八卦不仅包含了宇宙的运行规律，还包含了宇宙间的八种自然现象及其变化的万种状况。风水师可以根据八卦中的基本信息来对应世间万物，从而掌握事物的变化规律。

172 | 后天八卦有什么特征？

周文王推演"洛书"得出了著名的后天八卦。后天八卦采用了先天八卦的卦象和形式，但卦象的排列方式却是依照洛书来排的。

除代表中间的数字"五"没有卦象以外，后天八卦的八个卦象分别代表了八个数字，而这八个数字的排列方式与洛书相同。一为坎，二为坤，三为震，四为巽，六为乾，七为兑，八为艮，九为离。这八个数字分别代表了不同阴阳属性的物质元素，它们相生相克，并按照从一至九的流转顺序达到事物的平衡。

在时间上，后天八卦以震所在的东方为一年的开始，它代表了春的来临。从震开始顺时针排列的八个卦象，分别代表了由春至冬的一年，每个卦象代表了三个节气，八个卦象就代表了二十四个节气。

后天八卦用它的流转来展示事物变化和时间循环所制造的平衡效益，这种对平衡的追求，正是风水师在不平衡的事物中去寻找平衡的原因。由此后天八卦成为了研究风水的重要工具。

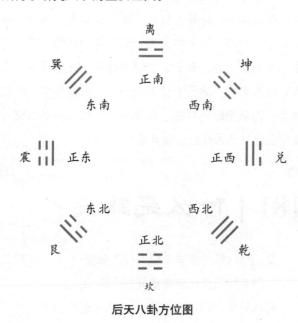

后天八卦方位图

173 | 什么是坎卦？

坎卦象征水，是外柔内刚的代表，但水汇聚于低洼处，所以又是危险的象征。先天数为六，后天数为一。

在人体中，坎卦代表耳朵；在人物中，代表中男、贫困之人；在地理中，先天方位为西方，后天方位为

北方；在五行中，代表水；在季节中，代表冬天；在颜色上，为黑紫色。

174 | 什么是离卦？

离卦象征火，但它二阳在外，一阴在内，有明亮之意，象征了外刚内柔、外热内冷的性格。先天数为三，后天数为九。

在人体中，离卦代表眼睛、心脏、上焦；在人物中，代表中女、文人、军人；在地理中，先天方位为东方，后天方位为南方；在五行中，代表火；在季节中，代表夏天；在颜色上，为红色。

175 | 什么是震卦？

震卦象征雷，有阳春三月雷震而万物萌动的意思。先天数为四，后天数为三。

在人体中，震卦代表脚；在人物中，代表长男，有健壮的体魄和充沛的精力，是人生最旺盛的时期；在地理中，先天方位为东北方，后天方位为东方；在五行中，代表木；在季节中，代表春天；在颜色上，为青色、绿色。

176 | 什么是艮卦？

艮卦象征山，有稳健、静止之意。它是人们的指导，教导人们用良知去摒弃贪欲，教人行而有止的道理。先天数为七，后天数为八。

在人体中，艮卦代表手；在人物中，代表少男、有发展前途的人；在地理中，先天方位为西北方，后天方位为东北方；在五行中，代表土；在季节中，代表冬春之交；在颜色上，为棕色、咖啡色。

177 | 什么是巽卦？

巽卦象征风，有无孔不入、渗透的意思。先天数为五，后天数为四。

在人体中，巽卦代表腿；在人物中，代表长女、少妇，有温柔顺从之德；在地理中，先天方位为西南方，后天方位为东南方；在五行中，代表木；在季节中，代表春夏之交；在颜色上，为蓝色。

178 | 什么是坤卦？

坤卦象征地，阴柔、静止，顺从天的运转，有顺从之意。先天数为八，后天数为二。

在人体中，坤卦代表腹部；在人物中，代表老母、臣民等；在地理中，先天方为北方，后天方为西南方；在五行中，代表土；在季节中，代表夏秋之交；在颜色上，为黄色。

179 | 什么是兑卦？

兑卦是泽，意指有水的沼泽地，是各种生物的聚集之所，可以养育接纳各种生命，有愉悦之意。先天数为二，后天数为七。

在人体中，兑卦象征口、舌、肺；在人物中，代表少女、奴仆，有柔中带刚的性格，做事严肃果断；在地理中，先天方位为东南方，后天方位为西方；在五行中，代表金。在季节中，代表秋天；在颜色上，为白色。

180 | 什么是乾卦？

乾卦象征时刻运动的宇宙，它是万物万象焕发生机的原动力，有健康之意。先天数为一，后天数为二。

在人体中，乾卦象征头、骨，代表人的头脑、中枢神经、思维，以人体为主，以精神为能源；在人物中，代表君、父、长者、上级领导等；在地理中，先天方位为南方，后天方位为西北方；在五行中，乾代表金，为最坚硬的物质；在季节中，代表秋冬相交；在颜色上，为大红色、金黄色。

181 | 什么是卦爻？

爻，是八卦的基本单位，分为阴爻"--"和阳爻"一"。阴爻和阳爻代表宇宙间两个原动力。

在八卦中，以阴爻与阳爻为单位进行组合，可以得出八种组合方式，这就是八卦，也称为"经卦"、"三爻卦"。

182 | 什么是六爻？

八卦只是八种自然现象的代表，如果将两个卦结合起来，用卦爻则可以表示更多的自然现象，如此就产生了复卦。复卦是把两个经卦按照一上一下的方式组合的，位于下面的叫内卦或下卦，位于上面的叫外卦或是上卦。复卦共有六个爻位，所以又叫六爻卦。

183 | 八卦六爻中哪爻代表自己?

确定哪一爻代表自己，是八卦中判断事物的前提，风水中规定八卦各宫中的八个卦，都用不同的爻来代表自己。

八个纯卦都是最上一爻和第六爻代表自己，第二卦代表自己的是最下一爻，即初爻，第三卦是二爻，第四卦是三爻，第五卦是四爻，第六卦是五爻，第七卦是四爻，第八卦是三爻。如"火地晋"属于乾宫中的第七卦，所以卦中的第四爻代表自己。

184 | 六爻卦中每一爻与自己有怎样的关系?

每个六爻卦都有自己的地支和五行属性，所以主要确定了代表自己的是哪一卦，就可以据此判断其他卦跟自己的关系。

如"火地晋"卦，它的上卦为离卦，对应的地支五行为下爻酉金，中爻未土，上爻巳火；它的下卦为坤卦，对应的地支五行为下爻未土，中爻巳火，上爻卯木。"火地晋"卦中代表自己的一爻是第四爻，也就是上卦的下爻。此时第四爻的地支五行为酉金，对应金的属性，第一爻属土，是生我，为父母；第二爻属火，是克我，为妻财；第四爻属金，是同我，为兄弟；第五爻属土，是生我，为父母；第六爻属火，是克我，为官鬼。

185 | 什么是六十四卦?

将八个经卦组合为复卦后，一共可以得到六十四卦，每个卦象都有自己专属的名字。

乾为天，天风女后，天山遁，天地否，风地观，山地剥，火地晋，火天大有。乾宫八卦皆属金。

坎为水，水泽节，水雷屯，水火既济，泽火革，雷火丰，地火明夷，地水师。坎宫八卦皆属水。

艮为山，山炎贲，山天大畜，山泽损，火泽睽，天泽履，风泽中浮，风山渐。艮宫八卦皆属土。

震为雷，雷地豫，雷火解，雷风恒，地风升，水风井，泽风大过，泽雷随。震宫八卦皆属木。

巽为风，风天小畜，风火家人，风雷益，天雷无妄，火雷噬嗑，山雷牙颐，山风蛊。巽宫八卦皆属木。

离为火，火山旅，火风鼎，火水未济，山水蒙，风水涣，天水讼，天火同人。离宫八卦皆属火。

坤为地，地雷复，地泽临，地天泰，雷天大壮，泽天，水天需，水地比。坤宫八卦皆属土。

兑为泽，泽水困，泽地萃，泽山咸，水山蹇，地山谦，雷山小过，雷泽归妹。兑宫八卦皆属金。

186 | 什么是五行?

早在先秦时期，古人就总结出宇宙万物都是由水、木、火、土、金五种基本物质组成的，它们与天空中的水星、木星、火星、土星、金星五大行星相对应，因此称之为五行。

五行之间有着严格的生克关系：水能生木，木能生火，火能生土，土能生金，金能生水；水能克火，火能克金，金能克木，木能克土，土能克水。五行间的生克关系环环相扣，形成又一个动态平衡。

若一间房屋里事物的五行属性分布平衡，这间房屋就对人有益无害。但如果房屋中五行分布不平衡，就可能引发灾祸。此时，风水师就要找出房屋中太过旺盛或缺失的属性，并在五行的生克规律中找到克制过盛属性或弥补缺失属性的方法，并将拥有此属性的事物放在相应的位置，从而使这间房屋达到五行平衡。

187 | 五行的顺序如何排列？

五行有一定的排列顺序，根据"河图"可知，一六属水、二七属火、三八属木、四九属金、五十属土，因此五行顺序分别为：水一、火二、木三、金四、土五。

188 | 五行分别代表哪些物品？

世间万物都有各自的五行属性，了解了它们各自的属性，就能调节五行的平衡。

金，代表所有金属器具和尖利的物品，同时又代表猴子和鸡。

水，代表洗手间、鱼缸等。如水太多，则洗手间、空调可能出现漏水的现象。

木，代表木器、图书等。木旺时，还代表新鞋、花草树木等；衰落的时候，则代表不穿的旧鞋、枯萎的花草树木、官司。

火，代表炉灶、主妇、桃花、灯光等。其中黄色的灯光适合需要火的人，白色的灯光适合忌火的人。

土，代表杂物、陶瓷等。杂物是风水中的大忌，但只要把杂物放入柜中收纳好，便能消减其不利的影响。

189 | 什么是五方？

五方就是东、南、西、北、中五个方位，风水认为每个方位都有自己的特性。如东方，是太阳升起的地方，较为温暖；南方，是太阳照射的地方，较为炎热；西方，是人少石多的北方，较为萧瑟；北方，是冰雪覆盖的地方，较为寒冷；中央，是肥沃的滋养万物的地方，于四方都有利。

风水学根据五行的性质，及将代表的天干地支所主的方向相配合，即东方主甲、乙、寅、卯之木；南方主丙、丁、巳、午之火；西方主庚、辛、申、酉之金；北方主壬、癸、亥、子之水；中方主戊、辰、丑、未之土。拥有不同五行属性的人，如果居住在相应的方位，就可以受益，否则会受到伤害。

190 | 什么是四时？

四时指的是春夏秋冬四个季节。春天气温回暖，令万物复苏；夏天气候炎热，万物不断生长；秋天秋高气爽，进入丰收季节；冬天寒风料峭，天地间一片凋零。每个季节都有自己的特征，对万物产生不同的影响，从而使万物的五行能量有强弱的变化。风水上还按照一年的十二个月，对五行的状态进行了细分，进而随时间的变化调整风水。

191 | 什么是天干？

古人为了记录时间，创造了十天干，作为记录年和日的数字，代表十年或十天。

十天干分别为：甲、乙、丙、丁、戊、己、庚、辛、壬、癸。它们分别代表数字的一到十。其中，甲、丙、戊、庚、壬为单数，为阳；乙、丁、己、辛、癸为双数，为阴。

192 | 天干有怎样的五行属性？

十天干有各自的五行方位属性：

甲乙居东方，五行为木；

丙丁居南方，五行为火；

戊己居中央，五行为土；

庚辛居西方，五行为金；

壬癸居北方，五行为水。

由于天干都有自己的五行属性，所以他们之间也有五行之间相冲相生的关系。在风水中，所谓相冲，就是相互冲撞、不合的意思。天干中甲庚相冲，乙辛相冲，壬丙相冲，癸丁相冲。有相冲就有相合，所谓相合，就是相互融合为另一种物质的意思。在天干中，甲与己合化为土，乙与庚合化为金，丙与辛合化为水，戊与癸合化为火。以甲、己作例子来看，甲属木，己属土，两者相遇就可以化作土，从而加强土的力量。

193 | 什么是十二地支？

十二地支分别为：子、丑、寅、卯、辰、巳、午、未、申、酉、戌、亥。它们分别代表数字的一到十二，其中子、寅、辰、午、申、戌为单数，为阳；丑、卯、巳、未、酉、亥为双数，为阴。

古人创造了十二地支用来配合天干，以表示时间中的月和时，如果只用十个天干来表示时间，容易造成重复的问题。十二地支代表了十二个月份或十二个时辰，与天干相互作用相互影响，而形成了天地万物变动的法则。

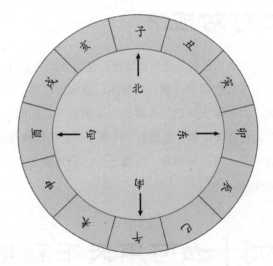

十二支方位表示法

194 | 地支之间有怎样的分合关系？

地支之间也有相冲相合的关系。其中子午相冲、丑未相冲、寅申相冲、卯酉相冲、辰戌相冲、巳亥相冲。子与丑能合化为土、寅与亥能合化为木、卯与戌能合化为火、辰与酉能合化为金、巳与申能合化为水、午与未能合化为火。

此外，地支还有三合局和三会局。三合局为：寅午戌合化为火，申子辰合化为水，亥卯未合化为木，巳酉丑合化为金。三合局因为由三个地支合化而成，所以对某种属性的强化是一般合化的两倍。三会局为：亥子丑会为北方的水局，寅卯辰会为东方的木局，巳午未会为南方的火局，申酉戌会为西方的金局。三会局合化的条件更为苛刻，所以强化的力量更大。

195 | 地支怎样与五行四时对应？

地支有自己的五行方位属性，又因为代表了月份，而分属于四个季节。寅、卯属木，辰属土，它们同属东方，对应春天；巳、午属火，未属土，它们同属南方，对应夏天；申、酉属金，戌属土，它们同属西方，对应秋天；亥、子属水，丑属土，它们同属北方，对应冬天。

196 | 如何用天干和地支表示时间？

古人设计了天干、地支来表示时间，年、月、日、时都可以用天干、地支的组合方式来表示，其中天干用来表示年和日，地支用来表示月和时。天干和地支也可以组合起来使用。天干与地支组合时，天干在前，地支在后，天干与地支一起循环搭配。如某一年为甲子年，就是将天干的第一位数甲与地支的第一位数子相组合。但第二年并非是甲丑年，而是将天干的第二

位数乙与地支的第二位数丑相组合，为乙丑年。如此组合到癸酉年时，十天干已组合完，此时天干又循环到第一位数甲，与地支的第十一位数戌组合，为甲戌年。

天干与地支组合后会产生60个数，从"甲子"到"癸亥"为止，为一周，被称为"六十甲子"。

197 | 什么是二十四山向？

风水学将方位分为24方，每个方位占15度。由于24个方位应用于确定坐山和朝向，所以又叫二十四山向。二十四山向的表示方式是十二地支加八天干四维：十二地支为子、丑、寅、卯、辰、巳、午、未、申、酉、戌、亥，八天干为甲、乙、丙、丁、庚、辛、壬、

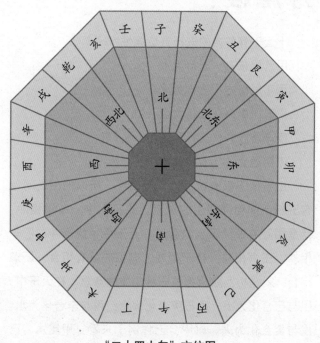

"二十四山向"方位图

癸，四维为乾、坤、艮、巽，加起来一共二十四山向。

二十四山向与八卦配合时，八卦即是八个方位，每个方位统辖三个山向。南方离卦统辖丙午丁，东南巽卦统辖辰巽巳，东方震卦统辖甲卯乙，东北艮卦统辖丑艮寅，北方坎卦统辖壬子癸，西北乾卦统辖戌乾亥，西方兑卦统辖庚酉辛，西南坤卦统辖未坤申。

198 | 怎样判断住宅的坐山朝向？

对于传统的独栋住宅来说，高大的主屋是决定坐向的参照物。例如某家住宅的主屋是坐北朝南的，但是它的门却开在东边，但可判断此住宅并不是坐西朝东，而应以主屋的朝向来确定，应为坐北朝南。

如果住宅位于一栋大楼内，确定朝向的方法就比较复杂。通常来说，大楼应该以进出的大门为朝向，其后为坐山；也可以以阳面为朝向，或把低矮的一面作为朝向，有高大物体的一面作为山。如房屋前有空旷的土地、人车流量大的道路、河流、湖水等，都可以作为该房屋的朝向。

199 | 哪些物体可以称为山？

在风水中，屋内外高大的物体都可以称为山。屋外的山有山峰、高楼、水塔、土墩、大树、假山、桥梁等；屋内的山有床、橱柜、厨灶、桌子、电器等。山位于吉方位就为吉，在凶方位就为凶。

200 | 哪些物体可以称为向？

在风水上，屋内屋外的物体只要有起伏，都可以称为向。屋外的向有江、河、湖、海、沟渠、道路等；屋内的向有大门、走道、门窗、电梯、卫浴间、浴室、鱼缸、水井等。向位于吉方就为吉，在凶方就为凶。

201 | 什么是东西四宅？

八卦的乾、坎、艮、震、巽、离、坤、兑各有自己的五行属性，乾、兑属金，震、巽属木，坤、艮属土，坎属水，离属火，根据五行的生克原理，它们之间自然形成了两组相生的体系。

第一组为水生木、木生火，即是坎、离、震、巽，其中震巽居于东方，所以称为"东四宅"。

第二组为土生金，即是乾、兑、坤、艮，其中乾、兑、坤三卦都居于西方，所以称为"西四宅"。

202 | 什么是游年八宅？

八宅是在后天八卦的基础上，按住宅的坐向所分的八种住宅。八宅风水讲究人出生年的八卦属性，将出生年的八卦属性与其周围八卦方位的卦象结合起来，由此判断出住宅八方吉凶的理论，所以又叫做"游年八宅"。

八宅风水严格地把住宅分为东、西、南、北、东南、西南、东北、西北八个方位，乾宅为坐西北朝东南，坎宅为坐北朝南，艮宅为坐东北朝西南，震宅为坐东朝西，巽宅为坐东南朝西北，离宅为坐南朝北，坤宅为坐西南朝东北，兑宅为坐西朝东。

与八卦方位相对应，不同命卦的人有不同的吉凶方位。如震、离、巽、坎年生的人，最好住在东、西、南、北这四个卦象方位；乾、兑、艮、坤年生的人，住在东南、西南、东北、西北这四个卦象方位较好。

203 | 八宅的吉方位有什么风水含义？

八宅的八个方位分为四个吉方位，四个凶方位。四个吉方分别叫生气、延年、天医、伏位。生气方（上吉）：代表生气蓬勃、积极主动、升官发财事业旺。延年方（上吉）：代表吉庆财帛、长寿健康、人际关系良好、异性缘佳。天医方（中吉）：代表身健少疾、人畜兴旺、情绪稳定、易得财。伏位方（小吉）：代表体贴关爱、生活安逸、可得小财。

204 | 八宅的凶方位有什么风水含义？

八宅的四个凶方分别叫绝命、五鬼、祸害、六煞。绝命方（大凶）：代表疾病、夭亡、焦虑、伤子绝嗣、心性抑郁。五鬼方（大凶）：代表官司口舌、失窃盗贼、退财、火厄。祸害方（次凶）：代表吵架、是非、

病痛，耗财，失去信心。六煞方（次凶）：代表贬斥、失败、判断失误。

205 | 八宅的八方如何与九星对应？

八宅的八方与天上的九星相对应，可以根据九星的五行属性得知对应方位的性质。

生气位配贪狼星，天医位配巨门星，祸害位配禄存星，六煞位配文曲星，五鬼位配廉贞星，延年位配文曲星，绝命位配破军星，伏位位配左辅右弼。

祸害	绝命	延年
巽	离	坤
震		兑
艮	坎	乾

五鬼（左） 生气（右）

天医　六煞　伏位

206 | 什么叫八命？

不同年份出生的人各有自己的最佳生气方，把人按照出生年份（从立春到次年立春）的不同分为八命，

并配之于八卦。震卦、巽卦、离卦、坎卦属东四命，坤卦、兑卦、乾卦、艮卦属西四命。东四命者配东四宅，不能配西四宅；西四命者配西四宅，不能配东四宅。东西四命要分清，不能混为一谈。

207 | 什么叫东、西四命？

在八宅理论中，宅分八宅，人也分八命。将一个人出生年的干支和八卦配合起来，可以得出一个人的命卦，这就是三元年命。

在八命中，属坎、离、震、巽四命的，是东四命；属乾、坤、艮、兑四命的，是西四命。东四命必须配东四宅，西四命必须配西四宅，这样才能使所在的方位遇到的都是吉星，否则就会遇到凶星，导致时年不济。

208 | 八种命卦的吉凶关系如何？

震命：生气在南方，延年在东南方，天医在北方，伏位在东方，祸害在西南方，六煞在东北方，五鬼在西北方，绝命在西方。

巽命：生气在北方，延年在东方，天医在南方，伏位在东南方，祸害在西北方，六煞在西方，五鬼在西南方，绝命在东南方。

离命：生气在东方，延年在北方，天医在东南方，伏位在南方，祸害在东北方，六煞在西南方，五鬼在西方，绝命在西北方。

坎命：生气在东南方，延年在南方，天医在东方，伏位在北方，祸害在西方，六煞在西北方，五鬼在东北方，绝命在西南方。

坤命：生气在东北方，延年在西北方，天医在西方，伏位在西南方，祸害在东方，六煞在南方，五鬼在东南方，绝命在北方。

兑命：生气在西北方，延年在东北方，天医在西南方，伏位在西方，祸害在北方，六煞在东南方，五鬼在南方，绝命在东方。

乾命：生气在西方，延年在西南方，天医在东北方，伏位在西北方，祸害在东南方，六煞在北方，五鬼在东方，绝命在南方。

艮命：生气在西南方，延年在西方，天医在西北方，伏位在东北方，祸害在南方，六煞在东方，五鬼在北方，绝命在东南方。

209 | 什么是九星？

风水认为天地初开之时，气化为九星，之后才形成了天地，所以九星掌管着天地的运行。九星分别是北斗的贪狼（天枢）、巨门（天璇）、禄存（天玑）、文曲（天权）、廉贞（玉衡）、武曲（开阳）、破军（摇光）、左辅（洞明）、右弼（隐光）九星。

风水学说"天有九星，地有九宫"，九宫是天上九星在地上的反映，九宫是根据洛书的布局变化而来的，于是风水学上就根据九星的五行属性和颜色填入九宫，在九宫格里放入1～9九个数字。贪狼为一白水，巨门为二黑土，禄存为三碧木，文曲为四绿木，廉贞为五黄土，武曲为六白金，破军为七赤金，左辅为八白土，右弼为九紫。

210 | 什么是九星飞泊?

九星飞泊,又叫"紫白九星",是以洛书九宫顺序推排,以住宅坐山为主,用后天八卦方位来分布九星的相宅方法。它以一卦管三山,将本山之星安入中宫,依洛书九宫的飞泊法,将中宫卦的五行和其他八宫卦的五行相互生克,由此来判断吉凶。

211 | 八宫九星有什么阴阳属性?

八宫,是指乾、坎、艮、震、巽、离、坤、兑八个宫。其中乾、坎、艮、震在阳方,属阳宫;巽、离、坤、兑在阴方,属阴宫。

九星,是指贪狼、巨门、禄存、文曲、廉贞、武曲、破军、左辅、右弼九颗星。其中贪狼、巨门、武曲、文曲、左辅在阳方,为阳星;禄存、破军、廉贞、辅弼在阴方,为阴星。

212 | 八宫九星有怎样的生克关系?

在八宅吉凶图上,八宫在内,九星在外,根据八宫九星的阴阳五行属性,可以得出住宅的生克关系。如阳星在阳宫,阴星在阴宫,就是宫星相同,不会产生相克;但阳星在阴宫,阴星在阳宫,就是宫星相克。根据五行属性,如宫克星,为内克外,吉凶参半;星克宫,为外克内,为凶。

生克的不利对象要视八宫对应的人物而定。其中,

阴被克,不利女性;阳被克,不利男性。如乾受克,主伤老父;坎受克,主伤中男;巽受克,主伤中女等。

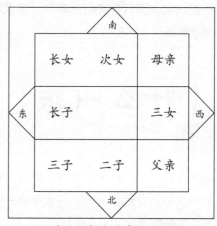

八宫方位与家庭成员对应图

213 | 九星如何与八卦五行对应?

一白星,为坎卦,属水;二黑星,为坤卦,属土;三碧星,为震卦,属木;四绿星,为巽卦,属木;五黄星,居中宫,无卦对应;六白星,为乾卦,属金;七赤星,为兑卦,属金;八白星,为艮卦,属土;九紫星,为离卦,属火。

214 | 九宫飞星图是怎样排列的?

在运用九星飞泊法时,必须运用"九宫飞星图"。九宫飞星图是根据洛书的次序演变而来。以中宫作为起点,按数字顺序向前移动,次序分别为"中宫—乾—兑—艮—离—坎—坤—震—巽—中宫"。九宫分布

图中形成的九星飞泊的路线是恒定不变的，它适用于九宫所有的变化图形中。

215 | 三元九运如何划分？

在风水学中，古代先贤根据《周易》的后天八卦以及太阳系天体运行的规律，确定了三元九运。一个花甲子为一元，第一个花甲子为上元，第二个花甲子为中元，第三个花甲子为下元，三元共计180年。这180年按照八卦的九个宫排列，每宫管20年，即一坎、二坤、三震、四巽、五中、六乾、七兑、八艮、九离，周而复始地不停运转。

八卦九宫	年份
一运坎宫	1864～1883年
二运坤宫	1884～1903年
三运震宫	1904～1923年
四运巽宫	1924～1943年
五运中宫	1944～1963年
六运乾宫	1964～1983年
七运兑宫	1984～2003年
八运艮宫	2004～2023年
九运离宫	2024～2043年

216 | 九宫有怎样的变化？

根据放在中宫的卦象不同，九宫也就有不同的变化。如当乾宅被放置在中宫的时候，乾在洛书中对应的位置，应为六白星。将六白星放入中宫后，按照九宫分布图的路线，将七赤星放入乾宫，将八白星放入兑宫，将九紫星放入艮宫，再将一白星放入离宫，四绿星放入震宫，五黄星放入巽宫，六白星又回到了中宫。如此一来，就形成了一个新的九宫图。按如此方式推算，可以形成八个新的九宫图，加上原来的洛书，一共有九种宫形的变化。

217 | 一白星有怎样的吉凶属性？

一白星为坎水，叫贪狼星，对应的家庭成员为中男，主管男丁、官贵、文书等事，是九星中的第一吉星。

该星生旺时，旺主旺丁旺财，主少年聪慧，文武双全，升官封禄，声震四海。

该星衰退时，主败男丁，即容易有桃花劫，容易因酒色破财损家，易患耳病、肾病，甚至性病；女子则容易得子宫癌、乳腺癌，严重时会导致夫妻离异。

218 | 二黑星有怎样的吉凶属性？

二黑星为坤土，叫巨门星，对应的家庭成员为老母，又叫病符星，主管疾病，是凶星。

该星生旺时，主兴家旺业，人贵财丰，但人不聪慧，多为武贵；女子当家时，则主勤劳简朴。

该星衰退时，容易招惹官司，招小人暗算，寡妇当家，易患各种疾病，下阴和两腋处最容易生病。

219 | 三碧星有怎样的吉凶属性？

三碧星为震木，叫禄存星，对应的家庭成员为长男，掌管是非口舌、弄狱，是凶星。

该星生旺时，主大发财源，对仕途尤其有利，容易出法官、律师及鬼才。特别旺长房，容易出刑贵和武贵。

该星衰退时，容易招惹官刑狱灾，惹来盗贼官司等，易患四肢方面的疾病。

220 | 四绿星有怎样的吉凶属性？

四绿星为巽木，叫文曲星，对应的家庭成员为长女，主管文化艺术，半凶半吉。

该星生旺时，主文贵亨通，容易文章显达，金榜题名，君子加官，平民进财，得贤妻良夫，对考试、文学创作、学术研究尤其有利。

该星衰退时，容易招惹官司，男子酒色败家，女子易淫乱，可能患上肝胆及腰部以下疾病或发生伤亡、意外事故、自杀等事件。

221 | 五黄星有怎样的吉凶属性？

五黄星叫廉贞星，又叫都天大煞，主管死亡，是最凶险的星。

该星位于中宫的时候，就能威崇无比，如同皇帝尽揽四方。

该星位于其他宫位时，宜静不宜动，静则能多子多孙，荣华至极；动则容易招致祸端，轻则灾病，重则死人破财，凶祸连连，官司不停。

222 | 六白星有怎样的吉凶属性？

六白星为乾金，叫武曲星，对应的家庭成员为老父，主管偏财横财，是吉星。

该星生旺时，主人丁兴旺，权威显达，升官掌权，富贵荣华。

该星衰退时，则容易因赌博倾家荡产，失财失义，有血光之灾，导致孤寡，容易患肺部疾病，且容易致残疾。

223 | 七赤星有怎样的吉凶属性？

七赤星为兑金，叫破军星，对应的家庭成员为少女，主管口舌，是凶星。

该星生旺时，主旺才旺丁，对利用口才工作的人极为有利，如歌星、演说家、占卜家，利于在传播通讯业大展拳脚。

该星衰退时，则容易招致口舌是非，盗贼牵连，牢狱横祸，火灾损丁，易患呼吸、口舌及肺部疾病。

224 | 八白星有怎样的吉凶属性？

八白星为艮土，叫左辅星，对应的家庭成员为少男，主管财富，是吉星。

该星生旺时，主功名富贵，此时事业有成，功名显达，财源兴旺，置业买房，尤其利于小房。

该星衰退时，则容易导致退让田产，失败失义，严重时赌钱破家，容易患手脚、腰脊疾病，易有瘟疫流行。

225 | 九紫星有怎样的吉凶属性？

九紫星为离火，叫右弼星，对应的家庭成员为中女，主管爱情，半凶半吉。

该星生旺时，主良好姻缘和桃花运，此时发福最快，富贵荣华，丁财两旺。

该星衰退时，容易招致桃花劫，主吐血和同禄，为官罢职，身败名裂，容易患神经、心血管、眼疾等疾病。

226 | 九星中的四大凶星是哪些？

九星中的二黑星、三碧星、五黄星、七赤星是四大凶星，它们的出现会带来不良的"煞气"。其中危险最大的是五黄星和二黑星，五黄星作为四大凶星中的第一杀手，会影响人的健康和安全。

227 | 九星分为哪些类型？

九星在风水上有大运星、宅运星、流年星、流月星、值日星和时星六种类型。宅运星的影响和反应比较慢，影响最大最快的为流年星和流月星。

所谓大运星，是二十年一运的星运，是指在一个较长时间里的总体运势，它会影响整个社会的运行。所谓宅运星，是指在一个房屋中按照九星分布的方位，根据位于中宫一星的五行属性与周围八宫五行属性的生克原理，来判断某个方位的吉凶。所谓流年星，是以某一年某星飞临为主星，这一年的运势就与这颗星有关。所谓流月星，是以某个月某星飞临为主星，这一个月的运势与这颗星有关。值日星和时星，则是更精准的飞星。

228 | 如何推算流年星？

流年星的推算可以根据"年上起紫白歌"——"上元甲子一白求，中元四绿中宫留，下元七赤居中位，逐年逆行是真宗"进行推算。

意思是上元第一年的流年星是一白星，中元第一年的流年星是四绿星，下元第一年的流年星是七赤星，各元之后的流年星只要按此倒数就可以推算了，将流年星放入九宫的中宫，可以得出该年各星的分布方位。

例如，要推算1998年的流年星，首先要知道1998年属于下元。下元第一年的流年星是七赤星，也就是1984年的流年星为七赤星，那么1985年就是六白星，1986年为五黄星，1987年为四绿星，1988年为三碧星，1989年为二黑星，1990年为一白星，1991年为九紫星……如此推下去，1998年的流年星应为二黑星。

229 | 如何推算流月星?

流月星的推算可以根据"月上起紫白歌":"子午卯酉八白宫,辰戌丑未五黄中,寅申巳亥二黑位,正月逆数是为宗。"

意思是推算流月星需要先找到该年的地支,根据地支就可以知道该年正月的流月星,之后各月倒数就可以推算出来,将流月星放入九宫中的中宫,就可以得出该月各星的分布方位。

例如,要推算2010年八月的流月星,首先要知道2010年为庚寅年,其地支为寅,符合"寅申巳亥二黑位",所以该年的农历正月的流月星为二黑星。根据此推算,该年的二月为一白星,三月为九紫星,推算下去八月的流月星即为四绿星。

230 | 如何推算值日星?

值日星的推算可以根据"日上起紫白歌":"日家紫白不难求,二十四气六宫周,冬至雨水及谷雨,阳顺一七四中游,夏至处暑霜降后,九三六星逆行求。"

跟流年和流月星不同的是,推算值日星需要将一年分成两部分,冬至之后数字顺数,夏至之后数字逆数。即冬至后甲子日的值日星为一白星,雨水后甲子日的值日星为七赤星,谷雨后甲子日的值日星为四绿星,推算这三个节气后每日的值日星,需要顺数;夏至后甲子日的值日星为九紫星,处暑后的甲子日的值日星为三碧星,霜降后甲子日的值日星为六白星,推算这三个节气后每日的值日星,需要逆数。

如冬至第一个甲子日的值日星为一白星,接下来的乙丑日要顺数,值日星就是二黑星,之后的丙寅日,值日星就是三碧星。又如夏至后第一个甲子日的值日星为九紫星,接下来的乙丑日要逆数,值日星就是八白星,之后的丙寅日,值日星是七赤星。

231 | 什么是玄空九星?

玄空是以阴阳为基础,用五行生克和九星飞布的原理来判断方位吉凶的相宅方法。玄空九星与九星飞泊都需要广泛地运用九星,对九星的理解大部分相同。但两者对生气、旺气、煞气、泄气、死气的认识方式不一样,玄空九星更注重山星和向星的分布情况。

232 | 什么是当令星?

玄空九星的相宅方法认为每个阶段都有不同的飞星成为主星,这个主星就是当令星。如行中元四运的时候,四绿星为主星,四绿星就是当令星;行下元八运的时候,八白星就是主星,八白星就成为当令星。

233 | 如何用九星判断住宅内的吉凶?

用九星判断房屋布置的吉凶,首先要找出生气、旺气、煞气、泄气、死气所在的方位。生气方主发人丁,旺气方主发财源,煞气方主损人丁,泄气方主遭官司,死气方则无凶无吉。只要能吉凶归位,就能平安兴隆,否则就可能招致损丁衰落。

所谓吉凶归位，就是大门、卧室、炉灶等应位于生旺方，而卫浴间、浴室、储藏室、电视、音响、发动机等则应位于泄气、死气所在的方位。煞气方因为浊气汇聚，只适合开口出煞气，其他物品特别是带响动的，都不宜放置。

巽宫 吉 东南 八白 左辅星	离宫 凶 正南 四绿 文曲星	坤宫 吉 西南 六白 武曲星
震宫 凶 东南 七赤 破军星	中宫 凶 九紫 右弼星	兑宫 凶 西南 二黑 巨门星
艮宫 凶 东南 三碧 禄存星	坎宫 凶 正南 五黄 廉贞星	乾宫 吉 西南 一白 贪狼星

注意：流年紫白吉凶方位图，以飞星临门、房位、灶位、神位、床位为主而定吉凶。吉者催之，凶者化之。

234 | 如何用九星判断住宅外的吉凶？

用九星判断住宅外的吉凶，也要找出九星对应的生气、旺气、泄气、死气所在的方位。在住宅外的生气方和旺气方，以有高大的隆起物为吉。例如，有树木葱茏的高山或高大而形象优美的建筑为吉，但如果山头怪石嶙峋或楼房破旧不堪，则为凶的征兆。

住宅外的死气、煞气、泄气方，最适合"低伏"，如有清澈的河流、环抱的公路等为吉；如果水流污浊、道路反弓，则为凶的征兆。

235 | 什么是地盘、天盘、运盘、元旦盘、宅命盘？

玄空九星将后天八卦形成的九宫图称为"地盘"，表示这是地上的方位。

洛书数字形成的九宫图为"天盘"，表示这是天上九星所在的位置。

根据不同的当令星飞布出来的九宫图为"运盘"，运盘为元旦盘的变化形式，但不包括山星和向星的飞布情况。

以五为中宫的九宫图为"元旦盘"，元旦盘与天盘实际上是一个图，但由于九宫图会根据不同的当令星入中宫，飞布出不同的九宫图，元旦盘就是相对它们来说的，是最初始的源自洛书的九宫图形。

"宅命盘"是综合反映住宅修建时间、坐山、朝向三种飞星位置的图形。

236 | 如何用宅命盘判断风水吉凶？

宅命盘是一个代表全方位组合的九宫图，可以表示一个村庄、一栋大楼、一座住宅，甚至一张书桌的方位，是玄空判断风水吉凶的主要工具。将宅命盘中的坐向与运盘、山星和向星的飞布方位相结合，根据阴阳五行、旺生泄煞死五气，就能判断吉凶。

如判断一座建于六运期间的住宅风水吉凶，首选要制作一个宅命盘，将六白星放入中宫，其余的星按顺序飞布八方，得到一个九宫图。这座住宅坐山为子的方向，子属于坎卦，根据六运九宫图，坎卦处为二黑星，此处就是住宅的山星，将数字"2"写在中宫的左上角，代表山星的数字，再逆飞或顺飞入九宫。住宅的朝向在午方位，午属于离卦，离卦处是一白星，此处就是该住宅的向星，将数字"1"写在中宫的右上角，用来代表向星的数字，再顺飞或逆飞入九宫。

237 | 什么是"煞气"？

煞气是指一切对住宅不利的因素。煞气分为三种，第一种是可以看得见、摸得着的有形煞气，如对冲着门窗的屋角、道路、铁塔、电线杆等；第二种是看不见的飞星煞，九宫中的二黑星、三碧星、五黄星、七赤星四颗凶星会引起疾病、纷争、盗贼、官司等灾祸；第三种是前两种煞气的组合，前两种煞气如果单独存在，可能不会对风水产生大的影响，但如果组合到一起，就会产生较强的煞气，有很大的破坏力。

238 | 如何化解四凶星的煞气？

遇到四凶星所在方位，特别是二黑星和五黄星，最忌讳动。所谓动，是指不宜开设大门、房门，也不宜摆放电器，更不宜在这个方位摆放会发出声音的物体，这些物体的开合响动，都会引发四凶星的煞气。如果在此方位保持静，一般都能相安无事。

三碧星和七赤星可以用五行生克的方式来化解煞气。如七赤星属金，金能生火，就可以用属水的颜色和物体来化解七赤星的煞气。也可以用克的方

式，如三碧星属木，金能克木，此时就可以用属金的颜色和物体来克三碧星的煞气。但用克的方法要谨慎，因为凶星本性凶恶，如果压制不住，它的凶性会更加猛烈。

239 | 什么叫旺山旺向？

在宅命盘中，山星中的当令星正好在坐山所在的宫位，而向星的当令星正好在朝向所在的宫位。如八运亥山巳向的房屋，"八"为当令星，山星的"八"正好在乾宫，是亥山所在的宫位，而向星的"八"也正好在巽宫，是巳向所在的宫位，这种布局就叫做旺山旺向。

240 | 旺山旺水是怎样的布局？

住宅的后面有秀丽的山峰或高大的建筑，屋前有环抱的河水或空旷之地，就是风水上所说的合宅之局，能旺丁旺财，尽享荣华富贵。但如果屋后没有靠山，

但有水，屋前则是无水有山，这样颠倒的格局正好与旺山旺向相反，是凶象，住在这样的住宅容易损丁破财。

241 | 怎样的布局称为双星会向？

在宅命盘中，山星中的当令星朝向所在的宫位，而向星的当令星也正好朝向所在的宫位。如七运壬山丙向的房屋，"七"是当令星，山星"七"在离宫，是丙向所在的宫位，而向星"七"也正好在这个宫位，山星向星的当令星都齐聚在朝向的宫位上，这种布局就叫双星会向。

242 | 上山下水指的是什么？

在宅命盘中，山星中的当令星在朝向所在宫位，而向星的当令星则在坐山所在宫位。如七运亥山巳向的房屋，"七"是当令星，山星"七"在巽宫，是巳向所在宫位，而向星"七"在乾宫，是亥山所在宫位，山星旺朝向方，向星旺坐山方，这种风水布局就叫上山下水。

243 | 流年太岁如何八方主事？

流年飞星又被称为太岁，它能直接影响房屋的流年运气。如流年星飞临大门，就会影响这一年全家人

的运气；飞星到睡房，就会影响这一年该房中人的运气；飞星到书房、书桌，则会影响这一年的学习和工作。

每颗飞星都有自己的属性，飞星到某一方就会影响这方的吉凶，如流年四绿星飞到兑宫卧室时，四绿星属木，兑属金，金克木，这个人就有可能被金属所伤；而金克木不吉利，又会使四绿星衰退，四绿星衰退时主淫乱，所以这个人可能会有桃花劫。

244 | 如何结合流年星与九宫判断吉凶？

流年星入中宫后飞布出流年盘，再将其与宅命盘相比照，就可以判断吉凶。如七运丑山未向的房屋，要知道2014年的吉凶，先查2014年的流年星为四绿。

宅命盘的乾位是二黑土和三碧木，土生木，三碧主争斗，会出现车祸、官司、家庭不和的事件。查流年盘，发现乾位为五黄，为凶星，因而会引发以上不利的事件发生。

宅命盘的坎位是六白金和八白土，土中生金，主财。查流年盘，坎位为九紫，主桃花，会因桃花导致斗殴失和。

宅命盘的艮位是四绿木和一坎水，水生木，四绿为文曲星，主功名显达、升官进禄。查流年盘，艮位是七赤，说事业辉煌。

宅命盘的震位是八、六，与坎位同。查流年盘，震位为二黑土，为病符星，震代表长子，因而长子可能得病。

宅命盘巽位是九紫火和五黄土，火生土，五黄为凶星，主凶，可能导致火灾官司。查流年盘，巽位为

三碧，凶星，会引发上诉灾祸。

宅命盘的坤位是当令旺星七赤金，双星会向，主财。查流年盘，坤位为一白，为吉星，主出四海扬名的医生或预测师。

宅命盘的兑位是三、二组合，与乾位同。查流年盘，兑位为六白，故而无凶无吉。

245 | 如何根据飞星临门判断吉凶？

在玄空中，判断事物吉凶的最重要一点是大门。判断家中的人、事、物都可以用飞星临门的方式来推断。具体的方式是，先排出该房屋的运盘，用中文表示，再用流年星、流月星、值日星、时星入中宫飞布，用数字表示。看大门所在宫位，飞星为吉星即有吉事，若为凶星即有灾祸；飞星与运星相生则吉，相克则凶。

如四绿命的人，大门开在西方，要推算2011年正月的运程。应先将命卦四入中宫布置出运盘。再看2011年为辛卯年，符合流月紫白歌谣中"子午卯酉八白宫"，因而其正月流月星为八，将飞星八入中宫飞布。据图，大门所在的兑位，为六白金、一白水。飞星一白为吉星，是吉；六白金与一白水相生，为吉。此组合主文学艺术扬名，所以该月有文章闻名、升官进禄等喜事。

246 | 风水学的"依山傍水"原则怎么理解？

依山傍水是风水学最基本的原则之一，山体是大地的骨架，水域是万物生机之源泉。依山的形势有两类，一类是"土包屋"，即三面群山环绕，南面敞开，房屋隐于万树丛中，湖南岳阳县渭洞乡张谷英村就是这样的地形，五百里幕阜山余脉绵延至此，在东北西三方突起三座大峰，如三大花瓣拥成一朵莲花。这里的男女老幼尊卑有序，过着安宁祥和的生活。

依山的另一种形式是"屋包山"，即成片的房屋覆盖着山坡，从山脚一直到山腰。长江中上游沿岸的码头小镇都是这样，背枕山坡，拾级而上，气宇轩昂。有近百年历史的武汉大学建筑在青翠的珞珈山麓，设计师充分考虑到特定的风水环境，依山建房，学校得天然之势，有城堡之壮，显示了高等学府的宏大气派。

247 | 风水学是如何观形察势的？

风水学重视山形地势，注重把小环境放入大环境中考察。清代的《阳宅十书》指出："人之居处宜以大地山河为主，其来脉气势最大，关系人祸福最为切要。"风水学把绵延的山脉称为龙脉。龙脉源于西北的昆仑山，向东南延伸出三条龙脉，北龙从阴山、贺兰山入山西，起太原，渡海而止；中龙由岷山入关中，至秦山入海；南龙由云贵、湖南至福建、浙江入海。每条大龙脉都有干龙、支龙、真龙、假龙、飞龙、潜龙、闪龙，勘测风水时首先要搞清楚来龙去脉，顺应龙脉的走向。

龙脉的形与势有别，千尺为势，百尺为形，势是远景，形是近观。势是形之崇，形是势之积。势是起伏的群峰，形是单座的山头。认势惟难，观形则易。

从大环境观察小环境，便可知道小环境受到的外界制约和影响，诸如水源、气候、物产、地质等。任何一块宅地表现出来的吉凶，都是由大环境所决定的。只有形势完美，宅地才完美。每建造一座城市，每盖一栋楼房，每修一间工厂，都应当先考察山川大环境，从大处着眼，小处着手，找到最好的风水布局。

248 | 为什么风水学要坚持坐北朝南的原则？

中国位于地球北半球，欧亚大陆东部，大部分陆地位于北回归线以北，一年四季的阳光都由南方射入。朝南的房屋便于吸收阳光，阳光中的紫外线具有杀菌作用，能参与人体维生素D合成，可以增强人体免疫功能等。

坐北朝南，不仅是为了采光，还为了避北风。中国的地势决定了其气候为季风型。冬天有西伯利亚的寒流，夏天有太平洋的凉风，一年四季风向变幻不定。风有阴风与阳风之别，清末何广廷在《地学指正》云："平阳原不畏风，然有阴阳之别，向东向南所受者温风、暖风，谓之阳风，则无妨。向西向北所受者凉风、寒风，谓之阴风，宜有近案遮拦，否则风吹骨寒，主家道败衰丁稀。"这就是说要避西北风。

坐北朝南原则是对自然现象的认识，是顺应天道，得山川之灵气，受日月之光华，颐养身体，陶冶情操，地灵方出人杰。

249 | 风水学提倡的顺乘生气原则是指什么?

风水理论认为,气是万物的本源。由于季节的变化,太阳升落的变化,风向的变化,使生气与方位发生变化。不同的月份,生气和死气的方向不一样。生气为吉,死气为凶。人应取其旺相,消纳控制。风水理论倡导在有生气的地方修建城镇房屋,这叫做顺乘生气,只有得到滚滚的生气,植物才会欣欣向荣,人类才会健康长寿。宋代黄妙应在《博山篇》云:"气不和,山不植,不可扦;气未上,山走趋,不可扦;气不爽,脉断续,不可扦;气不行,山垒石,不可扦。"扦就是点穴,确定地点。

房屋的大门为气口,如果有路有水环曲而至,即为得气,这样便于交流,可以得到信息,又可以反馈信息,如果把大门设在闭塞的一方,谓之不得气。得气则有利于空气流通,对人的身体有好处,宅内光明透亮为吉,阴暗灰秃为凶。

250 | 因地制宜原则在风水中有什么作用?

风水中讲求因地制宜,即根据环境的客观性,采取适宜于自然的生活方式。《周易·大壮卦》提出:"适形而止"。先秦时的姜太公倡导因地制宜,《史记·贷殖列传》记载:"太公望封于营丘,地泻卤,人民寡,于是太公劝其女功,极技巧,通渔盐。"

我国地域辽阔,气候差异很大,土质也不一样,建筑形式亦不同,西北干旱少雨,人们就采取穴居式窑洞居住。窑洞位多朝南,施工简易,不占土地,节省材料,防火防寒,冬暖夏凉。西南潮湿多雨,虫兽很多,人们就采取栏式竹楼居住。竹楼空气流通,凉爽防潮,大多修建在依山傍水之处。此外,草原的牧民采用蒙古包为住宅,便于随水草而迁徙。贵州山区和大理人民用山石砌房,华中平原人民以土建房,这些建筑形式都是根据当时当地的具体条件而确立的。

因地制宜是务实思想的体现,根据实际情况采取切实有效的方法,使人与建筑顺应自然,回归自然,返璞归真,天人合一,这正是风水学的真谛所在。

251 | 风水中的"四灵"指的是什么?

风水中的四灵源自于天上四个方位的灵兽:青龙、白虎、朱雀、玄武。四灵是应风水之气而生,由他们镇守在住宅四周,可以对住宅起到较好地护卫作用。从风水上来说,住宅左面有河流,叫青龙;住宅右面有长道,叫白虎;住宅前面有池塘,叫朱雀;住宅后面有丘陵,叫玄武。天地间,东边有青龙神,西边有白虎神,南边有朱雀神,北边有玄武神守护,此四神各自管理着东、西、南、北的方位。风水上是以坐北朝南的房子为准,所以,房子的左面即东边,右面即西边,前面即南边,后面即北边。

252 | 如何配置后玄武位?

玄武位和朱雀位各为家宅的前、后两极,与大门的位置正好相对,这里多是家人休息的地方,宜静不宜动。玄武也是靠山，对一个家庭来讲，玄武方将影响一家成员的事业、健康和婚姻。对于坐北朝南的住宅，北方是离阳气最远的地方，也是最易受寒风袭扰之地，所以此方位的地形以山峰最佳，因为山是阻挡寒气的天然屏障，同时也可以阻挡阴气，而使中央之地受到充分的保护。

253 | 如何配置右白虎位？

在确定白虎位时，应站在屋内的厅堂，面向大门，右方的位置就为白虎位，此位置宜矮、宜空、宜虚、不宜聚气，如果高、实、煞、聚气，则身边小人当道，是非意外连连。对于坐北朝南的住宅，西方是白虎位，西方最好是平坦的大道、交通要道，人口集中而热闹的地方。西方是命运五气（木、火、水、土、金）中金的位置，金为结果实的意思，也就意味着金钱、人口、物质等的集中，所以此处宜为交通要道或平坦的大道等。白虎本来含有很强的杀气，在此象征着秋天的严肃，当人们兴高采烈庆丰收时，由守护神白虎担任守护的任务。

254 | 如何配置前朱雀位？

住宅的大门为房屋的前方，这部分就称为前朱雀位。它是人们进出房屋的地方，也是人们日常活动的地点，气的流动比较频繁，应该要有充足的阳气，易开阔。对于坐北朝南的住宅，南方为朱雀位，南方宜有池塘，亦即低洼的低地形。因为山会阻挡阳气，所以一般都认为建筑物的南边不应该有山，南边的地形

要平坦而稍低，如站在南边，可以眺望远景，如果有池塘正好可以让青龙的水集中在此地，而形成良好的风水布局。

255 | 如何配置左青龙位？

在确定青龙位时，应站在屋内的厅堂，面向大门，自己左方的位置为青龙位，此位置主贵人，是神位、财位，不宜动，宜高、宜实、宜聚气，聚气则可以得到贵人的扶助。对于坐北朝南的住宅，东方是青龙位，因此东方最好有清净的河流，自然流动的水。水是万物生存的源泉，水的流动表示生活的波动，河流的川流不息象征生命的源远流长。

第二部分

居家风水实践篇

　　住宅风水，包括选址、大门、玄廊、客厅、厨房、餐厅、卧室、儿童房、书房、卫浴间、窗户、阳台等各处的造址与室内外的布局以及各种物品的摆设。住宅风水与人的生活密切相关，不懂风水的人对家中的不良布局无从知晓，因此让风水不良的居家环境破坏了良好的生活空间，导致家运、财运、事业运下降等，如果懂得风水知识，则可以轻而易举地改变自身环境中的不利因素，趋吉避凶。

　　本章对风水中重要的元素进行了详细的阐述，使你可以充分了解居家风水的实践运用，通过改造不良的风水格局，来创造有利于家庭和个人的运程，营造温馨健康的生活空间。

内容提示

- 选址——旺风旺水
- 大门——进财纳气
- 玄廊——纳气通风
- 客厅——聚运招财
- 厨房——水火相济
- 餐厅——和气纳福
- 卧室——居家安康
- 儿童房——聪颖乐长
- 书房——书香慧气
- 卫浴间——除垢避邪
- 窗户——藏风聚气
- 阳台——化煞纳吉
- 别墅——生旺家运

第九章 选址——旺风旺水

256 | 房屋选址时要注意哪些要素？

风水好宅的标准是能让人融入自然，接受天地灵气，并且不受不良因素侵扰的住宅。因此在选择住宅时要考虑"藏风聚气"、"龙真穴地"、"山环水抱"这三大因素。"藏风聚气"就是要寻找一个相对封闭的环境，控制天地灵气的进入，且能将其留住。"龙真穴地"是要找一个生气旺盛的、能最大限度地接受天地精华的地方。"山环水抱"则强调了对山水自然的利用，使自然环境与现实生活浑然一体，让居住环境更舒适。

257 | 如何使房屋吸纳充足的阳气？

房屋朝向南方不仅能得到充足的阳光，还能挡住冷风，从而使房屋阳气充足。因为中国大部分地区处于北回归线以北，属于季风型气候，阳光由南向北照射，冬天从北方来的西伯利亚寒流十分阴冷，夏天从南方来的太平洋暖流温暖宜人，想要住宅阳气充足，首先要让阳光照射进来，其次要挡住阴冷的风，让暖和的风吹进来。

258 | 房屋朝向哪些方位最佳？

在风水学中，正南正北为帝王之相，普通老百姓难以消受得起，普通百姓房屋若朝向正南正北容易引起运程的暴起暴跌。因此风水学不提倡普通的居民住宅采用正南的朝向，住宅朝向东南或西南最好，炎热的夏天可以避开阳光的直射，寒冷的冬天又能得到充足的阳光。

259 | 五行不同的人如何选择居住地？

在选择好的风水住宅时，要配合每个人的五行

方位，通过八字命格来判断该住宅是否适合自己居住。出生在春天的人，木太旺，利火、金，住宅宜选在南区、西南区，朝向宜坐北向南或坐东北向西南。出生在夏天的人，火太旺，利金、水，住宅宜选择西北区、北区，朝向宜坐东南向西北或坐南向北。出生在秋天的人，金太旺，利火，住宅宜在南区，朝向以坐北向南为佳。出生在冬天的人，水太旺，利木、火，住宅宜选在东南区、南区，坐西北向东南和坐北向南的朝向。

260 | 有靠山的住宅风水好在哪里？

住宅背后有靠山，一是指平常所说的长满树木、风景秀丽的山峰，也指背后有比住宅所在楼房更高的楼房，或者是背后有高度相近连成片的建筑群。这种前面有开阔地，背后有"靠山"的住宅是房屋风水上常说的坐实朝空的旺丁旺财格局。这种住宅格局有利于旺丁，使居住者身体健康，还会获得贵人帮助。

261 | 如何化解风水不吉利的靠山？

住宅背后有座好的靠山可以旺丁旺财，而遇到不好的靠山不但得不到帮助，反而会受到排挤，才能得不到施展。如怪石嶙峋、寸草不生、山体崩塌的山不合适作为靠山。当遇到这类不好的靠山时，切忌在面向靠山的方向开窗，即使有窗也要经常拉上窗帘，可以在窗边挂葫芦或两串五帝钱进行化解，挡住煞气。

262 | 屋前不宜对着什么山？

房屋前有过于高大挺拔的山峰，或者过高的楼群都是小人欺主的象征，居住在此处的风水不佳；而寸草不生、怪石嶙峋、岩石崩塌的山也是不利的象征，是凶恶之相；一些被开垦过的山在没有耕种的季节会露出荒芜之相，也会对风水造成不利影响，但如果在门口处能远远地看到秀丽的山峰则是吉利的。

263 | 房屋后面有断崖有什么不好？

屋后有断崖不仅意味着没有靠山，还有坠落的危险，屋后断崖还致使房屋无法开后门，意味着只进不出，进而不出则没有循环可言，也就没有壮大家运的机会，因此很不吉利。如果遇上地基不稳，还会出现崩塌，危害家人的生命。

要得知住宅的土地是否有问题，要向那一带的老住户询问，查找有关这块地以前的信息，或者翻阅地方志，特别是以"某某庙"、"某某坟"为地名的地方需要特别留意。如果找不到这方面的资料，可以调查一下住宅附近居民的生活状态，如果离婚、夭折、破产的情况特别多，最好不要在此居住了。

264 | 低洼之地适合居住吗？

水往低处流，低洼之地能够聚水。风水上认为水管财，水聚则财聚。但是低洼之地通常又排水不畅，一旦下大雨，就会造成积水，不仅不方便出入，还有可能常年处在阴湿的环境中，太大的湿气不利于身体的健康，因而低洼之地不适合人居住。

266 | 龟背形状的地方适合盖房吗？

龟背形状的地方不适宜建造房子，这种地形的中间是一个隆起的小山坡，四周则凹陷下去，因此房子所在之处高高凸起，这样不仅不能吸纳更多的气场，反而会使地气随着地形四处散去。长期居住在这样的房屋里，无论事业或财运都会每况愈下。

265 | 如何判断住宅地的好坏？

表面上风水很好的房子，却可能因为建在过去的刑场或垃圾场上而暗藏不好的风水。常用的风水转运的手段亦难以祛除渗透在土地中的不良信息，因此最好不要居住在这类地方。

267 | 宅基地为三角形有什么不好？

在进行宅基选址时，并非所有的宅基地都是四方形的。如果选址的宅基地为三角形，则犯了风水中的大忌，三角形五行属火，风水学认为三角形为大凶之形，屋前、楼前的三角尖位称为"火咀"，后方三角尖位称为"倒角笔"，三角形地的气场混乱且无生气，皆主财帛不聚或骤生意外。此种地形的空气流速加快或太快，造成气场、磁场与人体内系统不协调，既不能藏风聚气，又不利于健康财运。它容易导致宅主的精神出现问题，不利于思考。遇到三角形宅基地时，一定要对其进行改造。

268 | 如何化解三角地形带来的影响？

遇到这样三角形的宅基地，可以在室内摆设麒麟、葫芦、风车等吉祥饰物来化解不良风水的影响；把尖位作弧或圆改建处理，并在此地设一个带风水球的喷水池，加建一堵照壁，配上大风车、树木、草皮、吉祥雕塑效果最好。此外，尽量避开在此方位开门，若没办法改动，则可再在离门约三米的位置添加照壁，并在照壁外种植一些如龙骨、仙人掌、铁树、玉麒麟等化煞的植物，而屋内可设置玄关摆放大肚布袋佛。可以将宅基地的主要部分划出一个四方形的空间，余下的部分可以用墙隔离不用，或者种树将其隔离为庭院、菜园，并时时保持绿意，但最好不要将其作为仓库来使用。如果地方实在太狭小，无法隔离，应该搬离此地。

269 | 明堂出现缺口怎么办？

明堂是住宅前的一块空间，这块空间是否能藏风

聚气，对这所住宅的风水有极大的影响。所谓藏风聚气，就是其周围的高大建筑或山峰要护卫严密，不能让气轻易地流走，同时还要有畅通且唯一的让气流入的道路或水流。但如果明堂周围护卫不严密，出现了缺口，或有很多的道路，这样就不能达到藏风聚气的目的。明堂出现了缺口，最好的办法就是在缺口处设置一堵照壁，让气不能轻易地泄出。

270 | 房屋前面有陡坡好吗？

屋前最好不要有陡坡，陡坡不利于聚水，不聚水则不聚财，财来了也会很容易流走。屋前如果没有足够的平地，要填土垒坡，在屋前造出一个宽阔的平台，再在平台旁边设置一条通往下面的小路，这样地气不会直流，从而能改善风水格局。

271 | 房屋前的道路对风水有什么影响？

在风水上，房屋前有道路渐远渐宽，喻示人口安康；渐远渐窄的道路则喻示着阴人郁厄。屋前的道路呈"之"字形，说明人丁兴旺，财运亨通；屋前有呈"八"字形的道路则表明家庭会出忤逆之子，父子关系差；屋前有呈"井"字形的道路，表明宅主会自缢或发生意外伤亡事件；屋前有呈"川"字形的道路，表明家中会遭遇盗窃之灾；屋前有呈"火"字形的道路，表明家中会有灾祸临门；屋前有呈"丁"字形的道路，表明家中人丁衰败；屋前有呈"一"字形的道

路，表明家境贫穷，财富不佳。

272 | 房屋前有地下通道对风水有何不利？

门前的地下通道如同一条平静的河流中突然出现的旋涡，会将正常的水流秩序扰乱，在风水学上是非常不利的，一旦门前的气流受到地下通道的扰乱，势必会影响到住宅里的气流，混乱不畅通的气流容易导致人际关系不和谐，财运方面也会受到阻碍。

273 | 屋后的池塘对风水有什么影响？

住宅前有池塘有利于招财，而位于住宅后则会有损妻儿的健康。池塘的形状宜呈半月形或圆曲形，切忌呈方形，方形的池塘意为"血盆照镜"，是断子绝孙的凶兆。屋后若有两个池塘也不适宜，因为其形状像"哭"字，有损家庭的吉祥安康。

274 | 住宅外种植树木有什么风水作用？

很多住宅外面都种植树木，一是可以纳凉遮阴，二是树木对风水有相当大的影响，但不是所有的树都有利于风水。不断生长、枝叶茂盛的树象征着蒸蒸日上的宅运，逐渐长大的树荫还能庇护家人，是吉利的象征。树木种在房屋的左边是最好的方位，即位于青龙位，这样的树木代表男性贵人，意味着能庇护家人。树木与住宅的窗户和大门保持一段距离，种植类似柳

树等偏软性的树木，这样才不会影响风水和空气的流通。

最不利住宅风水的是枯死或正在枯死的树木，每况愈下的凋零感意味着这所住宅的风水出了问题。位于住宅右边白虎位的树木也不利于风水，另外，树枝伸向窗户也是不利的，它会刺激人的精神，使人容易患眼疾，将过长的树枝锯断可以解决一些问题。

275 | 住宅外的细藤阴树对风水有什么影响？

爬藤类的植物如常春藤、迎春花、爬山虎等，在风水布局上是很大的禁忌，因为爬藤类植物必须仰赖

更多的湿气才能生存，如果房屋外观被藤蔓遮住，对风水相当不利。一般来说，绿色阔叶的植物属阳，细长缠绕的植物属阴，一所房子如果四周都被细藤缠住，说明阴气很重，不适宜人居住。如果要选择这种阴气住宅，最好多找一些室友，运用多人的阳气，或许可以平衡一整间房子的阴气。但是，如果房子连窗户都爬满了蔓藤，表示住宅的气场因年代久远，已经完全被阴性能量同化了，切记不要住在此类房屋。

276 | 住宅外的松树有利于风水吗？

松树是古今被咏赞的植物。史载秦始皇巡游泰山，风雨骤至，在大松树下避雨，封此树为"五大夫"，后人称此树为"五大夫松"。松树耐寒耐旱，阴处枯石缝中可生，冬夏常青，凌霜不凋，可傲霜雪。松能长寿不老，民俗祝寿词常有"福如东海长流水，寿比南山不老松"。在书画中常有"岁寒三友"（松、竹、梅），以示吉祥。在书画、器具、装饰中常有"松柏同春"、"松菊延年"、"仙壶集庆"（松枝、水仙、梅花、灵芝等集束瓶中）。松树是被广泛视为吉祥的树种，可以种植在住宅周围。

277 | 住宅小区的绿化起什么风水作用？

风水思想主张在宅地周围绿化，树木是衡量风水的标准之一。风水上把树木分为三类：抵挡煞气的为挡煞林；房屋背后的为后座林，衬托和屏护阴宅；房

屋前面的为下垫林，以青翠整齐为吉，前两者以高大为宜。树木在光合作用下吸收二氧化碳，释放出氧气，净化环境空气。树木还可过滤空气中的有害物质、降低粉尘、清除噪声、涵蓄水分等。可见，普遍绿化对人体的健康十分有益。

278 | 冲路冲巷的住宅有什么风水弊端？

住宅大门如正对马路，且马路的宽度与大门等同或宽于大门，则称其为路冲；如果马路的宽度小于大

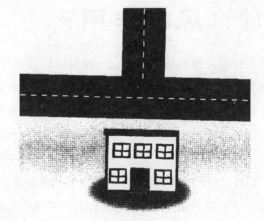

门的宽度，称为巷冲。马路如虎口，如果长期在这种环境下居住，会造成居住者内心不安，心灵上有强烈的不安全感，这对身体健康不利，家运也无法提升。路冲可用安置八卦镜、山海镇或种植物的方法来化解。

279 | 天线对房屋风水有影响吗？

卫星天线有吸纳磁场的作用，容易影响人的大脑系统，所以尽量不要太靠近天线处，最好不要居住在有天线的顶楼和天台。铁锅状的卫星天线便于安装，但对它面向的住宅或能看到它的住宅则是不利的，尤其是它发出的磁场会在住宅中形成不稳定电波，导致居住者患上疾病。

280 | 房屋面对着高楼有什么影响？

如果住宅对面有超过所在楼房的高楼，对住宅风

水十分不利。距离在15米以内，比居住者所在楼房高很多的楼房，使人有泰山压顶之感，象征着奴欺主，易出现小孩不听话，下属不听从指挥的情况，不仅损害居住者的健康，对事业也有不良的影响，易导致破财、事业受阻。

281 | 居住在靠近地铁或高速公路的地方有什么不好？

地铁旁边的房屋因为交通方便，没有什么噪声、空气污染少，地价就会比较昂贵，但是如果房屋建在地铁的正上方，即犯了"地铁穿心煞"，致使房屋无法吸纳地气，是大凶之相。高速公路车流多而且车速快，容易造成噪声和空气污染，还会引起灰尘的积蓄，来往的车流也会产生强大的气流旋涡，容易造成居住者心神不宁，对健康十分不利，最好远离这样的住所。

282 | 居住在天桥旁边有什么影响？

在风水上，天桥煞也是一个重要课题。弧形的天桥对房屋风水影响最大，如果弧形天桥紧贴在楼宇旁边，风水学上称为"镰刀煞"，车行时会引起冲力，冲力大则会形成煞气，使楼宇内的人经常受伤及人际不和。如果天桥距离楼宇较远，冲力便会散聚于其中，呈藏风聚气之象，代表全家和睦共处。

横过的天桥也是不良的风水格局，横过的天桥通常车速较快，引起的煞气自然就大，且会冲入屋内，把屋内的财气带走，还会令住宅内的人感觉不适及脾气暴躁等。化解的办法是摆放仙人掌或用窗遮盖起来等。

此外，还有一种"万剑穿心"形的天桥，多在海底隧道口出现，这种天桥错综复杂，形成的煞气乱窜。可以放置植物或凹面镜进行挡煞。

283 | 住宅旁边有电磁波辐射的建筑有什么不好？

不宜选择在有电磁波辐射的周围居住，应该尽快搬离。变电站、高压电塔都会产生很强的电磁波，如果人体长期接触这种强烈的电磁波，会使神经系统和免疫系统遭到破坏，可能会引发多方面的身体疾病。发射塔一般是发射或接收电视、电话信号的，气场较强，对磁场有很大的影响，再加上其造型又高又尖，容易引来雷电而使附近居民受到伤害，也会引发居住者的精神问题。

284 | 住宅四周都是低矮的建筑有什么不好？

有些人喜欢住在高大的建筑里，如高层电梯公寓、山顶房屋，让人有"会当凌绝顶，一览众山小"的优越感。但当所住的住宅成为最高的建筑，周围再找不到比它更高或与它一样高的建筑时，就犯了孤峰煞，

风水上有"风吹头，子孙愁"的说法。住在孤峰煞里的人缺少安全防护，被劲风直吹，不利于身体健康。住在这样的房屋里，人也容易感到孤独。在遇到困难的时候，往往没有朋友或贵人相助，子女也容易不孝或远行，住户遁入空门的可能性也比较大。

285 | 如何化解住宅外的反弓煞？

反弓煞有两种：一是家前道路的反弓煞，一是家前水路的反弓煞。反弓煞即是马路或水路像弓一样，弓柄朝向自己的家，门前的反弓凶于侧面的。出现在东西两个方位的反弓煞的杀伤力最大，会导致室内人员不和睦，各怀鬼胎、钩心斗角。化解的办法是，在门前左右摆放一对石狮或貔貅，在反弓位放置明咒葫芦和五帝古钱；条件许可的话可在门外3米之内种植矮树；在屋内悬挂一面大镜子对着门前的马路，可以使反弓路向我，反为我用。因此在购房选址时要小心观察周围的环境，以免招致不和。

286 | 住宅外的反光煞如何不利风水?

反光煞的产生与阳光有关,如果房屋在海附近,海水便成了反光煞,海水反射的太阳光照射到住宅内,会令人头脑迟钝,精神不集中。另一种反光煞是在市中心或商业中心附近,高楼大厦的玻璃幕墙经光照反射到自己的住宅,住宅便犯了反光煞。反光煞容易使人发生意外之灾或碰撞之伤。遇到反光煞,一般可以在玻璃窗上贴半透明的磨砂窗纸,再把两串明咒葫芦放在窗户左右角,加一个木葫芦便能化解普通的反光煞。如果反光较强,要多放两串五帝古钱配白玉明咒来化解。

287 | 楼下是菜市场对住宅风水有影响吗?

菜市场在住宅楼下可以方便买菜,也会产生噪声污染,从清晨开始的买卖声会形成声煞,不利于睡眠。菜市场也是制造垃圾的地方,是各种细菌和害虫滋生的场所。腐烂的菜叶散发臭味,鱼腥味、肉骚味也四处弥漫。市场中残留在动物身上的死亡信息,会扩散到菜市场周围,阴气很盛。可以说菜市场虽然买菜方便,却是一处藏阴纳菌的地方,居住环境较差。

如果居住在这样的环境中,应该尽量减少面向市场的门窗。如果必须开此方向的门窗,应用窗帘、屏风等遮挡。注意室内卫生,定期杀蚊除虫,使用换气扇和空调调节室内空气,避免菜市场的气味进入。

288 | 居住在写字楼周围好吗?

自己居住的住宅比较矮小,而周围写字楼较高的话,视野就会被这些高楼所挡住,让人产生被围困的感觉,不利于自己的发展。另外,现在的写字楼外墙多设计成玻璃幕墙,如果住宅正面对玻璃幕墙,会造成过亮的光源污染,玻璃幕墙的反影也会让人产生一种压抑感,对人的健康不利。

289 | 住宅附近是购物商场好吗?

住宅附近有购物广场过商业中心会给家庭带来运气,同时商业中心的商业气氛越浓厚,财气越旺,越能令家庭财运兴旺。其实,从日常生活的角度来分析,住宅附近有商业中心,购物方便,人气也旺盛。

290 | 底层是商店的住宅适宜居住吗？

有些楼房是住宅和店铺连在一起，这种宅相称为"骑楼"。通常大楼的底层是商店，二层或二层以上是住宅，住在商铺楼上会影响居住风水。因为住宅之气宜静而商店之气宜动，动静相克，格格不入，住在商铺楼上的居民，在丁、财两方面都易受到损害，楼层越低，受损的程度越大，尽量选择三楼以上的房屋居住。

291 | 居住在戏院或电影院附近好吗？

戏院和电影院都属于"聚散无常"之地，放映和演出时，因人数众多而气聚一团，但是结束后观众立即离场，聚集的人气也伴随着一哄而散，这就致使阳气突然大量聚集在一个地方，然后又突然消失。这种极不稳定而又强大的气场，会对附近的气场产生严重的干扰而导致住在附近的人运气反复无常。化解的办法是尽量避免面向戏院和电影院方向开窗，房中多使用遮挡物，尽可能制造一个较为密闭的风水环境，以减少外界气场变化对屋内的影响。

292 | 如何选择楼房的青龙位？

龙是人们信仰的神物，它是尊贵和权威的象征。在风水中，龙的位置也十分重要，宏观风水一定要看山水的来龙去脉，即山龙、水龙的去向走势；微观风水留意青龙和白虎方位的形煞。风水上为左青龙、右白虎，青龙代表吉神、贵人，白虎代表凶杀、小人。例如你面向一栋坐北朝南的楼房，你的左侧就是青龙方，右侧是白虎方，但在挑选青龙位时，不要选择最左的，这样反而会犯白虎煞。如果住在犯白虎煞的房子里，可以在房间的左边摆一座石山，或摆一条青龙来化解。

293 | 住宅在加油站旁边怎么办？

加油站、锅炉房都是火气很大的地方，散发出油味、烟味和秽气等，在风水上被称为孤阳煞，这些地方附近不适合居住，若居住容易导致人脾气暴躁，皮肤也容易出现毛病，会使主人没有安全感，产生爆炸、火灾的不安心理。在室内摆放或悬挂一些瓷器或玉器，这些属土的物品可以泄掉强烈的火气，也可以挂一面八卦罗盘在受煞方的墙上以化解孤阳煞。

294 | 住宅在寺庙对面有什么风水影响？

按照传统的说法是"仙人有别"，寺院是供奉神灵的地方，会产生孤煞，人类不适合在此附近居住。若长期居住在这样的地方，就会产生和环境不相融和的感觉，进而生出孤独感。在这样的环境中生活的人，性格容易走向极端，如情绪低落、性格乖戾等。可在面向寺院的方向悬挂铁锅进行化解，并且以用过的、呈弧形凸出的、底部有油渍的铁锅为最好，也可以用凸面镜来代替铁锅。

295 | 住宅在医院附近会有什么影响？

医院是病毒和秽气聚集的地方，手术和死亡带来的煞气会对附近的居住者产生不良影响，因此在选择住宅地址时要慎重考虑。如果住宅已经在医院附近，首先要勤打扫卫生，避免病菌入侵。其次大门最好是不要朝向医院，将门开在藏气纳财的方向能吸收旺气，旺气对秽气有较强的抵御能力。

296 | 监狱附近适合居住吗？

监狱是监禁犯人的场所，充满了暴戾和倒霉之气，这些气息扩散到附近的居住区，有可能导致居住在监狱附近的人遭遇官司、是非。如果房屋大门朝向监狱

门，则更加不利，可能对居住者的身体、事业、财运都有损害。因此房屋的门窗要避免朝向监狱的方向。

297 | 住在殡仪馆、墓地旁边有什么不好？

火葬场、殡仪馆、墓地周围阴气浓重，附近的地方都会被阴气笼罩。长期居住在这些地方周围，人容易经常患些小毛病，容易遭小人是非等。化解阴气的办法是将大门朝向当运的方位，并经常打开当运方位的窗户，还要在客厅安放一盏长明灯，通过吸纳旺气以去阴气。

298 | 住宅旁有公共卫浴间该怎么办？

公共卫浴间臭气难闻，还会引来大量苍蝇、蟑螂、老鼠等对健康有害的动物。公共卫浴间和垃圾站都是阴气很重的地方，在风水上被称为孤阴煞，孤阴煞的

浓重阴气会严重影响人的健康。化解的办法是在煞方安装一盏24小时长明的灯，用灯光的阳气来驱散阴气，此外还需要时刻打扫卫生，才不会让有害病毒细菌侵袭家人的健康。

299 | 住宅周围有破败的建筑会影响风水吗？

住宅周围可能有拆迁了的房屋，留下残垣断壁的破败相；也可能有房屋正在拆迁，瓦砾满地，一片破败不堪；也可能有房屋因为长久没有人居住，野草丛生，显得凋零荒凉。风水上说"破败墙垣破败地"，也就是破败的建筑会带来破败的风水。即便住宅原本有好的风水，但一旦周围出现了这样破败的建筑，风水也会直转而下。假若这种破败的情况一直持续，会给自家的风水带来很大的影响，最好的办法是尽快清除周围破败的建筑。

300 | 住宅附近有尖形建筑有什么不好？

中国风水学讲究的是气场和谐，气场的和谐与形有一定的关系。尖形建筑都会产生凶的气场，古代镇妖的塔都是尖形的建筑，而在塔附近绝不会有人居住。从安全角度来讲，高而尖的建筑在雨天最容易遭到雷电，所以一般都有避雷针，而一旦带上了避雷针，就会产生电磁波破坏附近和谐的气场，产生凶的气场。同理，高压电塔、转播塔等都会有这样的灾患，所以不能居住在尖形建筑附近。

301 | 住宅旁有建筑工地怎么办？

建筑工地经常会使用一些笨重的起重机、吊车等类似天秤的大型机械，住宅旁有这些机械就是犯了天秤煞。天秤煞会影响人的眼睛，使人容易受伤。另外建筑工地发出的各种噪声，即声煞，会对人的精神和神经系统产生严重的影响。房屋面向建筑工地，可以在门口悬挂五帝钱和白玉来解煞。

302 | 在新填平的地基上盖房好吗？

一些人为了建设房屋，通过填平一些低洼、沟塘作为地基修建住宅，但是新填平的地基并不稳固，在上面修建房屋会有一定的危险性。最好在填平后经过一段较长的时间，确定地基已经稳固之后再建房。

303 | 为什么不可以在填平的废井上建房？

废井不适合作为房屋地基，一方面有可能因为井下填的土不实而冒水出来，另一方面有可能在挖井时挖断了地气而导致地气枯竭，这种不能聚气的房子不适合人居住，会对人的身体健康、家庭财运不利，在选址时最好避开废井。

304 | 农田可以作为宅基地吗？

近年来城乡发展步伐加快，很多人在自家的农田上盖房子，这样的宅基地是没有问题的，需要注意的是一定要等到农作物成熟收割后才能建房。如果农作物还处于生长期就被割掉掩埋，其根部会腐烂在土壤中，影响地基的坚固稳定，还会产生不利于人体健康的地气。特别忌讳的是将大树砍掉后没有清除干净树根就在地基上建房，不管大树是继续生长还是腐烂，都会严重影响房屋的地基安全。

305 | 垃圾场旧址是否适合盖房？

垃圾场是污秽聚集的地方，经过长期的堆积，垃圾的秽气和细菌会深入地底，不容易清除。如果想在此地修建房屋，需要深挖后进行彻底的消毒灭菌，并运来干净的新土填实方可，挖出的土要丢弃到远离人群聚居的地方，避免污染环境。

306 | 在发生过火灾的地方修建房屋好吗？

发生过火灾的地方不仅火气过盛，土地中的良好信息也已被改变。这样的地方不太适合建房，如果确实要在原址重建房屋，为了利于风水，应将地面以下两米深的土都挖出不用，另填新土夯实，这样才有利于地气的聚集，让住宅充满生气。

307 | 医院旧址是否适合修建房屋？

医院是医治疾病的地方，在医治过程中的手术、治疗制造着杀戮气，疾病中的病人和死亡的病人所发出的不良信息，能深入到墙体、地底，这些都难以彻底清除，医院周围还会弥漫着病毒和疾病带来的不良信息，此外，医院还会产生各种滋生细菌的医疗垃圾，虽然进行了相应的医疗垃圾回收处理，但依然难免遗漏。因此，医院的旧址不适合建新住宅。

308 | 屠宰场旧址是否适合修建房屋？

曾经的屠宰场绝对不适合建房。屠宰场是宰杀牲口的地方，每天都有大量杀戮，是杀戮气很重的地方。动物临死前的不良信息残留在土地中，会对人的神经产生影响，再加上动物的血和肢体碎屑进入地底，繁殖了大量的细菌，即使挖土消毒也很难清除干净。

309 | 在住宅旁边建喷水池要注意什么？

为了旺财，一些住宅旁边会设置喷水池，但如果喷水池设置不当，则有可能引发疾病和是非。喷水池还可能制造噪声，产生风水上所说的声煞现象，会对居住者造成精神压力。喷水池应该设在宅命盘中的位置，不宜采用过于激烈的喷水方法，而应以喷出柔和弧线的水流为佳，这样才有利于纳福招财。

310 | 房屋前有水沟会影响风水吗？

有些房屋建造在水沟之上，或是有凸出的房屋临界于水面，这样的房屋风水不太好。水在房屋下流过，不仅犯了"地底穿心煞"，还存在可能落水的危险暗示，水沟的废气和湿气会影响人的身体健康，尽量避开此处居住，或考虑将水沟位置挪开。

311 | 怎样的水体旁边不适合居住？

依山傍水是理想的居住环境，不少楼盘也以拥有湖、河而价格高昂，但并非所有的水体旁都适合人居住。在选购房子时，首先要看水流是否环抱所要购买的楼盘，水流的方向是否吉利，水流流向旺位才利于财运，直流而过的水流不仅不会带来财运，还会泄财，尤其是反弓水，对居家风水更加有害。其次要注意居住地旁边的水体情况，长满水葫芦、水藻的河流或湖泊表明水体已经受到了严重污染，这样的水体会发出过多的有害气体，不仅影响身体健康，也会有碍观瞻，对居家财运也不利，最好搬离污染水体旁的居所。

312 | 住在容易断流的江河旁边有什么不好？

河床断流是一种不吉利的现象，在风水上被称为瓦陷煞。瓦陷煞是破财的征兆，会令家运不断下滑。

季节性断流的河水，会在断流的季节产生不利的风水，影响家庭风水。而有些河流是以水闸控制水量的，可能每周会有几天断流，这种断流就非常有害，不时干涸的河床会影响财运，不利于风水上的藏风聚气。

起大落的情况。水坝通常会制造巨大的水流声，形成风水上所说的声煞，严重影响人的睡眠，产生的水汽也会令空气过于潮湿，水汽过旺，居住时间久了有可能会得风湿等疾病。

313 | 住宅前的河流建有水闸有什么影响？

如果从住宅能看到30米以内有水闸，会不利家运。水闸就如同一把巨大的铡刀，是引来血光之灾的凶煞。水闸附近的水流时而湍急，时而干涸，水流的不断变化，会对气场产生强烈的干扰，使家中的财运出现大

314 | 门前有大河的住宅是旺财居吗？

如果门前有曲水环抱的河流，就是风水上说的藏风聚气，是聚财的风水居。但不是所有建在河边的住宅都是旺财居。如果门前是水流湍急的大河，则会引起湿气重、声煞重的情况，容易造成神经衰弱，而财

风水布局，这样的建筑会导致破财、破产，甚至还可能给居住者带来牢狱之灾。例如，一些建筑需要走下几级台阶才能进入家门，有些住宅则需要再走下一级才能进入卧室。常言道："人往高处走，水往低处流"，如果每天都要向下走才能回到家，意味着运气、财气低沉，会在人的心理上产生消极的影响，对身心健康不利。

运也会变得不佳。此外，水也会侵蚀地基，一旦洪水暴发，容易引发地基陷落的危险。如果大河远离住宅百米以上，则这些隐患可以消除。

315 | 长期居住在海边有什么不好？

有些人认为，居住在海边可以呼吸新鲜的空气，远离城市的喧嚣，其实海边的房屋不适合长期居住，因为海水的侵蚀会使海滩变窄或地基不稳，这些不安定因素是住宅的大忌。即使在海边建造了坚固的房屋，也会因为离海水太近，空气中湿气和盐分都偏重，呼吸这样的空气不利于身体健康，但可以作为度假屋短期居住。

316 | 为什么前高后低的建筑不宜居住？

传统上来说，前高后低的建筑层次清晰，利于人居住。但从风水上来讲，前高后低建筑是不利的

317 | 住宅坐向与楼盘坐向之间有什么联系？

由于单个单位的住宅只能吸纳一个小环境的气场，气流的流通有限。若楼盘的朝向好，则住宅所在大环境的风水就好，因而纳财的能力也就好。住宅的朝向最好还是与楼盘坐向一致，这样能更好地吸纳从楼盘大门进来的旺气。因为住宅所在楼盘占地面积大，气息流通更快，更能招财纳宝。

318 | 同一栋楼房中不同单元的风水有什么不同？

一栋住宅楼一层有几个单元，每个单元住宅的朝向和布局均有所差异，如果以每个单元的大门为此宅的坐向，用罗盘去测，就会发现每个单元的朝向都有细微的不同，而这种不同会直接影响风水。

住宅的楼层与五行也有密切的关系，一楼属水、二楼属火、三楼属木、四楼属金、五楼属土，以此类

在行八运期间，底层的飞星就为八，坐山位属阴，按顺序逆推：底层为八白星，二层为七赤星，三层为六白星，四层为五黄星，五层为四绿星。只有底层的八白星是当下最旺星，其他楼层的飞星均为退运星，所以底层最吉。

320 | 怎样根据自己的五行属性选择楼层？

根据建筑的坐山朝向和运星来判断楼层的吉凶，可以说是选择的前提，此外还是要根据自己的五行属性来辨别，从而选择最适合自己居住的楼层，即使原本为凶的楼层，对某些人来说也可能是吉利的。

从五行属性来看，缺木的人适合住在一、二楼，缺火的人适合住在三、四楼，缺土的人适合住在五、六楼，缺金的人适合住在七、八楼，缺水的人适合住在九、十楼。

321 | 居住在越底层越好吗？

一般来说，五层以下的建筑才能吸纳到地气，所以自然楼层越低越好。但是居住在底层会产生阴气、湿气较重的问题，这时一定要注意房屋的通风透气和采光问题。一幢大厦中房价最贵的是一楼的商铺，富有的人也喜欢住在独立的房屋中。现在很多楼房都是高层电梯公寓，这些高层建筑离地太远，地气不足，因而风水的变数很大。

推。五层以下的房屋受到较强地气的影响，而某一形煞一般也只能影响到五层以下的房屋。每层楼的每个单元都会因为楼宇的五行与居住者自身五行的相生相克关系，而有不同的风水。

319 | 哪些楼层的风水比较吉利？

辨别不同楼层的吉凶，需要根据不同世运和楼层坐向的阴阳来推算。把当下的世运数字作为楼宇底层的数字，楼房坐山为阳，就按顺序顺推，楼房坐山如为阴，就按顺序逆推。例如一栋未山丑向五层建筑，

322 | 楼盘名字与人的五行属性有什么关系？

根据个人五行属性的不同，要选择相应属性的楼盘名字才更有利于个人的运程。譬如属火的人就不适合居住在叫"水云天"的楼盘了，属水的人则很适合这个楼盘。缺木的人可以选择住在"万木春"的楼盘，属土的则不适合。

323 | 房屋的形状外观对风水有影响吗？

中国传统建筑的形状一般为方形，很多都接近正方形，是住宅的最佳形状。方正的地基结构上坚实，在外观布局时也显得井然有序，符合中国传统的美学观念。风水中强调说：住宅的地基一定要方正，间隔框架要整齐，看上去让人感觉方正的，才是吉祥的住宅。如果住宅太高、太圆、太矮、太窄或者形状不规则，都会影响家运，不容易聚财。

如处于三角形尖端的房屋，不适宜用来作住宅或者办公室，只适合作为储藏室。外形窄长、单薄的住宅，由于宽度不够，正面能力不能积累，也会使得元气不足，对财气的聚集十分不利。外墙长满爬山虎之类植物的住宅，不利于事业发展，也不利于身体健康；外墙有剥落、崩裂现象，甚至钢筋外露的住宅，都是退败的表现，若损毁的部位正好位于住宅的吉方，则破坏力更强。

324 | 怎样的屋顶风水不好?

倾斜度很大的三角屋顶或一面坡的屋顶,被称为"寒肩屋",是不利于财气聚集的风水格局。倾斜度很大的三角形屋顶,会使屋内屋外的气流变得异常;一面坡的屋顶会使外气的摄取产生偏歪,令身体变得不平衡,长期居住在这种变形的屋顶之下,容易变得神经质,最终抑郁成疾。圆形的屋顶也不适合作为住宅。在古代,圆形的建筑多为陵墓、庙宇、祠堂等,故而不吉利。而尖角造型的屋顶,其负面影响也较大。无论什么形状的屋顶,只要漏水就是凶相,所以房屋若漏水一定要及时修理,最好不要在屋顶修建游泳池。屋顶的颜色宜采用常用的颜色,如果采用一些过于夸张、不入流的颜色,可能会影响风水。

325 | 同样的煞气对不同的住户有哪些影响?

每个人的五行属性、生活历练都不一样,对某些人来说是煞气的事物,对另一些人则可能是吉祥物的征兆。如一个五行属金的人,住宅附近铁路嘈杂的汽笛声不但不会给他带来不适感,反而会觉得自在。而一个五行忌金的人,他一听到喇叭声可能就会变得心浮气躁。同理,一个外科医生如果住在电梯口对面的房里,他不会觉得有压力,而其他职业的人则有可能因为电梯口的剪刀煞而每夜做噩梦,影响正常的休息。

326 | 居住在装修好的样板房里好吗?

一般楼盘都会装修几间样板房为客户提供直观的参考,而在楼盘售罄后,这些样板房也会出售。样板房通常会选择本楼盘中拥有最佳景观且向阳的好宅,风水相对来说也比较好。因为买房者都会到样板房参观,卖得越好的楼盘,样板房的人气也就越旺,如果样板房的布置和功能都是自己喜欢的,而且与自己的五行相配,是可以考虑购买的风水宅。

327 | 房屋的光线太暗会对风水产生哪些影响?

住房内光线黯淡,缺乏阳光照射的房屋,会导致阴气过盛,使房间阴冷潮湿,不利于居住者的身体健康。光线也会影响空气的流通,使室内外的空气交换不足,空气质量变差。因此看楼盘风水时要评估房间的采光度,一般采光好的住宅,风水都比较好。

328 | 更改房屋名可以改变风水吗?

生活中的风水宅有很多,而有些房子需要进行适当的改造以改变不良的风水格局。通过更改住宅命名是一个较好的改变风水的办法。为住宅起名字要根据宅主的五行属性,否则会产生不良的风水作用。如五行缺水的,可以为住宅命名为"金水阁";五行缺木的,可以命名为"草木居";缺土的,可以命名为"淘沙斋"等。

329 | 邻居对房屋的风水有影响吗?

人也会影响房屋的风水,邻居的旺衰会影响自己的旺衰。如果住宅为门对门的情况,那么对面住户的家运旺衰就很关键。因为门与门相对,有相克的意思,所以对门邻居旺则自己衰,对门邻居衰则自己旺。如果与邻居背靠背,则邻居成为靠山。如果邻居是成功人士,就意味着有个好靠山;但如果邻居破产或死掉

了,那靠山贵人就不复存在了。因此,在选择住宅时邻居的情况也成为考虑的因素之一。

330 | 二手房适合居住吗?

一般来说,只有新房能保持原本自然的磁场,住过人的房子都会受到居住者本身磁场的影响,继而也会对后来者产生影响。在购买二手房之前,尽量了解这里曾住过哪些住户,询问房屋是否有对人体不利的磁场。如果有的话,最好不要购买,或者想办法改变这些磁场。购买的二手房最好能换一次地砖,不要使用前任屋主的床和空调等物品。如一间发生凶杀案或有人病重并死亡的房屋,积蓄了很多对人不利的磁场,如果入住就可能对居住者不利。

331 | 楼盘选择有什么性别差异?

如果一排只有两栋楼,是选择左边还是右边的楼呢?女士的话就选左楼,男士的话就选择右楼。何谓左右?就是面对大楼门,分出左右手即可。什么叫做女士选左男士选右?就是看谁出资购买,谁占主导位置。女士选左边的楼,她的右手还有一栋楼,右为女性,所以加强了女性的力量。男性选择右边的楼也是同样的道理。

第十章 大门——进财纳气

332 | 大门对居家风水有怎样的影响？

大门是一所房屋生气的主要出入口，大门的好坏关系着吸纳气息的好坏，进而关系到住宅的兴衰、宅主的人际关系等。大门的朝向、面向的事物、大门的大小及颜色，都会影响住宅的吉凶、宅主的兴衰。因此在建房、装修时，要特别重视房屋的大门。

333 | 大门最好设置在房屋的哪一边？

大门设置在房子的左边为佳，因为左边是青龙位，青龙是吉祥之物，有保家庭平安之意。除非左边煞气直冲，才可以将门安在右边的白虎方。门外的出入通道也应该设在左边，这样可以提升家庭的运势，带来大吉大利的良好风水。

334 | 大门比马路低有什么不好？

大门低于马路是风水学上的节节败退之相，寓意宅中居住的人会一年不如一年，一代不如一代。大门如果比马路低，马路上的泥土、灰尘就会轻易地落进房屋内，新鲜的气流却难以进入房屋，进入房屋的只有从马路上溢出的污浊的气流，而更多的干净气流由屋内向马路的方向流失掉，不利于宅主的身体健康和事业发展。

335 | 大门开设与房前的环境有什么联系？

如果住宅前有宽敞的绿茵平地、水池、停车场，即使有宽敞的明堂，外气也会聚于前中门，易于被住宅接收，门就适宜开在前方的中间位置，为朱雀门。

风水上以路为水，讲究来龙去脉。地气会从高且多的地方向低而少的地方流动。如果大门前方有街道或走廊，右方路长为来水方，左方路短为去水方，则大门宜开左前方来牵引、收截地气。

336 | 门口外面不宜有哪些物品或建筑？

大门是气流的入口，一些阻挡气流通向的物品不适宜放置于大门外面，如大石、假山、石碑、土堆、水缸、旗杆、风马旗等，破败、污秽的物品也不适宜放置在大门外，如瓦砾堆、枯枝败叶、垃圾堆等。即使大门朝向最吉利的方位，但如果门前地面凹凸不平、沟壑纵横或靠近垃圾堆、公厕等污秽之地，一些不利的气息也会进入房屋，从而影响原本良好的房屋风水。

337 | 屋前有从左至右的水流宜开什么门？

左是青龙位，右是白虎位。水流由"龙边"向"虎边"流，表示地势是左边高于右边（以站在家中往外看为准），水流、马路的流向或气流自左边向右边流，这样的房子适合开虎门（右为白虎，白虎门也叫虎门），即在住宅的右边开门。

338 | 屋前有从右至左的水流宜开什么门？

水自"虎边"流向"龙边"，也即地势是右边高于左边（以站在家中往外看为准），水流或气流由右向左边，此类地理形势则适合开龙门（左为青龙，青龙门也叫龙门），即门开在房屋的左边。

339 | 门前竖有电线杆怎么办？

房屋大门对着电线杆，是犯了悬针煞。电线杆如同一根悬在面前的针或棒子，让人感觉时刻将刺向或敲向住宅，导致房屋风水变得凶险。可以在门上悬挂一面凸面镜，或在门内设置内玄关，并用屏风遮挡不好的风水，使煞气不至于长驱直入。

340 | 门窗正对着电灯柱有什么不好？

住宅门前有电灯柱会把火气引接入室内，因为电灯柱内有火线，属火，小则导致室内人员不和，易发脾气，还有可能导致属火的家人身体部位不适，如心、眼、皮肤、血液循环等不适，大则有火灾发生的隐患。窗前有电灯柱，其影响跟门前对电灯柱一样，也会产生相同的煞气。风水学上有"呼形喝象"之说，即是形象似什么，就会产生什么样的影响，而电灯柱的头像一条毒蛇的蛇头一样，轻则让人皮肤瘙痒，严重的话会让人休克昏迷。化解的办法是在路灯处放一个鹰状的物品，因为鹰食蛇，以形象对形象的化解可以说是对症下药。

341 | 房屋大门外的形象产生怎样的煞气？

风水学中将一些事物附会出形状，并根据这些形状论事物的吉凶，凶的事物就会产生煞气。比如，一条反向弯曲如弓形的道路被称为反弓煞，大门对着这样的路则犯了反弓煞；大门对着锋利的屋角则犯了刀煞；大门对着有很多分支的排水管则犯了蜈蚣煞；大

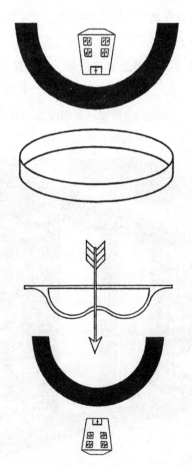

门对着长方形的游泳池就犯了棺煞。这是因为人们长期看到这些令人不舒服的事物时，会在潜意识里产生联想，从而对心理上造成压力，这些事物就会带来煞气。化解形象煞要尽量避开这些不吉利的事物，最好不要制造出容易让人产生不好联想的事物。

342 | 如何化解"穿堂煞"的不利影响？

"穿堂煞"是指大门正对着后门或是前面的窗户正对着后面的窗户，只要房子最外围的气口彼此互对中间又没有不透光的物体阻隔，都可以称为穿堂煞。穿堂煞就是气刚进入住宅随即就散出，所以不利于聚财。穿堂煞也会加速宅内气场快速流动，气息极不稳定，容易使人心烦气躁，发生意外等。如果是窗对窗的穿堂煞可以用封窗的方式化解；如果是门对门、门对窗则可以设置不透光的屏风来化解。此外还可以在大门槛处安置五帝钱，并在窗户上悬挂较厚重的窗帘。

343 | 房屋设置后门有什么作用？

高楼的房子都是复式的住宅，每户都可以聚气，且前后多半有阳台，不需要开后门。但是对于独栋住宅来说，不管是别墅还是平房，一定要有后门。后门打开可以使气流相通，促进室内的空气流通。如果只有前门没有设置后门，在风水上代表有始无终，安全上也多了一层隐患。如果实在没办法开后门，则可以在宅后适当的位置开启较大的窗户，使新鲜的空气适时进入。

344 | 客人先看到房屋的后门有什么不好?

有些房屋除了有前门外,还有方便人出入的后门。而有些房屋的后门就开在正门的侧旁,这可能导致来家中的客人先看到后门,而后才看到正门,这就犯了"后门先临顽脚疾"的煞。客人先看到后门对屋主十分不利,当客人先看到后门时,屋主患脚疾的可能性很大,如中风、跛脚或腿部受伤等。要化解这样的风水煞,最好就不要使用后门,将后门用墙或屏风藏起来,使来家中的客人看不到后门,煞就不存在了。

345 | 入门见到哪些景象较吉利?

第一,开门见绿,即一开门就见到绿色植物,生趣盎然,又可收养眼目之功效。第二,开门见红,也叫开门见喜,即一开门就见到红色的墙壁或装饰品,入屋放眼则觉喜气洋洋。第三,开门见画,一来可体现屋主的涵养,二则可缓和进门后的仓促感。

346 | 开门不宜见到哪三种风水格局?

其一,大门如果正对着向下的楼梯,在堪舆学是"败财局"的一种,也是由"以水为财"的传统理念引申而来的,因为假如屋前有水运气就会顺势流走,所以最简单的化解方法就是在门口摆放一盆阔叶的土养植物,用此避免"水"的流失。其二,大门如果正对走廊或通道,堪舆上称其形如"利剑穿心",所以有不吉之论,结合环境角度说,人从走廊经过所产生的急促气流、沙尘、噪声会从正对走道的大门"直冲"入室内,对家居环境造成一定的影响,传统的化解方

式为在门下加上门槛或在屋内正对着大门的位置设一玄关。其三，大门如果正对电梯，住宅的气场会在电梯口不断开闭之际，被其分流吸散，所以从堪舆学角度说本来作为聚气、养气之所的住宅如果与电梯直对，会导致家人运气反复。

347 | 设计大门风格时要注意什么问题？

大门的风格应该以庄重、实用、美观为主，应从房屋的整体装修和宅主的身份来设计大门的风格，不要过于追求豪华的效果。但如果一栋华丽的住宅配以太过简陋的大门，无论外饰如何华贵，内装修如何高档，都会让人感觉寒酸。但如果房子原本就小，却设计成大而厚重的门，则显得有点浮夸。此外要切忌歪歪斜斜的房门，这种房门虽然标新立异，却会给人怪异的感觉，并且与"邪门"谐音，不利于住宅风水。

348 | 如何根据房屋的大小配置相宜的大门？

屋大意味着能聚财，但如果门太小，进入的气流就少，致使室内外空气的流通交换不充分，因而也不能聚财；如果房屋很小门很大，虽然有更多的气流进入，但很难留住气流，气流也会很快溢出去，意味着财来得快去得也快，也不能聚财。门的大小应该与房屋的大小相符合。比如单层住宅在100平方米左右房子，适合单开门；100平方米以上的住宅或双层住宅适合双开门。需要切记的是无论住宅有多大，也不应

该让门高过大厅，或高于二楼的墙壁，否则容易散气，对宅主不利。

349 | 大门为什么宜宽不宜窄？

一般来说，住宅的大门宜宽不宜窄。太狭窄的大门易让人产生压迫感，并难以吸纳财气和生气。从风水上讲，大门是气口，气口不可太窄，大门越是阔大，就越是吉祥。住宅门前宽敞，风水学上谓之明堂开阔，利于升迁及财运。

350 | 大门应该采用怎样的形状？

大门如果有两扇，左右门的大小应该一样，否则可能致使夫妻失和。门也不要太狭窄，否则会导致宅主心胸狭窄，从而降低人缘和财气。大门的门罩不宜向上翘起，否则容易形成一个倒置的锅盖形状，风水

上称为仰天屋，这样的门容易使宅主心事重重，做事经常事倍功半，感觉无助。住宅的大门通常不适合采用拱形门，因其形状如牛轭，象征着宅主自找苦吃，一生如牛般劳碌。此外，大门的高度一定要适中，太高的门虚有豪华的外表，却是散气之门，容易使宅主遭到诋毁。如果门太矮，则会如同狗洞一般，人进出都要弯腰，是求人之兆，也是不吉利的。

351 | 怎样根据五行选择大门的图案？

大门除了讲求方位的配合外，其图案也会对风水产生影响。所有的图案都是由不同的形状所组成的，而不同的形状都有其五行特性。金为圆形、半圆形；木为长线、长方形；水为多个圆形或半圆形所组成的图案，如梅花形、波浪形；火为三角形、多角形；土为正四方形。

352 | 怎样根据五行来选择大门的颜色？

大门是纳气的关键，不同的颜色会吸引不同的气场。根据宅命的五行属性来选择大门颜色，利于开运。红色的大门在风水上被认为是大凶，致使家中成员不和，还可能引来大祸。深蓝色和黑色的门属阴，容易招致阴气，疾病缠身，也是退财的征兆。土黄色是五黄星的颜色，用土黄色的门，容易招致五黄凶星。坎宅属水，适合使用天蓝色；坤宅、艮宅属土，适合使用土黄色；震宅、巽宅属木，适合使用绿色、褐色；

离宅属火，适合使用褐色或咖啡色；兑宅、乾宅属金，适合使用白色、金色。

353 | 大门为什么不宜采用深蓝色和紫色？

从风水学角度来看，深蓝色和紫色都是属阴的色彩，带有较重的阴气，如大门使用这样的颜色会带来不吉祥的气息，会使运气流失，不利于家运。而从装饰角度来看，深蓝色和紫色的大门并不美观，因此也很少人采用这样的颜色装饰大门。

354 | 拉闸式防盗门如何不利于风水？

对于五行属金的人来说，拉闸式防盗门可以令其开运，但同时金属也会屏蔽掉一部分的电波，吸收不了好的气场，况且这种拉闸式防盗门不能将门完全敞开，这就使纳气的效果打了折扣。而有些金属门所用的材料会使房内的磁场发生改变，如果磁场因此偏向凶的方向，则会给家人带来灾祸。在视觉上，拉闸式防盗门也容易给人囚笼的感觉，因而不利于人的心理健康。

355 | 坐南朝北的房屋大门为什么不宜用红色？

北风给人干燥、凛冽的感觉，如果大门使用让人容易亢奋的红颜色，就会令人感觉特别燥热，正所谓过犹不及，坐南朝北的房屋大门用红色对人的情绪会有负面的影响。坐南朝北的房子最好使用绿色或者白色的大门，这样才会给人清爽、平和的感觉。

356 | 大门朝向哪个方位对风水有利？

大门的作用是将屋外的有利气体带进屋内，如果大门向外打开，则会在开门的时候将气体向外推，不利于气体流入，因此大门向屋内开对风水更加有利。

屋内面对门的左方是青龙方，大门如果开在青龙方会令大门吸纳更好的气场。

现代楼房居家对开门的方向要求并不严格，但当门向内开时，门开的方向应为房间方向，最好不要对着墙壁方向。否则开门后，门对着墙，会感觉空间拘束、狭窄。确实无法改装房门，可以在门对着的墙上安装镜子，通过扩大视觉空间来缓解局促感。

357 | 什么材料的大门利于房屋风水？

通常大门由石材、木材、金属等材料制成，应以材料耐久、坚固为原则，大门切忌松动、破旧。如木质的大门，不应将木纹倒置，一旦出现了腐蚀或断裂的现象，应该及时更换。最好不要选择塑料门，塑料门价格便宜但不牢固，不适合作为大门的材质。如果能配合宅主的五行禁忌及宅命盘来选择大门材质，则更有利于宅主。

358 | 大门的风水蕴涵着怎样的家庭成员关系？

大门是住宅中最重要的纳气口，因而有着巨大的能量，对家庭成员会产生一定的影响。当家中成员住在大门所在的方位，则可能导致这个成员有外心，帮外不帮亲；鞋放在大门外，则标志着家中有人经常出门；如果门外放着小孩的玩具或自行车，则表示这个家庭以孩子为重，有很强的家庭凝聚力；如果门上贴着吉祥的对联，则利于家庭的对外发展，人缘和谐。

359 | 门槛在风水中有什么作用？

门槛不仅可以防止风沙吹进房屋，还能发挥趋吉避凶的作用。门槛高度一般可以设置为1.2寸高，取其数与一年月份数相同，但风水上为了趋吉避凶，对门槛的高度作了一些规定。如果门前为一片空旷的平地，为了能让气息聚集在屋内，应将门槛设置为5寸高，因为"5"数主五行。如果门前有条很长的直路直冲而来，为了遮挡迎面而来的煞气，应将门槛设置为3.6寸高，取其数与一年天数相近。

可以根据自己的属相进行布置，要增强驿马运，属鼠、龙、猴的人可以在寅方开门，属牛、蛇、鸡的人可以在亥方开门，属虎、马、狗的人可以在申方开门，属兔、羊、猪的人可以在巳方开门。

360 | 门槛断裂会产生什么风水影响？

现代的门槛除了有用木材制成的，也有用窄长形石条制成的，要谨防大门的门槛断裂，门槛断裂便如同屋中大梁断裂一样不吉利，门槛完整则宅气畅顺，断裂则运滞。如果门槛断裂必须及早维修、更换，安放门槛还要注意门槛的颜色要与大门的颜色相协调。

362 | 门口摆放镜子合适吗？

许多人为了方便，在大门口处摆放镜子，方便出入时检查穿着是否整齐。但镜子有反射的作用，不能摆放在大门的对面，摆在大门对面在风水上属于退财格局，导致家人无论如何努力，都无法聚集财富，即使财富来了，也会很快就流走。因此，一定要注意镜子的摆放位置，可以放置在大门的两侧。

361 | 如何利用门来增强驿马运？

驿马代表了外出和变化，增强驿马运可以增加旅行、移民、换工作、搬家的运气。在选择开门朝向时

363 | 镜子正对着大门有什么不好？

在住宅风水上，门代表口，如果镜子对着门，通

过镜子的反射而在镜面上形成双口互对的现象，会导致严重的口角是非产生。化解的方法是将镜子移到不正对着大门的地方，尽量往侧边摆设，如果无法移动位置可以用厚布盖上，用时再掀开，可以在一定程度上起到化解的作用。

364 | 门口摆放石狮有什么作用？

风水上，石狮是用来镇宅化煞的，所以有人将其放置在大门口，但事实上普通的住宅门口不适合摆放石狮，古代的大户人家才可以在门口摆放石虎或石狮来镇宅。在现代人看来，将狮虎作为镇宅之物会令人产生威胁感而有失亲切，不利于宅主。如果想摆石头物件作镇宅之用，可以摆放阴阳石之类的雅石来代替。

365 | 如何根据方位选择脚踏垫的颜色？

不同的方位有不同的颜色属性，如果能配合方位颜色来选择大门的脚踏垫，必然能利于开运。大门如开在正南方，适合使用红色的脚踏垫；开在北方，适合使用黑色、蓝色、金色、银色的脚踏垫；开在东方、东北方，适合使用黑色的脚踏垫；开在南方、东南方，适合使用绿色的脚踏垫；开在西方、西南方，适合使用黄色的脚踏垫；开在北方、西北方，适合使用乳白色的脚踏垫。

366 | 大门与屋顶大梁相对有什么不好？

大门如果与屋顶的大梁相对，就犯了风水上的大忌。大梁是承受一栋房屋重量的重要构件，标志着强大的力量，但当人居于其下时，这种力量就会变成压迫感。如果每天一进门就感到压力，这样的家便会成为家人不想待的处所，对居家生活极为不利，是不可取的设计方案。

367 | 大门对着桌角该怎么办？

风水上忌讳尖锐的事物，如果尖锐的桌角对着门，就犯了穿心煞，不利于人的健康和财运。如果桌角对着大门，则不利于家运。化解的办法是将尖锐的桌角改为圆弧形，或用屏风遮掩。如果无法做到，至少应该在桌角或桌子与大门间放一盆植物，以缓解其煞气。

368 | 大门对着墙壁好不好？

一进门就看见堵在面前的墙壁，这种大门布局不利于空气的流通，居住在这样的房屋中会有压抑感。化解的办法是在大门对着的墙壁上悬挂自然景观的照片或海报，缓解局促感，象征性地增强空间感。

369 | 大门对着墙角应该怎么化解？

风水学中说"墙角冲房，必出寡妇。"如果尖锐的墙角对着大门，会影响居住者的身体健康，是不利的象征。化解的办法是将门改在墙角不能对着的地方，或将尖锐的墙角磨圆，将墙角装饰成圆柱形。如果无法进行改装，就挂一串六铜钱在门上。

370 | 大门正对着升降电梯有什么影响？

大门正对着电梯是反冲，电梯门开合的时候形状就像一把剪刀，风水学上叫做剪刀煞，形成的煞气会影响财运。在大门口加一道屏风，这样空气向两边转弯之后才进入屋内，可以化解煞气，减少因气流直冲带来的不良影响。此外，还可以在门楣上悬挂镜子，或者加高大的门槛。不过如果电梯所在的位置正好是旺位，这样不但不会形成煞气，反而对房屋的风水有利。

371 | 大门正对着房门怎么办？

门对着门是一种凶煞现象，这样的格局容易影响健康和财运。两个门直接相对，容易造成互相比较的气场，如果任由大门的气流直入房门，会导致进入房屋的煞气变得凌厉。可以在大门与房门之间设置屏风或博古架化解，避免两门直接相冲，出房门的时候记得要随时把房门关起来，以减少不良风水的影响。如果大门正逢流年五黄凶星飞临，则需要进一步用辟邪物来解煞气。

372 | 大门正对着后门怎么办？

一进大门就可以看到后门，从风水上来讲，虽然两门相通有空气流通的效果，但屋内容易失去保温作用，不利于居住者的身体健康。化解的方法是在房子的中间建一堵假墙阻挡，可以用半透明材质、磨砂雾面或玻璃等透光材料，也可以用柜子来遮挡。遮挡物的高度一定要超过后门的尺寸，才能完全挡住气流从后门泄出。

373 | 大门对着其他住宅大门有什么影响？

如今公寓式的住宅常会出现大门正对着其他住宅大门的情形，造成的影响是容易招来是非口舌，使家运衰退。风水上有大门压小门，人多者压人少者之说，小门、人少者的家运会逐渐衰退。化解的方法是在大门上悬挂八仙彩，如果对方的门比较大、家中成员较多，建议在八仙彩旁再加一串五帝钱来提升房屋的气场。

374 | 大门正对着窗户怎么办?

从大门口能看到正对着的窗户, 意味着从大门进来的气会很快从窗户流走, 这极不利于聚气, 门窗相冲的屋叫漏气屋, 难以聚财。化解的办法需要在大门与窗户之间设置间隔物, 如屏风、珠帘、高大的植物等, 也可以在矮小的柜子上摆放4株盆栽。

375 | 大门对着厨房门有什么不好?

大门如果直接对着厨房门, 气流将会直接侵入厨房, 使家人的健康受到影响, 有可能使家人患上慢性疾病, 如胃病或皮肤病, 可在厨房的门上装一个风水罗盘或挂一个化泄六铜钱进行化解, 如果厨房是开放式的, 则应悬挂在厨房正对着的天花板上。如果厨房不经常使用, 则这种煞气对家运没有大的影响。

376 | 大门对着阳台有什么不好?

大门正对阳台会形成所谓的穿心煞, 不利于聚财, 还容易使人生病。解决方法是在大门和阳台之间放置一个玄关柜, 也可以在大门入口处放置屏风或鱼缸, 忌水者则不要摆放鱼缸。阳台上可以种植一些盆栽或爬藤植物, 此外, 将窗帘长时间拉上也是比较可行的办法。

377 | 大门对着卫浴间有什么不好?

大门如果朝向卫浴间, 从大门外流进来的旺财气息容易被其吞噬, 会造成家庭钱财消耗过度, 卫浴间的秽气也会直冲而来, 让人感觉不舒服, 身体易感到疲劳、四肢酸痛等, 容易导致家运衰败。化解的办法是在大门入门处设置一道不透光的L形屏风来化解煞气, 或者在卫浴间门上加挂长布帘 (或在门槛处安置一组五帝钱), 布帘的长度以超过马桶的高度为宜, 布帘的材质最好选择不透明的材质, 不要使用蕾丝或珠帘。此外, 还可以在大门处安装一盏长明灯, 24小时亮着, 以化解卫浴间散发出来的阴气。

378 | 大门正对着走廊有什么不好?

门口的朝向避免面向走廊, 如果大门正对着一条直长的走廊, 就是犯了枪煞。直对着住宅的道路和河

流都属于枪煞的一种，易造成血光之灾和疾病等。化解的方法是在门口挂珠帘或放置屏风，另外可以在窗台摆放金元宝或者悬挂风铃以消除不良煞气带来的影响。

379 | 大门正对着楼梯有什么化解方法？

大门正对着楼梯在风水学上称为牵牛煞，楼梯形成的流动气场，导致财运不通，使居住者的健康受到一定的影响。化解牵牛煞的方法是安置一寸高的门槛，在门口放置泰山石或者在门内摆放屏风，作为公司的屋宅可以在正对大门的位置安放武财神或山海镇；其

次，可以在大门上方悬挂中国结；还可以在门楣上放置一串五帝铜钱或银元锦囊，以此来化解煞气。如果正对的楼梯方向向下，则可悬挂凹面镜，用来吸收流走的财气。

380 | 大门朝着排烟机风口有什么影响？

大门是房屋的主要生气入口，如果门口正对着排油烟机，那么从排油烟机风口出来的污浊之气就会直接进入房屋，形成不利于房屋风水的凶煞。要化解这种煞气，需要在玄关或门上悬挂镜子，在内玄关设置屏风或墙壁，使污浊之气不能长驱直入。

381 | "品"字门的住宅会产生哪些不良风水？

"品"字门是指住宅刚好有三扇门，一扇卫浴间门（或房门）与两扇房门呈现相对的状况，形成一个"品"字。如果家中有品字门的格局，则不利于家庭财运的发展，一定要想办法进行破解，才不会使家人被债务缠身。化解的办法是在三扇门中间挂一串黄色的风铃，最好再挂上门帘，这样可以防止漏财。

第十一章 玄廊——纳气通风

382 | 玄关在房屋风水中起什么作用？

玄关在风水学中有"喜回旋、忌直冲"的说法。如果大门直接与客厅、阳台等相连相通，不仅居住者的隐私得不到很好的保护，前后相通的格局对家居也十分不利。风水上认为大门外和大门内的气流性质不同，如果直接对冲会不利于风水，要让风水互相融合。玄关的作用就是缓冲大门的公共区域和住宅中的私密区域空间，有效地融合室内外空气，玄关在风水上是必需的空间设置。

现代住宅为了有效利用面积，通常没有设置玄关，那么可以利用鞋柜、屏风、隔断制造一个类似玄关的小空间，避免气流的长驱直入，营造一个温馨的居住空间。

383 | 玄关宜设置在哪个方位？

玄关宜设置在住宅的正门旁边偏左或偏右为吉。如果玄关与住宅正门成一条直线，外面过往的人便很容易窥探到家里的一切，所以玄关宜设在稍偏左或偏右的位置，不要与住宅正门口成直线，以保持屋内的隐秘性。

384 | 玄关宜采用什么装修图案？

玄关的图案最好能配合房屋整体的装修风格，尽量做到美观大方，并注意使用带有吉祥寓意或有辟邪功能的图案，如莲花、狮子、龙凤、鱼、金钱等图案，也可以摆放与这些图案有关的饰品。

385 | 如何选择玄关的装修风格？

对玄关进行装修，应根据房屋本身的结构来决定玄关的风格，最好简洁、大方。如果玄关是一条狭长的独立空间，则可以采用多种装修风格。如果玄关与厅堂相连，没有明显的独立空间，可利用间隔将其分开，并制造独特的风格，也可以与厅堂的装修风格相统一。如果玄关已经包含在厅堂里，宜与厅堂的装修风格相统一，与此同时应对玄关进行画龙点睛式的修饰，为厅堂增加亮点。

386 | 玄关处应该如何安装天花板？

玄关的空间是空气流通的关键，玄关的天花板宜高不宜低，空间宽敞才有利于家中的气运。如果天花板太低，容易给人造成压迫感，这就象征着家人容易受到压制，难有出头的一天。为了增加玄关

的亮度，有些人在天花板上安装镜子，这是风水的大忌，应该避免。因为在玄关的天花板上安装镜子会使人一抬头就看见自己的倒影，产生天旋地转的感觉，损害人的神经。

387 | 玄关的天花板适合怎样的色调？

玄关的天花板颜色应以浅色为宜，不宜比地板的颜色深。如果天花板颜色比地板深，是天翻地覆的格局，会导致家人长幼失序，上下不和睦。色调上浅下深，符合上轻下重的原则，才是良好的风水格局。

388 | 玄关地板宜选用什么颜色？

玄关的整体颜色以浅淡为宜，而地板最好采用深色调，以取厚重沉稳之意。如果玄关处较为黯淡，为了利用地板提高玄关的亮度，可以用深色的石料

在四周包边，中间部分采用较浅的颜色。铺在玄关的地毯也一样，适合选择四边颜色较深，中间颜色较浅的地毯。

389 | 玄关宜选用什么形状的地毯？

长形地毯既长又窄，非常适合玄关的造型。这种地毯具有灵便的特点，在必要时完全可将这些地毯掀起清洗；如果玄关与楼梯相连，还可以将它一直朝楼梯上延伸过去，制造出双层结构，使住宅玄关区优美的动线更加明显化。

390 | 玄关地板不宜采用哪些图案？

玄关是房屋的纳气口，因而地板的图案应该选择含有吉祥寓意的，避免有尖角的图案，这样的图案会形成凶煞，尖角冲门会影响家庭和睦，不利于家运。使用木料做地板时，其排列应使木纹斜向屋内，如流水斜流入屋，切忌木纹直冲大门，否则家里的财气和运气会像流水一样流走，非常不吉利。

391 | 玄关地板为什么不宜凹凸不平？

玄关的地板如果凹凸不平，会阻碍家庭的运气，平整的地板可令宅运畅顺，也可避免家人日常生活中失足摔跤。同时，玄关的地板应尽量保持水平，不应有高低之分。地板材料在家居装饰材料中是最应考量的，它可以承受各种磨损和撞击，塑胶地板、瓷砖都是很好的选择，因为它们都便于清洁，也耐磨损。

392 | 如何选择玄关的灯具？

玄关处宜采用白色灯光，不宜安装黄色灯光，白色灯光代表果决、理性的判断力，因而有利于家庭成员在使用钱财时更加理性。黄色的灯光则代表感性，感性让人犹豫不决，不利于判断，使用黄色灯光也易

使家人在不知不觉中花掉钱财。玄关的灯以圆形为最佳，圆形灯象征着圆圆满满。

393 | 玄关处的灯光如何设置比较好？

在现代的单元住宅中，一般设计有面积不大的玄关，玄关是连接卧室、厨房、卫浴间的多度空间，也是家庭的门面。因此一般家庭都比较重视玄关的装饰和摆设，使其尽量整洁雅致。为了创造这种光照环境，可以采用吸顶荧光灯或简练的吊灯，也可以在墙上安装一盏或两盏造型别致的壁灯，保证玄关内有足够的亮度。

394 | 玄关顶部的灯应如何排列？

为了让玄关明亮，通常会在玄关顶部安装几盏灯，最好排列成平稳的四方形或圆形，方形象征着四平八稳，圆形则象征着团圆，均利于家居风水。切忌将灯光排列成三角形，那样会形成三枝倒插香的凶象风水格局。

395 | 玄关处有横梁怎么办？

玄关处有横梁会使人一进门就感觉压力，由于玄关主管财运，这种压力会影响全家的财运，妨碍财运流通。如果因房屋结构无法避免，装修时应在横梁下

安置灯，使灯光照向横梁，利用灯光效果削弱横梁对玄关风水的影响。

396 | 如何设计玄关的墙面？

玄关的墙面由于与人的视觉距离很近，因而通常只是作为背景予以烘托，不过也可以选出一块主墙进行特别的装饰，以画龙点睛的方式制造出别样的效果。如悬挂画作，或绘制水彩画，或用木头装饰等，不过须避免因为堆砌而形成的累赘感，以点缀达意为最佳。

397 | 玄关使用凸出的石料有什么不好？

有些人认为玄关是进入房屋的第一个地方，应该装修得精致一些，因而在墙壁上装饰凸出的石料。但玄关是外部气流进入住宅的主要通道，如果墙壁凹凸不平，会导致空气流通不畅。玄关的地板也应该平整

凹凸不平的地面不利于行走，亦有可能导致宅运不佳。玄关地板适合铺设防滑地砖或地板，因为太过光滑的地板容易形成安全隐患，有可能使人一进门就摔倒而不利家运。若无法避免太过光滑的地板可以用地毯遮盖。

398 | 玄关的间隔宜选用什么材料？

现代住宅一般都追求空间的最大利用价值，因而在设置玄关时，较多采用通透的间隔来避免玄关的狭窄感，如玻璃或木架。不过玄关的间隔总体上宜采用下实上虚的方式。比如在间隔的下部采用砖墙或木板，表示扎实稳重，上部则适合用玻璃进行装饰，最好要有通透感。无论是墙壁还是柜子，都不能超过两米，否则无形中也会让人有压迫感。

399 | 如何设置上虚下实的玄关间隔？

"下虚上实"不符合风水之道，缺乏稳固感。玄关墙壁间隔下半部分宜以砖墙或木板为根基，密实不漏，而上半部分以玻璃来做装饰，通透又不漏风最为理想。若不用墙做间隔，也可用矮柜来代替，同时矮柜可用作鞋柜或杂物柜，其上可镶嵌磨砂玻璃，美观实用。但要注意玻璃不同于镜子，反射的镜子决不可以面对大门，但磨砂玻璃没有此禁忌。

400 | 玄关的间隔宜采用什么颜色？

玄关是气息流入的通道，无论玄关的间隔是木板还是砖墙，颜色都不宜太深，如果颜色太深会显得死气沉沉，势必令生气流通不畅。如果靠近天花板的颜色浅，靠近地板的颜色深，就能较好地调和过渡天花板和地板的颜色，这是玄关间隔最好的颜色组合。

401 | 玄关处适合摆放什么家具？

玄关是进出房屋必经的地方，这里通常会设置一些储物用的家具，如鞋柜、壁柜、更衣柜等，在有限的空间里有效而整齐地容纳足够的物品。此处的家具不宜过多，以免过于拥挤，家具的设计应该与家中其他家具风格相协调，达到相互呼应的效果。

402 | 鞋柜放置在玄关处合适吗？

风水上认为成双的鞋放置在门口是家庭和谐的象征，因而入门见鞋是件吉利的事。为了保持房间的清洁，很多人也会在进门处换鞋，但是鞋容易产生异味，如果随意扔在门口就会有碍气流，最好在门内的玄关处放置鞋柜。鞋柜应有门，宜藏不宜露，宜侧不宜中，不能直冲大门口，也不能面向住宅外，一般都放在大门的左右两旁。

403 | 如何利用玄关招来好风水?

玄关是进入房屋的第一通道,玄关的风水会影响整间房屋的风水,有效利用这个空间的招财作用,能起到很好的功效。玄关处不要堆放杂物,各种物品也要收拾整齐,才利于风水。玄关处不要设置风扇,以免吹乱进入屋里的气流,也不要太过封闭而阻碍了气流的流通。玄关处点一盏长明灯,令玄关亮起来,从而有利于空气流通,这是因为风水中所说的财神喜欢光的缘故。

404 | 如何设置玄关灯光以吸收旺气?

玄关处的灯以四盏或九盏灯为最佳,以吸收旺气之效。玄关为入门的小空间,必须阳气充足,切记不宜充满阴气,光线不足属阴,所以玄关必须装置照明灯,并保持长明状态,称为长明灯。玄关阳气强,家人的心情就会愉快,工作亦顺利。相反,如果玄关整天阴阴沉沉不见光线,家人的心情也会被"传染"。住在大楼中如光线不足,最好在玄关处全天打开长明灯,只有保持玄关光亮,气才能通顺,居住者运气才会好。

405 | 如何利用玄关的摆设招财？

玄关处是财气的通道，可以放置一些招财的物品，蟾蜍是较为灵验的招财物，储钱罐和小株植物也适合摆放在玄关处。黄色水晶球具有招财的作用，利用黄色和水晶球的属性来招财。黄色水晶碎石也有招财驱邪的作用，可以放在鞋柜上驱除从鞋柜中散发出来的秽气。摆放鱼缸也能招财，金鱼数最好为六尾或九尾。在玄关处摆放流水盆也有利于财气顺着水流进屋内，不过水流的方向应该朝着室内或厨房。

406 | 如何在玄关处供奉财神？

财神分为武财神和文财神两种，各有不同的供奉方式。武财神为武圣关公及伏虎元帅赵公明，他们均有挡煞的作用，因而应对着门供奉。文财神包括福、禄、寿三星及财帛星君等，可以引财却不能化煞，应将其面向宅内摆放，以引财入室，但不适合对着门供奉，否则可能导致钱财外泄。此外，不能让文财神对着鱼缸、卫浴间等属水的地方，因为这样有可能导致见财化水的事情发生。

407 | 玄关处应该摆放哪种颜色的风水花？

当玄关位于东北时，以白色作为主要的装饰色调，象征着吉利。玄关处要保持整洁干净，装饰的植物、花卉、画以白色最佳。在玄关处放置粉红色花卉有利于人际关系，可保持愉悦的心情。在玄关处的鞋柜上摆一盆红色鲜花，可以为家庭招来好运气。黄色花利于爱情，橙色花利于旅行。枯萎的植物不利于家庭聚财，因此对植物要认真养护，避免干枯。

408 | 玄关适合摆放什么样的植物？

生长中的绿色植物能令黯淡狭小的玄关充满生气。悬挂类植株和藤蔓类植株适合摆放在充满阳光的玄关。进门只有墙和过道的狭窄玄关，空间不大且阳光不太充足，就不适合摆放大型的植株，可考虑一些小型的喜阴的植物，例如可以在鞋柜上摆放羊齿类的观叶植物。如果玄关较为宽敞，可以考虑高大的植株，但需要用灯对它进行照射。切忌在玄关处放置带刺的植物。无论什么植物都应该保持常青，一旦植物出现了枯黄现象，就要尽快换掉，避免招来不良的风水。

409 | 玄关处摆放饰物与方位有怎样的关系？

如果在玄关摆放饰物或在玻璃隔间镜子上印制图案，北方、东北方、西南方、西方和西北方五个方位是有所忌讳的，这五个方位的饰物切忌与方位相冲。

玄关在北方，忌用马的图案或饰物；玄关在东北方，忌用猪的图案或饰物；在东方，忌用鸡的图案或饰物；在东南方，忌用狗的图案或饰物；在南方，忌用鼠的图案或饰物；在西南方，忌用虎的图案或饰

动物吉祥物与玄关方位相冲的不能摆放

物；在西方，忌用兔的图案或饰物；在西北方，忌用龙的图案或饰物。

410 | 怎样选择玄关处的动物工艺品？

在玄关处摆放动物工艺品，最好根据家人的生肖来选择。避免摆放与家人相冲的动物，否则每次进出都会被其冲煞，极为不利。例如生肖属鼠的，应忌马；生肖属牛的，应忌羊；生肖属虎的，应忌猴；生肖属兔的，应忌鸡；生肖属龙的，应忌狗；生肖属蛇的，应忌猪。

411 | 走廊有哪些风水作用？

走廊是连接各个房间的通道，就如同房屋的脉络一般，是各方气流通行的通道。从风水角度来看，走廊不仅决定气流的畅通，也关系着一个人的社会地位和信用。因此，要随时保持走廊的整洁，才不会阻碍气流的流通，从而提高宅主的社会地位和信用，如果走廊的朝向能与宅主的命卦相配，就可以带来良好的风水效应。

412 | 设计走廊时要注意什么问题？

走廊的大小、走向要设置合理，不能为了节约地方而让人从私密的房间通过，也不能过于铺张而

浪费住房面积，比较合理的走廊宽度应该在1.3米左右。

家庭的走廊不宜设计成类似宾馆或饭店的走廊，一条长长的走廊连接多个房间是不良的居家风水布局，走廊的长度也不宜超过房间长度的2/3。此外，要避免建造"回"字形的走廊，这种类型的走廊有可能会引来各种麻烦。走廊的尽头最好不要设置卫浴间，这样不利于秽气的流散，从而导致卫浴间的秽气流向别的房间，影响室内的空气质量。

413 | 如何选择合适的走廊地毯？

选择过道的地毯时要注意铺设的位置和该处的行走量。过道是走动频率最高的区域，就要选用密度较高、耐磨的地毯。素色和没有图纹的地毯较易显露污迹和脚印，割绒地毯的积尘通常浮现于毯面上，但污迹容易清理；圈绒则容易在地毯下面沉积灰尘，较难清除。优质地毯有不褪色、防霉、防蛀等特性，选用

这样的地毯可以保持舒适的居家空间感，也有利于家人的身体健康。

414 | 走廊处适宜摆放绿色植物吗？

如果住宅的走廊比较宽阔，可在此配置一些观叶植物，叶部要向高处发展，使之不阻碍视线和出入。摆放小巧玲珑的植物，会给人一种明朗的感觉，也可利用壁面和门背后的柜面，放置数盆观叶植物，或利用天花板悬吊抽叶藤、吊兰、羊齿类植物等。柜面上可放置一些菊花、樱草、仙客来、非洲紫罗兰等。每周与室内花草对换一次，以调整绿色植物的生长环境。

415 | 走廊的色彩如何与五行、方位搭配？

住宅的走廊是住宅的动向位置，若此位置的瓷砖色彩的五行克此方位的五行，就有所谓杀气克宅场，主家宅不宁。具体划分上，东方和东南方忌白色瓷砖，西方和西北方忌红色瓷砖，北方忌黄色瓷砖，东北、西南、西北方忌绿色瓷砖。

416 | 保持走廊光亮有什么作用？

在风水上，走廊是社会地位和信用的象征，如果光线黯淡，就会降低宅主的社会地位和信用，因而

要适当保持走廊光亮。保持走廊光亮最好要有阳光的照射，如果没有阳光照射就要安装电灯，并尽量点亮，24小时长明可以更好地增强运气。如果灯坏了而一直没有修理，就会损坏宅主的运气，因而要及时维修。

417 | 走廊的灯光应该如何布置？

布置走廊灯光的目的是照明，如果不能令人看清周围的环境，则是不利的。忌讳采用五颜六色的灯光，这样的灯光不能帮助改善风水，反而会因为色彩的杂乱而影响气流。红色、蓝色、紫色等灯光，容易让人产生梦幻感，不利于正常思考，白色和黄色的灯光是最好的选择。在天花板安装镜子反射灯光也是不可取的，它会制造眩晕感，不利于人的行走。走廊灯光的排列要注重整体，如果歪斜着摆放，容易在视觉上制造不平衡感。走廊最好设置1~2盏灯，过多的光源不仅会干扰视线，还会制造过多的火气。

418 | 怎样布置走廊顶部的储物柜？

由于现代住宅面积有限，为了制造更多的储物空间，有些人将走廊的顶部做成柜子堆放杂物，但一定要留出足够的高度，不给人压迫感。储物柜适合放一些衣物、棉被等轻便的物品，不适合放置利器、重物。即便使用很好的加固材料制作柜子，但利器、重物长时间悬在人的头顶，会导致人神经时刻绷紧，从而不利于人的心理健康。

419 | 走廊可以安装假天花板吗？

走廊因为跨度大，通常会在中间出现多条横梁。在风水上，横梁容易给人压迫的感觉，造成人精神紧张，每天走在这样的走廊上会不利于家运。安装假天花板可以化解横梁给人的压迫感，从而减少家运中出现的阻力，有利于家人事业的发展，也使家庭财运亨通。

420 | 走廊上安装门合适吗？

走廊是客厅和卧室之间的通道，可以在两者之间安装一扇门。通常来讲，客厅比较宽敞整洁，卧室等空间往往会相对狭小、杂乱，一道分隔的门，可以遮掩这些不利的情况，也可避免客厅里的人声、电视音响声传入卧室的私密空间，更避免了客人对卧室私密环境的干扰。客厅安装分隔门还可以节约空调的能耗，避免冷气流失。

第十二章 客厅——聚运招财

421 | 客厅风水有什么含义？

客厅在房屋中的地位如同人的心脏一般，是全家人一起活动的处所，也是接待客人的地方。客厅风水的好坏直接影响整体家运的好坏，尤其会影响家中男主人的事业。

如果一个人居住，客厅的风水就只与宅主有关。如果多人合租或一家人居住的房屋，谁的命卦与客厅的方位最匹配，就应以对他有利的方式进行布置。一旦这个人将住宅的好运带旺了，其他人的好运也会跟着来。

一定要有生命，枯枝败叶会招来不好的风水。

422 | 客厅的风水布局有什么禁忌？

客厅的布局对风水有较大的影响，良好的客厅风水可以与总体的房屋风水相辅相成，达到避邪接气的效果。在装饰客厅时有几方面需要注意。第一，客厅里如果设有燃木柴或木炭的西式壁橱，一定要做到通风透气，否则会使房屋的空气恶化，不利于人体健康。第二，客厅最好不要使用金属家具，不然会扰乱磁场，也不要在房屋的中心位置上摆放大型金属艺术品，否则会压制全家的运气。第三，摆放在客厅的花草植物

423 | 客厅最好位于房屋的哪个方位？

客厅适合设置在开门即见的第一间房，一般占据着房屋的中央位置，处在房屋中央的南方、东南方、西南方等方位。位于南方的客厅要有阳台，才能采光和通风，使人充满激情；东南方有紫气吹来，使客厅明亮而有生气；西南方有助于建造一个安宁而舒适的气氛，适于娱乐等活动。如果客厅位于厨房或卧室之后，会使客人有不方便的感觉，还可能会犯"财露白"的禁忌，是不利的风水布局。

424 | 客厅里可以摆放佛像或福禄寿三星吗?

客厅中摆放佛像主要是避邪。如果事业不成功、精神不振、食欲欠佳等,摆放了佛像或观音像,有佛保佑,心理上有了寄托,就容易振作起来。有些人家里也摆放福禄寿三星,以增添吉祥之气。无论是摆放佛像还是福禄寿三星,都必须保持清洁,切不可任其尘封,否则会给人以败落的感觉。

425 | 什么形状的客厅不利于家运?

狭长或不规则的客厅形状都是风水不佳的表现,给人心胸狭隘的感觉。所谓狭长形,是指长度超过宽度一倍以上,这样的客厅在室内设计方面也难以处理。设计成方形或长方形的客厅比较理想,它象征着主人光明正大、心胸开阔,可以提升家运。

426 | 客厅的形状格局有什么讲究?

人们深受传统的"天方地圆"观念的影响,建筑也多为方正的格局,客厅也适宜布置成正方形或长方形。在风水学上,正方形在五行中属土,长方形属木,居住在方形的居室里,给人四平八稳的感觉。狭长形和不规则形是不吉利的形状,这样的居室显得单薄,仿佛主人的心胸不宽,气量不大。

427 | L形的客厅对风水有什么影响?

客厅呈正方形或长方形是最吉利的布局,但有些客厅为了配合大楼的整体设计,而分隔成L形。L形的客厅无论是前宽还是后宽,都会给人狭窄、歪曲变形的感觉,可以将其分隔为两个独立的房间,不过多建造一面墙壁就会损失客厅的面积,因此可以考虑用柜子或屏风作为分隔。如果觉得空间还不够宽敞,可以在缺角的那面墙上安装镜子,利用镜子的反射,制造出空间感,象征性地弥补缺角。

428 | 客厅的空间组织元素有哪些?

空厅的设计要素包括开间、阳台、窗户、玄关、餐厅的连接等,这些要素合理地搭配可以营造出良好的风水。阳台是房屋中唯一可以与外界环境交流的地方，应该与客厅相连，这样可以将自然风、光线引入室内。客厅门的开设不宜过多，门过多会降低空间的利用率。客厅可以与餐厅连接，使整个厅显得开阔、通透，如果隔断两者则使分区更清楚、细致，但通风性就会变差，空间的利用率也较小。

429 | 阳光不足的客厅会带来什么风水影响？

客厅内阳光不足会使房子变得阴暗，缺少阳气，而且阴暗导致潮湿，潮湿的环境容易滋生细菌，聚集各种不好的秽气，居住在里面的人容易发生身体健康方面的问题。有些狭长格局的房子，因为中间被分隔为很多空间，到处有墙壁阻拦，致使阳光无法均匀地照耀到客厅，阴暗角落可能滋生各种细菌，空气的对流也差，使屋内变得死气沉沉。此外，窗户很少，或者因为加装过多波浪板、铁窗的房子，客厅阴暗潮湿，通风不顺畅，则肮脏污秽的气流不易排出，就会形成有害的阴气，待在这样的空间久了，身心都会受损害。

430 | 空气对流旺盛的客厅风水有什么不好？

阴阳失调的房屋风水不利于居住者的健康，对流旺盛的房屋风水格局会影响房屋的阴阳平衡。造成空气对流旺盛的原因一般是前门对着后门，窗对着窗，门对着窗等，如风从前门可以直接灌到后门，就形成了类似"穿堂煞"的格局，会带走房屋里的阳气，造成不稳定的磁场。人若长期居住在这样的房屋里，会

产生没有地方遮风避雨的感觉，心情容易变得不稳定，没有安全感。

431 | 如何布置客厅以带旺财运？

从风水学的角度看，家里能不能赚到钱要看客厅，能不能存到钱要看主卧房，也就是宅主的房间。一般而言，客厅一定要大于房间，客厅大于房间，表示钱财易得，不过房间也不能太小，因为房间代表财库，若房间太小，就表示很难存到钱。

套房的客厅通常都很小，有些甚至没有客厅，而没有客厅就表示没有贵人，缺少招致财运的机会。因此，房子最好有一个大客厅，而且客厅的格局要方正，因为方正才有八卦的方位，缺了任何一个卦位，就表示财运不全，所以在选择房屋时，最好能选择格局方正的房子，这样财运才会旺。若是房子本身有缺角，建议利用装潢或摆些开运物品将缺角补起，这样才能避免财运不顺及频频漏财的情况发生。

432 | 客厅的财位设置在哪个方位最好？

客厅财位的最佳位置是进门的对角线方位，如住宅门开左边时，财位就在右边对角线顶端上；住宅门开右边时，财位就在左边对角线顶端上；住宅门开中间时，财位就在对面边线的中间位置。财位处不宜是走廊或开门，并且财位上不宜有开放式窗户，开窗会导致室内财气外散。若有窗户可以用窗帘遮盖或者封窗，财运才不至于外漏。财位要尽量避免柱子和凹处，若此处恰是通道则可放置屏风，这样可以形成一个良好的财位。

433 | 客厅的财位应该如何布置？

一般而言，客厅的财位关系着全家的财运和事业，财位通常位于进门对角线的方位，在此方位要保持安宁、洁净，不宜悬挂镜子。在财位上适宜摆放叶片较大的植物，如常青树盆景、铁树、秋海棠、发财树等，有助于招财纳福。此外，还可以在财位上摆放落地式保险柜，放置金银珠宝摆饰等，但根据"财不露白"的原则，要将保险柜加以遮掩装饰，使其外形看起来像一般的橱柜或书柜。财位的背后最好有墙，象征有靠山可依，这样才可以藏风聚气，留住财气。

434 | 客厅的神位应如何设置？

神位是一个很神圣的地方，不得有丝毫的不敬，因此其摆放的位置十分讲究。首先神位的坐向应该与房屋的坐向一致，神位也不可朝着墙摆放。神位不适合摆放在客厅的横梁下，不可以有柱子、墙角、屋角、水塔、电线杆冲射，神位背后避免对着卫浴间、厨房、卧室的墙。选择好安放神位的位置后，应选择好吉日吉时安设神像，并恭敬地摆放。设好神像后，宜每日诚心烧香，初一或十五为其擦拭清洁，不要任意移动其位置。供奉的神像不可太多，如果有破损应及时修补。

神像前切忌有吊灯遮住视线，也不能有日光灯直射。其前方不可放鱼缸、镜子，其下方不可摆放音响、电视、座位、垃圾桶，神桌上不适合摆放药品和杂物。

435 | 客厅的窗为什么不宜对着厨厕的窗？

客厅是家人聚会的地方，为纯阳之气相聚，因为人带阳气。厨房是煮饭炒菜的地方，属于燥火之地。火为阳，即是燥阳，而卫浴间却是藏污聚阴之地，故属于独阴。有一些楼宇，坐在客厅向窗外看去，看见很多其他住宅的厨房或卫浴间，这种情况称为宅气驳杂，表明主人的运气不平稳，时好时坏。钱财多又会发生多方面的事情来令自己损耗金钱。若有这种情形出现时，可以在窗前安装一盏长明灯，以平衡大厅的阳气。

436 | 客厅不够大有什么补救办法？

在房屋格局设计中，客厅一般是整所房屋中最大的一间，它是全家人活动、交流的最佳场所，也是接待客人的地方。不够宽敞的客厅会使家中成员不愿久留，令客人感觉拘束，进而致使家人不和、人际关系失衡等问题出现。但不是每所房屋都能拥有宽大的客厅，如果客厅不够大，就要尽量减少客厅中的家具，适宜选择简洁实用的玻璃家具，营造一种明快、通透的感觉，这样可以减少压抑和憋闷。

437 | 客厅地面建高一个阶梯好吗？

在装修中，为了使客厅看起来更加特别，更有艺术感，有些人就将客厅设计成高出一个阶梯的效果，有些还制造曲线、波浪等造型效果。这样的客厅会产生行走不便的问题，特别是小孩子常常会因为忘记梯步的存在而摔跤。每天在客厅上上下下地行走，容易使人感觉疲劳，从而有可能导致家运坎坷、事业不顺。客厅的地板也不适合安装凹凸明显的石料，不平整的地面，会带来不平顺的家运。

438 | 客厅的地板设置有什么禁忌？

客厅的空间一般比较大，有些家庭为了追求家居的层次感，采用分区分层的设计，利用地板装饰的落差将客厅分为几个功能不同的空间，但这是风水上的忌讳，过多高低变化的设计会使家运变得坎坷起伏。所以客厅的地板避免有太多的起伏，也要避免阶梯造型，应以平坦、光滑为宜。

439 | 客厅使用玻璃地砖有什么不妥？

现代家居装修越来越追求时尚潮流，有的人在处

理地面时使用玻璃地砖，有的用有色玻璃地转拼成各种图案，有的在玻璃地砖下加入灯光元素。这种装修设计具有很强的现代感。不过住宅地面要求稳固，但是玻璃的通透性非常强，这样就会造成脚下悬空的格局，使人缺乏安全感，会对运势造成影响，所以地面处理不适宜大面积使用玻璃地转。

440 | 客厅安装落地窗有什么风水影响？

在客厅安装落地窗可以看到窗外的景致，窗外光线照进来形成宽敞明亮的空间，但并不符合风水之道。落地窗四面虚空，容易给人带来不安全感，犯了膝下虚空的大忌，这种格局会招致钱财外泄，人丁单薄。化解的方法，可以在落地窗边摆放一组矮柜，这样不仅可以增加储物的空间，同时又消除了膝下的空虚感。此外，也可以对玻璃窗进行改造，将靠地的1/3做成实墙，这样可以有效地化解不良的风水影响。

441 | 客厅和卧室之间为何不宜装玻璃墙？

在家居装修时，需要注意的问题很多，家装风水问题是首先要考虑的。风水中有很多讲究，涵盖的内容也很广，不同的风水问题有不同的风水化解办法。一些家庭把卧室和客厅之间的间墙打掉，换上玻璃墙，认为这样有利于扩大空间感。其实，玻璃含有一种玄光，不是任何地方都适合使用，在家居中就更要多加注意。比如客厅与卧室之间的玻璃隔墙，因为玻璃的

通透性，让客厅的人对卧室一览无余，就会扰乱人的思想，所以不宜。从风水来讲，客厅是宾客活动的区域，属阳；而卧室是主人休息的地方，属阴。如果使用玻璃墙，就会形成一眼望通的格局，厅房内主客的一举一动都尽收眼底，毫无隐私，会造成阴阳失衡，令人情绪不稳，精神恍惚。

442 | 什么样的客厅不适合安装门？

空间狭小的客厅不适合安装分隔门，特别是客厅旁边有行走的通道，可以在视觉上增加客厅的空间感，

如果安装了一扇门，就会加强人的逼迫感。窗户少的客厅也不适合安装门，因为窗户少本身就会阻碍气流的流通，如果再关上门，就会使房屋内的空气凝滞，新鲜空气又很难流入进来。

443 | 客厅的门把最好设在哪边？

风水上有"左青龙，右白虎"的说法，房屋的门也应该从左边开设较好。青龙在左边，宜动；白虎在右边，宜静。门应该由里向外开比较合适，门把宜设在左边，这样也符合生活中的开门习惯。

444 | 如何化解客厅梁柱的不利影响？

直者为柱，横者为梁。客厅中的梁柱是住宅中重要的承重部分，但梁柱设计在显眼的地方会对客厅的风水造成影响，要设法进行化解。

如果柱子连着墙体，可以在柱子与墙体间摆放陈列柜、酒柜、书柜进行遮掩，高低柜子都可以。

如果是独立的柱子且距离墙壁不远，则可采用木板或矮柜把它与墙连在一起，可以在柱壁板上挂画或吊篮式花草做装饰，而矮柜则可以令视野通透，减少闭塞感。

如果是独立的柱子且距离墙壁较远，无法用柜子将其与墙壁相连时，则可以通过装饰柱子来化解，如在柱子的四周装上木槽，种植易于室内生长的植物，以化解突兀的柱子带来的不利影响。倘若客厅

较大，可以使用独立的柱子作为分界线，两边分别铺上地毯和石材，将柱子变成自然的分界线，使观感更加自然。

445 | 如何在客厅安装柱子装饰？

现在一些人对房屋的装修喜欢借鉴欧洲风格，在客厅的入口处安装一对欧式立柱，营造欧式建筑的情调。这未尝不可，但在安装时要考虑客厅和入口的大小，如果客厅狭小、入口比较狭窄，再安装欧式立柱就会让狭窄的空间显得更加局促，非常不利于空气的

流通。此外，忌讳使用白色的立柱，白色的立柱如同白色的蜡烛插在客厅的入口，白色蜡烛通常跟死亡有联系，故而容易在人的潜意识里产生不利影响。

446 | 客厅的面积比房间的小有什么不好？

对于一般房屋来说，客厅的面积是最大的。倘若房间的面积大于客厅，就会让人产生孤傲、自闭、自私的不良性格，可以通过做间隔来化解煞气，如果无法重新做间隔，可以在适当的位置安置一组五帝钱。

447 | 为什么说暗墙上宜挂葵花图？

在一梯四户或以上的户型结构中，极易形成暗墙。因这些墙处在暗处，缺乏阳光照射，日夜皆昏暗不明，久处其中便容易情绪低落，必须设法加以补救。在家中的暗墙上悬挂葵花图，取其"向阳花木易为春"之意，可弥补采光上的缺陷。

448 | 如何化解客厅的尖角煞气？

由于建筑方面的原因，一些建筑的客厅存在尖角，不仅不美观还会对居住者造成压力。可以通过以下几种方法化解尖角：其一，在尖角处摆放柜子填平尖角，高柜或低柜均可。其二，摆放一盆高大

的植物在尖角处，可以有效消减尖角对风水的影响。其三，采用木板墙将尖角填平，在木板墙上悬挂一幅山水画，以高山来镇压尖角位，既美观又可以收到消除尖角的效果。其四，把尖角的中间部分设置成一个弧形的多层木质花台，放几盆生长茂盛的植物，并装射灯进行照明。

449 | 背阴的客厅如何补充光源？

有些客厅由于方位和开窗的原因，光线不是很充足，昏暗的光线会给家人造成一定的压力。客厅是接待客人、家人活动的场所，光线一定要充足，运用合理的灯光设置，可以让背阴的客厅光亮起来。方法如下：

第一，补充人工光源。适当地增加一些辅助光源映射在天花板和墙上，或者选择射灯打在浅色的画上，可以收到很好的效果。第二，统一色彩基调。背阴的客厅忌用一些沉闷的色调，由于空间所限，异类的色调可能会破坏整体的气氛。但若是使用枫

木饰面或亚光漆家具等浅蓝色调的墙面，则既能突破暖色的沉闷，又能起到调节光线的作用。第三，根据客厅的具体情况，设计出合适的家具，这样既节约了空间，又在视觉上保持了清爽的感觉，地面处理时也尽量使用浅色材料。

450 | 客厅的灯光应该如何布置？

客厅与玄关属阳，客厅的灯要够高、够亮以使灯光散布在整个客厅中，如果光源较多，应尽量使用相同元素的灯饰保持整体风格的协调一致。如果客厅面积较大，可采用灯光来进行区域划分。餐桌上可运用暖色吊灯营造温馨的用餐气氛，沙发旁可放一调光式落地灯，展示架上可安装几个小射灯。玄关过廊可安装小射灯、吊灯或吊顶后依据顶的样式安装荧光灯、筒灯以改善采光不好的局面。

451 | 怎样利用客厅的灯光来招财?

在阳宅风水学中想要招财,灯光的运用很重要。客厅明亮代表贵人很旺,所以客厅的灯光宜明亮而不宜昏暗。有些年轻人没有注意到这点,他们为了制造某种气氛或者出于个人的爱好而将客厅光线设置得非常暗,其实,这从风水上来讲,是非常不可取的。还有,如果客厅有几个角落是不动方,那表明那里是家里的财位,应该精心布置运用,建议一定要安装一盏灯来照亮这个财位。妥善地运用灯光来改善家里的磁场,除了可以让空间感放大,也可以防止小人破坏财运。

452 | 为什么客厅的天花板不宜装饰成镜子?

客厅的天花板上装饰镜子就犯了风水上的大忌,因为从镜中反映出来的景物会与地板上的一致,形成"天地不开"的景况,从而违背了自然规律,会让家运停滞不前。如果长期被镜子照射,家人特别是老人和小孩易因其射出来的光线而影响身心健康。

453 | 如何利用天花板补充客厅光线?

客厅的天花板是天的象征,天是制造光源的地方,在居家风水中起着非常重要的作用。如果客厅光线不足,应该在天花板上安装日光灯。灯光应射向天花板,

再利用反射的方式,将光散布到客厅的每个角落。特别是日光灯的光线与太阳光最接近,从天花板反射出来,能增强客厅的阳气。

天花板不宜采用深色系,浅淡的颜色较适宜,地板则可以采用深色系,使居家的布置符合天轻地重的自然之道。

454 | 光线不足的天花板有什么坏处?

住宅的天花板引申为"天"的意思,古代讲求"天圆地方",即"天"要清晰平圆。如果天花板光线不足而造成"日夜昏暗不明"的情况,会令整间房屋的气氛笼罩着灰暗的气息,长时间处在这样的环境下,会使人情绪低落、缺乏斗志。遇到这样的情况,最好的弥补方法是在天花板的四边的槽中装暗灯,这样的光线从天花板折射出来,柔和而不刺眼。而日光灯所发出的光线最接近太阳光,对于缺乏天然光的客厅也最适宜。

455 | 客厅装修假天花板好不好?

在风水学中,一般不建议装修假天花板,这意味着把房屋中的某一部分给裁掉了,这样的装修方式在风水上叫做自裁。如果还在假天花板中挖灯槽,将灯藏在里面,灯槽就会变成压顶的横梁,给人带来压迫感。风水上说"逼迫自裁困滞事",也就是说如果房屋出现逼迫或自裁的情况,就会使做事不顺利,从而

给居住者带来困扰，是不好的风水格局。

456 | 客厅天花板安装天池有什么作用？

客厅的天花板采用假天花来装饰，设计稍有不当，便会显得很压抑和逼迫，使居住者压力过大。不过，可采用四边高而中间低的假天花来布置，这样不仅视觉较为舒坦，而且天花板中间的凹位会形成聚水的天池，对住宅风水也会大有裨益。若在这样聚水的天池中央悬挂一盏金碧辉煌的水晶灯，则会有画龙点睛的作用，但吊灯也不宜用有尖锐钩角的形状。

457 | 客厅设主题墙有什么风水作用？

客厅的主题墙是客厅主要的组成部分，有着诸多的风水因素，切忌随意设计。主题墙主要是用来摆放组合柜、电视、音响及各种饰物，其格局直接影响整个客厅的装饰风格。风水学认为，高者为山、低者为水，有山有水可产生良好的风水效应。客厅高的主题墙是山，低的沙发是水，这才是理想的搭配。

458 | 客厅的正北方代表什么运气？

客厅的正北方代表了事业运。正北方的五行属水，喜黑色和蓝色。要想增强事业运，可以在此方位采用黑色和蓝色为主色调，也可在这个方位放置属水的物品，如鱼缸、水轮车等。金能生水，故放置黑色的金属装饰物品，也可以助旺事业运。

459 | 客厅的东北方代表什么运气？

客厅的东北方代表了文昌运。东北方的五行属土，喜黄色和土色。若家中有人正在学习或即将参加考试，要特别注意这个方位的布局。要想增旺文昌运，可以在此方位采用黄色和土色作为主色调，放置属土的饰品，如陶瓷制品或天然水晶，可以增强这个区域的能量。

460 | 客厅的正东方代表什么运气？

客厅的正东方代表健康运。正东方的五行属木，喜绿色。要想增加健康运，可以在此方位采用绿色作为主色调，放置属木的物品，如茂盛的植物，可以促进健康长寿。水可以生木，因此也可以放置一些属水的物品来助旺健康运。

461 | 客厅的东南方代表什么运气？

客厅的东南方代表财运。东南方的五行属木，喜绿色。要想增旺财运，可以采用绿色作为主色调，放置属木的物品，特别是圆叶的绿色植物，能收到很好的效果。但注意不能在此处摆放经过干燥处理的花，以免阴气过重。水能生木，故而适合在此方位摆放鱼缸，缸中养八条金色鱼和一条黑色鱼。

462 | 客厅的正南方代表什么运气？

客厅的正南方代表声名运，对家庭的名声产生影响，特别关系到家庭主人是否受到肯定。正南方的五行属火，喜红色。要想增旺声名运，可以在此方位采用红色作为主色调，放置属火的物品，如红色的地毯、凤凰雕塑、日出图等，都能增强声名运。装设照明灯也可以有助声望的增加。木能生火，故而放置红色的木制品也能增旺名声，但水能克火，切忌在此处摆放属水的物品。镜子也是属水的物品，最好不要在此方位摆放镜子。

463 | 客厅的西南方代表什么运气？

客厅的西南方代表了桃花运，若想增进婚姻或恋爱运，则需要将此方位作为客厅的重要方位。西南方的五行属土，喜黄色和土色。要想增旺桃花运，可以在此方位采用黄色或土色作为主色调。在这个方位放置属土的物品，如陶瓷花瓶，有利于增加桃花运；设置悬挂式台灯，摆放天然水晶或全家福照片等，能促进夫妻关系和谐。

464 | 客厅的正西方代表什么运气？

客厅的正西方代表子孙运，关系着子孙延续及长辈与子孙的亲疏关系。正西方的五行属金，喜白色、金色和银色。要想增旺子孙运，可以在此方位采用白色为主色调，放置属金的物品，如金属雕刻品、金属风铃、电视、音响。土能生金，故而放置属土的物品也能增强子孙运，如白色的陶瓷花瓶、天然水晶。

465 | 客厅的西北方代表什么运气？

客厅的西北方代表了贵人运，关系着是否有贵人相助和人际关系的好坏。西北方的五行属金，喜白色、金色、银色。要想增强贵人运，可以在此方位采用白色为主色调，放置属金的物品，如金属雕刻品、白色灯罩的台灯、用红绳串起的六枚铜钱等，都能提升贵人运。

466 | 如何选择适宜客厅的色调？

客厅的色调对人的感官影响很大，合理的配色可以提升家庭的财运。客厅是家人聚集的场所，如果根据单一某个人的命卦五行来配颜色，可能会对其他人不利。客厅以窗户为主要的纳气口，应以窗户的朝向来决定色调。如果多个方位开有窗户，应以阳光进入的一方为准。

467 | 客厅为何不宜选择单一的颜色？

客厅是家人看电视、闲聊的主要场所，而沙发是客厅中最醒目的家具之一，一定要注意其色彩的搭配。一种颜色的家具会显得单调，单调的颜色会令人心情沉闷，缺乏积极性，不利于人的工作斗志。两种以上的色彩搭配可以体现出空间的活泼和生气，如白色的家具配天蓝色的条块等。巧妙的色彩搭配能给人一种赏心悦目的视觉效果，使人心情愉悦，充满朝气。

468 | 开向北方的客厅窗户宜选用什么色调?

北向的窗户在五行上属水，是水气旺盛之地，水能克火，故而火为此客厅的财气。火喜红色、紫色、粉红色，故而客厅的墙纸、沙发、地毯都应以这三种颜色为首选，特别在寒冷的冬季，北向的窗户容易吹进凛冽的寒风，而室内温暖如火的颜色可以给人安全感。

469 | 开向东北方、西南方的客厅窗户宜选用什么色调?

东北向和西南向的窗户在五行上属土，是土气旺盛之地，土能克水，故而水为此客厅的财气。水喜蓝色，东北方和西南方都是少阳少风的方位，采用蓝色作为装饰的主色调可以增强客厅的财运。

470 | 开向东方、东南方的客厅窗户宜选用什么色调?

东向和东南向的窗户在五行上属木，是木气旺盛之地，木能克土，故而土为此客厅的财气。故而客厅的墙纸、沙发、地毯应以黄色为首选。东方是旭日升起的方位，每天享受早晨的阳光，蕴涵着年轻与活力，

但不利于守财。黄色能增强客厅的凝重感，是成熟的象征。

471 | 开向南方的客厅窗户宜选用什么色调?

南向的窗户在五行上属火，是火气旺盛之地，火能克金，故而金为此客厅的财气。金喜白色、灰色等冷色调，故而客厅的墙纸、沙发、地毯都应以冷色调为主色。南方是强烈的太阳光经常照射的方位，多用冷色调可以带给火热的客厅一丝清凉。

472 | 开向西方、西北方的客厅窗户宜选用什么色调?

西向和西北向的窗户在五行上属金，是金气旺盛之地，金能克木，故木为此客厅的财气。故而客厅的

墙纸、沙发、地毯都应以绿色为主色调。西方是太阳落山的方位，常看到暮日西垂，不利于事业的发展，而生机勃勃的绿色植物则可以消除这种消沉感。

473 | 客厅是否应铺地毯以改善风水？

地毯是改变居家布置的最简单的饰品，在装饰的整体效果上占据主导地位。地毯不仅有装饰客厅的作用，更有藏风聚气的风水效果，具有改变风水的力量。选择地毯要注意图案应有和谐的视觉效果，不会给人

带来刺眼或不舒服的感觉。为了与住宅和宅主相配合，还应该根据住宅的属性和宅主的需要来选择颜色和图案。客厅最好铺设地毯，但不宜太多，太多反而会适得其反。

474 | 客厅的东北方、西南方宜铺设什么地毯？

东北方和西南方五行属土，喜代表财富的黄色。在风水上，格子图案属土，属火的星状图案对土有生旺的作用。在客厅的西南方或东北方铺设黄色格

子图案或星状图案的地毯，能令财气旺盛，促进事业的发展。

475 | 客厅的东方、东南方宜铺设什么地毯？

东方和东南方五行属木，喜代表生机的绿色。在风水上，直条纹属木，属水的波浪纹对木有生旺的作用。在客厅的东方或东南方铺设绿色直条纹或波浪纹图案的地毯，能对家运和财运起到正面的作用。

476 | 客厅的南方宜铺设什么地毯？

南方五行属火，喜代表喜气、热情、大胆进取的红色。在风水上，星状图案属火，属木的直条纹对火有生旺的作用。在客厅的南方铺设红色星状或直条纹图案的地毯，使家人充满干劲，能取得名利双收的效果。

477 | 客厅的北方宜铺设什么地毯？

北方五行属水，喜代表理性的蓝色。在风水上，波浪形的图案属水，属金的圆形图案则对水有生旺的作用。在客厅的北方宜铺设蓝色波浪形或圆形图案的地毯，有助于事业的发展。

478 | 客厅的西方、西北方宜铺设什么地毯？

西方和西北方五行属金，喜代表高贵和纯洁的白色、金色、银色。在风水上，圆形图案属金，属土的格子图案对金有生旺的作用。在客厅的西方、西北方铺设白色、金色、银色的圆形图案地毯或格子图案地毯，不仅能增强财运，还能促进人际关系，有贵人相助，也有助于孩子的学业。

479 | 客厅家具摆放过多有什么不好？

在客厅布置中，不同家具布置会带给人不同的印象，客厅是家人温馨的休闲场所，宜宽敞、方便家人生活，所以客厅家具的摆设宜根据其面积来定，不宜将体积特别大的家具摆在客厅，也不要将客厅塞满家具和装饰品。客厅宜动线流畅，否则会影响客厅气能的流通。

480 | 客厅的家具应该如何摆设？

客厅是全家聚集的地方，应该给人向心的凝聚感，宜将家具围在客厅的中心，形成类似八卦的形状，这种围绕在中央的摆放方式可以使一家人围坐在一起，面对面交谈，有利于促进家庭成员的和睦团结。

481 | 客厅中矮小的组合柜应该如何摆放？

如果客厅面积大，而摆放的组合柜子短小，形成组合柜两边太多空位而过于空疏，旺气流到那里便会易泄难聚。遇到这种情况，可用两盆高壮的阔叶植物，如橡皮树、发财树、棕竹等植物来填补空间，对招财纳气均有很大的帮助。

482 | 沙发适宜摆放在客厅什么方位？

沙发是家庭成员在客厅聚集的地方，适宜摆放在吉祥的方位，这样才有利于家庭成员的和睦相处，有助于提升家运。东四宅的正东、东南、正南、正北四个方位为吉方位；西四宅的西南、正西、西北、东北四个方位为吉方位。根据宅命的不同，可以将沙发摆放在四个吉方位之一。摆放时最好按照住宅的坐向，沙发宜和住宅在同一坐向，如住宅为坐北朝南，沙发也宜坐北朝南。

483 | 如何根据命卦确定沙发的方位？

沙发的摆放方位可以根据经常坐的人或宅主的命卦来摆放。命卦是坎卦的人，应首选东南方摆放沙发，其次是北方。命卦是艮卦的人，应首选西方，其次是东北方。命卦是震卦的人，应首选南方，其次是东方。命卦是巽卦的人，应选北方，其次是东南方。命卦是离卦的人，应首选东方，其次是南方。命卦是坤卦的人，应首选西北方，其次是西南方。命卦是兑卦的人，应首选东北方，其次是西方。命卦是乾卦的人，应首选西南方，其次是西北方。

484 | 沙发背后宜如何装饰？

座椅背后都适合有靠山，沙发背后若有厚实的墙壁做靠山，会使坐在沙发上的人有踏实的感觉。需要注意的是，外墙及背后为卫浴间、厨房的墙不宜用来放沙发，沙发背后也不宜为门窗或通道，那样会给人背后空虚之感，不仅可能被人窥视，还有被袭击的危险，在风水上被认为是泄财之兆，不利于守财。

在进行居家布局时，有时会根据房屋整体的装修风格来摆放家具，可能会将沙发摆在没有墙的方位，致使坐的人背后空虚，解决办法可以在沙发背后设置一道屏风、矮柜、高大的绿色植物等，使人产生靠山的感觉。切忌在沙发背后摆放属水的物品，如鱼缸、风水轮，那样只会增加背后的空虚感，亦容易见财化水。镜子也忌讳放置在沙发背后，那样容易让旁人看到坐在沙发上的人的后脑，令坐在沙发上的人有不安之感。

485 | 如何利用沙发提升财运？

沙发是客厅中休息的地方，它的材质、颜色与家庭的财运息息相关。纤维类、棉麻类等都是属于阳气的材料，用其做成的沙发具有开运招财的作用。在颜色选择上，金色、鲜黄、翠绿、银色、紫红等亮丽的颜色属于吉祥色，也具有开运招财的作用。沙发、靠垫、坐垫都要多选用这些颜色。

486 | 组合沙发如何摆放最好？

沙发是家人聚集休息的场所，它就如同船只的避风港一般，因而最适合采用能藏风聚气的弯曲形，这样才能够容纳足够的气息。组合沙发的摆放方式通常

是将三人沙发摆放在中央，单人沙发摆放在两边，单人沙发如同向前伸出的左右臂膀，给人安全感。有些人因为客厅狭长而将沙发摆成直线形，这样会使客厅缺少纳气的空间，不利于聚气。有些沙发无法摆出左右拥抱的形状，要在离大门最远的边上放置一个单人沙发，可以将要流走的气收住。

487 | 为什么沙发的摆设以弯曲为宜？

沙发在客厅中的重要地位，犹如国家的主要港口，必须能尽量纳水，才可使国家兴旺起来。优良的港口两旁必定有伸出的弯位，形如英文字母U，伸出的弯位犹如两臂左右护持兜抱，而中心凹陷之处正是风水的纳气位，这样的格局才能藏风聚气、丁财两旺。

沙发的两旁应各有一臂伸出为宜，倘若沙发是一排直过，犹如壮士断臂，难有作为。如果因环境所限，沙发不能左右护持，可以在去水位摆设另一沙发，自制"下关砂"来迎纳从大门流进来的水，形成聚水之局，这也符合风水之道。

488 | 如何选择客厅的茶几大小?

茶几通常是与沙发相配套的物件,在风水上,沙发为主,茶几为宾,茶几就如同沙发周围低矮的砂山一般,不宜太大,且应比沙发矮小。如放置在沙发前方的茶几高度最好与人坐在沙发时的膝盖高度相当,其长度和宽度都不应超过所对沙发的长和宽。放置在沙发左右的茶几,应比沙发扶手略矮一些,其大小以填补组合沙发间的空隙为宜。

489 | 客厅的茶几以什么形状为宜?

摆放在客厅的茶几最好为方形或椭圆形,这样可以给人平稳、安定的感觉,且容易与沙发进行配套摆设。圆形的茶几占用的面积一般较大,但只要空间允许,也可以采用。菱形或不规则形状的茶几不适合选用,这种茶几的尖锐棱角会冲射坐在沙发上的人。

490 | 茶几为何不宜摆放在凶方?

客厅的茶几上一般都会摆放一些茶叶、水果等物品,这些物品属于吸气的风水物,同时也是旺财物,具有动性性质。若将茶果摆放在居室的凶方,则其位置"凶"的讯号将被激发而动起来,产生诸多不利家宅的因素。

491 | 客厅组合柜有怎样的风水作用?

客厅中的组合柜主要是用来放置电视、音响和各种杂物,虽然它在风水中的重要性比不上沙发,但却是与沙发相配套的一个组合。在客厅中,沙发一般相对矮小,而组合柜相对高大,因而沙发如同水,组合柜如同山。如果客厅中的组合柜太过矮小,则会使客厅有水无山,故而不吉利。

492 | 客厅的组合柜太矮小怎么办?

客厅组合柜总的来说应该选择高大的,如果家中的组合柜较为低矮,可以在组合柜上方的空墙上挂一幅横向的画,从视觉上增强此方的高度。装饰画以吉祥的图案为主,选择有水的自然画比较适宜。此外,也可以在矮柜上方的墙上钉一些放物品的隔板,使其成为组合柜的一部分,以增加组合柜的高度。所钉的隔板,无论什么材质,都应以圆形为主,也可以采用方形隔板,切忌使用带尖角的隔板。

493 | 组合柜两边较空旷怎么办?

当客厅较宽敞时,却选用了较为短小的组合柜,两边如果没有放置物品,就会有大片空出来的空间,给人空旷的感觉。如果客厅的家具摆放太少或过于稀疏,气就不容易在此聚集,可以通过增加组合柜两边

的家具来改善空间布局。可在组合柜两边放置大叶茂盛的植物,其向四周伸展的枝叶,具有扩散作用,能有效填补空旷的空间。它们就如同组合柜的青龙、白虎,同时又有生气聚气、纳财聚气的双重作用。

494 | 较小的客厅适合摆放什么组合柜?

客厅适合摆放高大的组合柜,但如果客厅较小,却摆放了一个大型组合柜,会感觉客厅空间狭窄,也容易让人有逼迫感。要改变这种格局,可以将组合柜的高度略微降低,使其距离天花板至少60厘米,这样利于气体流动。如果仍想摆放高大的柜子,可以选择中空的柜子。这种柜子的特点是下方沉稳,可以放置一些较大体积的物品,上方的架子较轻灵,可以放置一些小装饰品,而中间有个较大的空间,可以用来摆放电视、音响。这种柜子在一定程度上削弱了原有的实在感,增加了更多的空间。

495 | 电视背景墙应该设置在哪些方位?

电视背景墙能收到装饰美化客厅的效果,其中还蕴涵着丰富的风水内涵。风水学中包含了震命、巽命、离命、坎命、坤命、兑命、乾命、艮命八种命卦,不同的卦命对应的房子也有风水上的差异。对震宅、巽宅、离宅、坎宅这东四宅而言,电视背景墙的最佳摆放位置为正西、西北、正北、正南这四个方位;而对坤宅、兑宅、乾宅、艮宅这西四宅而言,它应该摆放

在东北、正东、东南、西南四方。

电视背景墙不能放置在财位上，财位代表清静和安定，而电视机的嘈杂会对其造成影响。另外，电视背景墙不能正对着窗户或者是设置在开窗的墙面上，否则难以旺丁旺财，另一方面也会对眼睛造成伤害。

还会损害眼睛的健康。在电视柜上摆放瓷器和泥塑等民间手工艺品，能塑造出一种中国传统文化的气息；摆设根雕品则让人有回归大自然的感觉。此外，背景墙不挂颜色太深或者黑色过多的画面，凶猛的野兽画、人物抽象画、意境萧条的画和已故亲人的画像等也不适合悬挂在背景墙上。

496 | 电视背景墙怎样装饰为宜？

电视背景墙除了能装饰美化客厅外，还可以调整主人的生活情绪。装饰品要避免使用三角形、不规则多边形等形状，否则会使人在看电视时产生紧张感，

497 | 用文化石做电视背景墙好不好？

用文化石做电视背景墙已经成为很多家庭的选择，它不仅可以吸音，避免电视、音响对其他房间的

影响，还能形成强烈的质感对比，增强家居的现代感。采用的背景石材造型应以圆形、弧形和流线型为主，多采用纹理较为平滑的石材，寓意为家庭和睦、平安。如果采用的是带有尖锐边角的文化石，则会形成"煞"相，也不宜对电视机背景墙进行凌乱的分割，这样不利于风水。

498 | 如何根据五行摆放电视机？

电视机的摆放位置也会影响到客厅的风水，摆放时要考虑时常在此看电视的人的五行属性。如果此人五行属水，则人应该坐在北方看电视，而电视就应放置在相对的南方；如五行属木，则人应该坐在东方或东南方看电视，而电视就应放置在相对的西方或西北方；如五行属火，则人应该坐在南方看电视，而电视就应放置在相对的北方；如五行属土，则电视可以放在东北方或西南方；如五行属金，而电视就应放置在相对的东方或东南方。

499 | 饮水机应摆放在客厅什么位置？

在客厅摆放饮水机要注意避开人来往过多的地方，也不能直对着大门口，否则对财运不利。最好摆放在客厅中比较安静的地方，如在电视柜或沙发边多在此饮水、休息的角落，方便饮水泡茶。但要注意远离冷风机、空调、垃圾桶、神位，有些家庭将饮水机放在厨房也是不可取的，饮水机要尽量远离火口。

500 | 饮水机摆放在不同方位有何作用？

从风水学上来说，饮水机放置在北方是最符合风水之道的，有利于提升财气。放置在西南方，有利于提高女性的财运；放置在东南方，也可以提升家庭的财运；放置在东方，对男性的帮助较大；放置在南方，则容易出现好坏交替的现象。

501 | 客厅中摆放时钟也会影响风水吗？

客厅中摆放时钟既有八卦的功能，也有风水的效应，尤其是带钟摆的挂钟，摇动的钟摆和走动的指针，可以为生活带来节奏和规律感，也可以清新和提振家中的气息。但时钟是时常在动的物品，如果不小心放在了客厅中宜静或凶险的方位，将对风水不利。

502 | 客厅的时钟的颜色与摆放的方位有什么关系？

客厅的各个方位有其自己的属性，悬挂与之相配的时钟，可以增强该方位的吉祥程度。北方属水，适合悬挂或摆放蓝色、黑色调的时钟，形状以圆形为最佳。东北方和西南方属土，适合悬挂或摆放黄色、咖啡色调的时钟，形状以方形为最佳。东方和东南方属木，适合悬挂或摆放绿色、青色调的时钟，形状以方形为最佳。南方属火，适合悬挂或摆放红色、紫色、橙色调的时钟，形状以八角形为最佳。西方、西北方属金，适合悬挂或摆放白色、金色调的时钟，形状以圆形为最佳。

503 | 客厅的时钟适宜悬挂在什么方位？

时钟最好不要挂在客厅正中，那样容易让人产生不吉利的感觉，最好挂在进门的侧边，而且不要向着其他钟表或是形状与八卦类似的东西，否则会起到压制他物的作用。根据风水学上的方向定位，时钟可以挂在客厅的朱雀方和青龙方。朱雀方是客厅的前方，是视线容易看到的方位，能使人方便地看到时间。青龙方是客厅的左方，是吉祥方位，可以放置动的物品。而客厅的后方为玄武方，宜清静，故而不宜悬挂时钟；客厅的右方是白虎方，为凶方，也不适合悬挂时钟。摆放时钟还要与生肖方位相结合，如属鼠的人，时钟适合悬挂在房间东北角的北墙上，属牛的人，时钟适合悬挂在房间北墙的正中间位置等。

504 | 客厅时钟的大小对风水有什么影响？

一般的家居客厅空间不需要选择太大的时钟。如果时钟过大，容易导致人心绪不宁，坐立不安，长此以往容易使人变得神经质。古旧的摆钟不适合摆放在客厅中，一是制造的巨大声响容易使人受到惊吓，心神恍惚；二是巨大的体积有喧宾夺主的意味，可能导致家中长辈没有威严，子女忤逆。

505 | 客厅选择什么形状的时钟最好？

时钟的造型多样，时尚感很强，如方形、圆形、三角形、六角形、八角形以及各种变形，但其中的很多形状都不利于风水，有可能因此而带来摩擦和是非，影响家庭的和睦团结。时钟最好还是采用方形，它祥和稳重，挂在客厅有利于家人的融洽相处，圆形也能给人亲切和接近感。

506 | 如何利用时钟的五行属性补金？

时钟在五行中属金，如果家中有五行缺金的人，则可利用时钟的金能量对其进行补充。先找出家中谁是最需要金的人，再找出八卦中与此人相对应的方位，在客厅的此方位悬挂时钟即可。如家中最需要补金的是母亲，在八卦中母亲的卦位为乾位，乾位为西北方，则可在客厅的西北方悬挂或摆放时钟。

507 | 如何利用时钟化解飞星煞气？

时钟是动的物品，有着相当的风水功能，可以化解五黄二黑煞气。将时钟放置在流年二黑星和五黄星飞临的方位，即可化解凶星的煞气。如2009年的流年星为九紫星，据此推断二黑星所在方位为西方，五黄星所在方位为北方。如果这两方有形煞时，宜将时钟摆放在客厅的此处，以化解双煞带来的巨大煞气。

508 | 客厅摆放太多的时钟有什么不好？

客厅中不适合摆放太多的时钟。它们不停地走动所产生的能量波动，会影响家庭的和睦气氛，久而久之容易造成家人焦躁不安，甚至影响睡眠。因此客厅最好只摆放一个时钟，方便看时间即可，很小的迷你时钟最适宜摆放在卧室里。

509 | 客厅的鱼缸摆在何处较好？

客厅中摆放鱼缸象征财富，其摆放的位置对财运很重要。鱼缸放在水的生旺方才吉利，如果放在了凶方，则不吉反凶。

根据九星分布的情况，鱼缸应该摆放在流年星的财位上。如2009年的流年星为九紫星，第一财星八白星位于西北方，因而宜在客厅的西北方位摆放鱼缸。但是如果流年的财位正对着炉灶，也不适合摆放鱼缸。鱼缸属水，炉灶属火，水火相冲会对家人的健康和财运造成损害。确定了摆放的位置，还应注意鱼缸的水应向着屋内流动，而鱼的数目最好根据命卦决定。

510 | 客厅的鱼缸选择与五行有什么关系？

圆形的鱼缸，五行属金，可以生旺水，是吉利之相；长方形的鱼缸，五行属木，虽然泄水、气，但两者有相生的关系，也可以选用；正方形的鱼缸，五行属土，土能克水，寓意为克制财运，故不宜选择；六角形的鱼缸，以六为水数，故五行属水，可以利用；三角形或八角形，甚至多边形的鱼缸，五行属火，水火驳杂，故不宜用在财位上布局催财。

根据五行分析，最吉利的鱼缸形状有长方形、圆形和六角形，这三种形状的鱼缸若布置在客厅的财位上，可起催财作用。

511 | 东四宅客厅的鱼缸应该如何摆放？

房屋的吉方或凶方要根据住宅的坐向而推定，根据吉凶方的风水含义正确摆放鱼缸可以起到良好的风水效果。坐东、坐南、坐北和坐东南的东四宅，鱼缸宜摆在客厅的东、东南、北和南这四个方位，而不宜摆放在客厅的西南、西北、东北和西方这四个方位。

512 | 西四宅客厅的鱼缸应该如何摆放？

坐西南、西北、东北和西方的住宅叫做西四宅，鱼缸宜摆放在客厅的西、西南、西北和东北这四个吉方位，不应该摆放在客厅的东方、东南、南方和北方这四个方位。把鱼缸摆放在吉方位，可以起到旺气生财的效果，又可以增加灵气，令家中倍添生机，反之则不利。

513 | 组合柜上应该如何摆放鱼缸？

摆放在组合柜上的鱼缸不宜过大，以方形最好，可以四平八稳地放在组合柜上。鱼缸的摆放位置不宜太高，太高容易产生坠落的危险，还会妨碍宅主对鱼缸的养护。鱼缸宜摆放在靠近窗台的方位，这里与过道相比较少人经过，较为安全，且靠近通气口，可以起到风生水起的作用。

514 | 什么品种的鱼适合养在客厅？

在风水学中有"风水鱼"一说，因为水流具有催动其所在方位的吉气的作用。尤其是对生辰八字缺水的人来说，在客厅中养鱼对提升运势有较大的帮助。色彩较暗、外形尖利、生性凶猛的品种，如黑牡丹、黑摩鲤、龙吐珠等适合养在煞方，那样不仅可以挡煞，还有增强财气的作用。罗汉鱼、七彩神仙、锦鲤、红龙等色彩鲜艳、性格温和的品种则有旺财的功效。如果发现病鱼、死鱼，要及时捞出并补充新鱼，这样才能达到旺财改运的效果。

515 | 客厅养鱼的水有什么讲究？

水是生命之源，是影响风水的重要因素。房子就像人一样，少不了水，因为水可以将房屋的气场调顺，让人保持健康的身体。在厅里摆放一个水箱，养几条金鱼，注意水最好是流动的，流动的水容易带来好的气场，更好地促进气的循环，从而带来良好的风水效应。

516 | 客厅适宜种植哪些植物？

植物与住宅的风水有密切的关系，尤其对客厅来说，植物的摆放对风水有着重大的影响。叶子较大的

常绿植物适合摆放在客厅的旺位，有生旺的作用，如富贵竹、宽叶榕、虎尾兰、散尾葵等都是比较适合的选择。如果要化解屋内煞气，可以在不利的方位摆放带刺的植物，如仙人掌、仙人球、玉麒麟、玫瑰、棘杜鹃、龙骨等。

517 | 客厅的植物应该如何摆放？

在客厅里摆放植物，可以丰富空间的层次，但一定要遵循方便行走的原则。一般将植物摆放在柜顶、沙发边或角落，不宜摆在居中的位置，以稍偏一侧为佳。小型植物适合摆放在台面上，大型植物则适合摆在地上，垂盘的植物悬吊才会使空间显得错落而层次分明。

客厅空间比较大的，适合摆放一些大型的植物，但是植物太多会使客厅过于阴郁，太少则使客厅缺乏灵气。一般来说，摆放植物的多少要以客厅的大小来决定，8平方米的房间可以摆放一盆植物，10平方米的房间可以摆放两盆植物，20平方米的房间可以摆放三盆植物，或者再搭配一盆小植物。

518 | 客厅的财位如何摆放开运植物?

客厅财位的布置很重要,有财则万事顺利,繁茂的盆景装饰财位能使运势变得更佳。盆景花叶要圆且大,忌针叶类植物,如杜鹃花,以发财树、万年青之类的植物最佳,因为这类植物象征着主人积极向上、乐观进取的人生态度。插花的花瓶高度最好是花长度的一半以上;若花瓶的高度不够,则可以用架子垫高,使人一进门便可恰到好处地捕捉到这道风景。由于植物为室外之物,属阴,因此可以在植物或盆器上绑红色丝带或贴红纸,植物阴转阳后,才更适合摆放在客厅。

519 | 客厅不宜悬挂哪些装饰画?

在客厅的墙上挂画,一方面是美化客厅,另一方面也有化解不良风水的作用。客厅不宜悬挂颜色太深或是黑色调太重的画,那样会让人产生沉重感,导致家人意志消沉。客厅最好不要悬挂过多的人物抽象画和红色调为主的图画,那样会影响家人的健康。意境萧条的画也不适合悬挂,如深山古刹、夕阳余晖、大漠孤野、枯藤老树等,容易给人暮气沉沉、孤僻高傲的感觉,不利于人际关系和小孩人格的发展。客厅装饰画不适合有各种猛兽,它们太过凶险的戾气不利客厅风水,容易引起血光之灾。

悬挂山水画时,画中的水流方向切记不能朝向门外。风水中有水主财的说法,如果水流朝外,会导致财气流失。在选择客厅的挂画时,宜选择寓意吉祥的画作,比如"九鱼图"、"百鸟朝凤"、"骏马图"、"龙凤呈祥"等。另外,各种花卉和湖光山色的风景画也比较适合挂在客厅。

520 | 客厅摆放物品有什么禁忌?

在客厅摆放物品要讲究,宜趋吉避凶。如各种柜子必须紧贴墙壁,才能即安全又节省地方;水景布置不宜过多,以免使客厅阴气过重;植物或石头最好为其绑上红绳或点上红漆,使其转阴为阳;弄不清楚的古旧神佛,不宜摆放在客厅中;奇形怪状的木偶、表情狰狞的雕像、动物的头颅等不适合摆放在客厅;保险柜、金柜也不适合放在具有公共性质的客厅;垃圾篓、杂物禁止在客厅中随意摆放;坏了的灯泡要及时更换,坏了的地板要及时修补;如果要摆放木雕或石雕的狮子,一定要一公一母成对,且一定要面向门外,才能起到镇宅、避邪的作用。营造一个整洁和谐的客厅环境,有利于凝聚家庭的向心力,加强财运和事业运。

521 | 客厅中为什么不宜摆放五匹马?

客厅中最忌讳摆放五匹马,因为会有"五马分尸"之忌。在风水摆设上,马虽然有生旺的作用,但马与生肖属"鼠"的人有所冲克,故此属鼠的人不宜在屋内摆放马的塑像或是悬挂马的图画。对于那些生肖属虎、狗、猪的人来说，摆放马对他们会特别有利。

522 | 客厅适宜选用什么形状的物品？

客厅是家人、朋友聚集，一起共享居家时光的地方，最好多使用一些象征着团圆和谐意味的物品。圆形是制造融洽、活泼气氛的物品，但也不能圆形泛滥，否则会造成动荡不安的反效果。切忌将客厅天花板装饰成圆形，否则会有被盖住而无法动弹的压迫感。

523 | 客厅摆放水晶有什么风水作用？

水晶是调理风水磁场的最佳物品，它的化学成分主要是二氧化硅。水晶的作用就是储存信息，放大信号，产生共鸣。在风水上，水晶可以把负磁场调成正磁场，也就是避免邪气发生。所以，客厅阴气比较重的场所可以放置水晶来进行调理。把水晶放在财位上，

可以使主人生财；放在贵人位上，会得到贵人帮助；放在桃花位上，则可吸引异性；放在文昌位上，可使人好好读书；放在天医位上，可使病人早日康复。

524 | 客厅悬挂风铃有什么风水作用？

在客厅里可以使用风铃，因为它悦耳的声音能够震动空气，从而活化和刺激气能，也有助于化解煞气。当然，选择风铃必须注意方位与材质的配合，如客厅东部和南部宜使用木质的风铃，而北部宜悬挂金属风铃，西部宜悬挂陶瓷风铃，从而调节家中五行的能量。

525 | 客厅摆放老人的遗像有什么不好？

有些人将已经过世的父母照片挂在客厅的墙上，其实这是不好的家居风水布置。已经过世的父母照片适宜悬挂在以前老人住的房间里。家里可挂一张小的照片作纪念，但照片不要太大，且不要挂在大厅的墙上。无论什么照片，一进门就能看到这张照片是不利的，因为其冲力太大，会影响原来良好的风水布局。

第十三章 厨房——水火相济

526 | 如何根据五行确定厨房的方位？

按照五行的观点，厨房属火，西北方和西方五行属金，如果厨房设在这两个方向，就是火金相向的格局，会使运气反复。西南方属土，土会泄火气，不利于厨房风水。西南方是病符所在的方位，而厨房是制作食物的地方，若厨房设置在西南方，容易导致病从口入，不利于家人健康。

东面与东南面五行属木，如果厨房设在这两个方位，为木火通明的格局，寓意家人能得到贵人的扶持和帮助。北方属水，虽然水能克火，但在此处却为水火相济，厨房在此方位能保家人平安。东北方属土，厨房在此为火土相生，是融和之兆。南方属火，虽然助旺厨房，却是火上加火，只能算是小吉。

527 | 厨房布置的风水原则是什么？

根据家居风水学原理，厨房的风水应该注意以下两个问题。

一是风。传统的风水应该讲究"藏风聚气"，故此处最忌风吹，厨房的炉灶尤其忌风。风水学认为炉灶正对门口以及灶后有窗皆不吉，主要是因为担心灶被门外的风吹扰。而从居家安全来说，炉灶实在是不宜正对门口或靠近窗口，因为煤气炉和石油气炉被风吹熄，便会泄露石油液化气，存在安全隐患。如果使用柴炭来煮食，大风一吹，火屑四散，很容易引起火灾。

二是水。在风水学的观念里，认为炉灶炎热的"火"气与湿凉的"水"不协调，正所谓"水火不兼容"，这样会对煮食的炉灶有冲克，因而间接影响家人的饮食健康。厨房布置应避免炉灶向北，因为北方是水当旺的地方，而水能克火；避免把炉灶安放在水道上；避免将炉灶夹在两个水性物体中间，远离水龙头、冰箱及水池等。

528 | 为什么背宅反向的厨房不好？

风水学上认为，炉灶的朝向如果和住宅的朝向正

好相反是不吉利的布局。炉灶的朝向即是炉灶开关的方向，而住宅的朝向是由采光方来确定的，并不是指卧室窗户的方向，这是风水学的朝向和传统观念中的朝向不同。如果住宅门在北，而炉灶向南，就是犯了背宅反向的忌讳，不利于家运。应该将厨房安置在宅主本命卦的四个凶方，这样有助于压制凶方的煞气，而炉火所产生的阳气可以调和凶方的秽气，改善其风水，厨房也应位于住宅的后半部，尽量远离大门。

529 | 封闭的厨房布局有什么风水影响？

厨房至少有一面要对着空旷处，如天井、阳台、后院等，切忌封闭或处于房屋的中间。出现厨房封闭的情形，一般是房子建好后，房主自行加盖房舍造成的，如原本在屋后的厨房，在加盖之后，变成只有门没有窗的"闷罐"式厨房，不但影响卫生，而且阻塞家运。

530 | 为什么厨房风水也要讲究五行平衡？

阳宅三要素主要是"门、主卧、灶"，厨房是三要素之一。在家居装修中要注意厨房和炉灶五行平衡、方位正确、色调柔和、通风合理。如果炉灶方位选得好，则可以弥补家人命运的五行欠缺，能助家运越来越兴旺。厨房的风水至关重要，如果风水不好，一会招来家宅不宁；二会影响身心健康；三会导致财运受损。所以厨房的选择，炉灶的摆设一定要慎重。厨房的方位、座向、内部装修布局及色彩设计都很重要，

方位若能与主人的命运互相配合，能增加万事如意的运程，有越住越旺之势。风水学认为，厨房的整体色彩搭配如果运用到命、宅、方位，对主人的健康也是相当有益的。

531 | 厨房的格局与五行有怎样的联系？

五行相生相克是风水学的法则，如果风水五行之局与宅主五行相克，则运气被克，影响全家人的健康和运气。厨房的整体格局也可根据五行的特性归纳为五局。

金局：厨房的空间为圆形，门或窗为半圆或圆形，橱柜为椭圆形或半圆形，整体色调为白色。

木局：厨房的空间为长形，门或窗为长形，橱柜位为长形，整体色调为青色、绿色、浅绿、草绿等。

水局：厨房的空间为扇形或山字形，门或窗为扇形或多面圆形的组合，橱柜为多面扇形或圆形组合，整体色调为黑色、蓝色。

火局：厨房空间为三角形，门或窗为方形，整体色调为橘色。

土局：厨房空间为方形，门或窗为方形，整体色调为黄色。

532 | 如何保持厨房阴阳平衡？

厨房是烹饪菜肴、清洗碗碟的地方，容易产生水火相冲的情况，但是如果能平衡二者，做到水火共济的局面，则可以促进厨房风水的和谐，有助于提升家

宜用可调式的吸顶照明，后者可在橱柜与工作台上方安装集中式光源，既使用方便又安全。

若光线有主有次，整个厨房的空间感、烹调的愉悦感也会随之增强，灯光也会影响食物的外观，增加人的食欲。只有这样，整个厨房的灯光布局才合理，才符合家居风水的阴阳调和的原则，家运自然风生水起，节节升高。

运。在风水上，厨房五行属阴，也是在贮藏食物的处所，如果厨房的一角开设有向阳的窗户或门，就可以增加厨房的阳气，使厨房阴阳平衡，但不要使炉灶靠近窗户或门。

533 | 如何利用厨房压制不良煞气？

厨房原本是火气重的区域，有压制凶方煞气的功能，因而宜将厨房设在宅主命卦中无关紧要的方位或四凶方。经常使用厨房的灶火，可以增强厨房的阳气，从而压制凶方的煞气，起到改善风水的作用。

534 | 如何安排厨房的照明？

厨房里的照明一般要尽量增强亮度，来消除灯光所产生的阴影以免妨碍工作。灯光首先是对整个厨房的照明，其次是洗涤区及操作台面照明的兼顾。前者

535 | 厨房位于西北方有什么坏处？

西北方为乾方，代表天，如果厨房位于西北方，

就形成了火烧天门的格局。火烧天门对健康十分不利，而西北方代表的家庭人员是父亲，这就可能导致家中的男主人患上肺部或肝脏部位的疾病。从宅命盘来看，炉灶也不能放在厨房的西北方，同样会形成火烧天门的格局。

536 | 厨房位于东方或东南方有什么风水作用？

厨房位于东方或东南方是大吉。因为东方是日出的方向，而红色又代表了太阳颜色的意义，能给厨房制造出一种温馨的感觉。厨房本是烟火之地，属火；东为八卦的震卦，震属木，东南为八卦的巽卦，巽也属木，木火相生，有利家人健康和财运。若在其他方位，可在冰箱或其他什件上摆放红花来化解。

537 | 厨房位于住宅的后方好吗？

厨房宜设在住宅的后半部，不可设在住宅的最前方，且尽量远离大门。因为厨房是烹调食物的地方，会产生一定的油烟和热气，如果一进门就是厨房，不利于日常生活也不卫生。厨房离餐厅的距离也不要太远，这样能使视觉有流畅性。将厨房安置在宅主本命卦的四个凶方之一，有助于压制不利于家宅的有害之气，炉火所产生的阳气可调和这些不利的秽气，能有效改善其风水。

538 | 厨房门不宜朝向哪些方位？

开门见灶，钱财多耗。灶台是财库，厨房门如果正对着灶台，在风水学中被称为财露白。要是厨房门长期敞开，而且一眼就能看到灶台，那代表钱财容易流失，所以应尽量避免开门见灶的厨房布局。厨房门如果正对住宅大门，不仅会有损家人健康，还会导致运气反复，难以聚集财气。如果厨房门正对着卧室门，油烟容易进入房间，使人头昏脑涨，引起脾气暴躁。

539 | 厨房不规则有什么不好的影响？

不规则的屋子不仅不可用来做客厅、卧室，也不可用来做厨房。厨房是为一家人加工饮食的地方，是补充营养和精气的关键之所，所以厨房尤其要注意聚风蓄气，需要四方规正。不规则的屋子如用来做厨房，会影响家人健康。

540 | 厨房的天花板应该怎样装修？

厨房的天花板装修装饰要选择平板型，一是颜色上有可挑选的余地，且能使自己的厨房有着别具一格的魅力，带来好的心情。二是方便清洁，厨房中不可避免的油烟很多，会有70%～80%的油烟会在天花板上，时间长了厨房的颜色就会变得黯淡。因此，使用平板型的天花板才容易清洁，有利于保持干净宽敞的厨房空间。

541 | 厨房与卫浴间同门进出好不好？

厨房是住宅的口福之源，所以必须多多吸纳吉气。卫浴间则是住宅的污秽之地，会散发出不吉之气。厨房属火，而卫浴间却是属水之地，若两者同用一道门进出，会导致水火不容，引起夫妻关系不和，引发各种矛盾。此外，从卫生方面看，卫浴间紧邻厨房也容易造成各种细菌、病毒的污染。在装修房屋时，厨房与卫浴间应该尽量隔开，否则卫浴间的污秽之气容易冲进厨房，导致钱财流失。

542 | 厨房门正对着卫浴间门有什么不好？

如果厨房门的开向正对着卫浴间门，卫浴间的秽气就会直冲向厨房内。厨房是烹饪食物的处所，这样

会影响食物的干净卫生，有可能使家人患上肠胃不适等疾病。可以分别在卫浴间门和厨房门挂上长布帘和五帝钱以阻绝秽气流动，布帘的长度以超过煤气炉面高度和卫浴间马桶高度为宜，布帘的材料不要使用透明的材质。

543 | 厨房门正对着房门有什么不好？

厨房门对着房门会使厨房产生的废气和火煞之气直冲房内，造成居住在其中的人常患病痛、脾气暴躁，运势也会随之下降。化解的办法是在房门上挂长布帘，并在厨房的门槛处安置五帝钱阻挡秽气流出。布帘的长度要超过煤气炉面的高度，布帘的材质以看不透的材质为宜，最好不要使用蕾丝或珠帘。

544 | 怎样化解厨房正对阳台形成的"穿心"格局？

厨房正对阳台形成风水学上所说的"穿心"格局，不仅导致家中财气难以聚集，还可能发生破财之灾，严重的还会影响家人的团结和睦。为了化解这种"穿心"的格局，可以在阳台与厨房之间放上盆栽，设置柜子、屏风等，或是摆放一个爬满藤类植物的花架，从而将两个空间隔开。对于有落地门窗的阳台，要尽量拉上窗帘。

545 | 厨房与卧室相邻有什么风水弊端？

卧室是睡觉休息的私密空间，环境比较安静，不宜有污秽之气。而厨房因为白天烹饪食物往往会留下污秽之气和烧菜时的油烟味，这些气严重影响着卧室的环境和睡眠的质量，容易对身体健康造成损害。厨房也不可设在两个卧室之间，这样对居住在两边卧室中的人造成不利，是风水布局的忌讳之处。

546 | 布置厨房排水管网要注意些什么？

厨房是烹饪食物的地方，要求干净整洁，切记不能让污水四处流布。在进行排水管网的布置时，要使污水从前往后排。尤其忌讳让卫浴间的污水从厨房下方流过，也不能在下水道上方设置炉具，以免引来水火相冲的煞气。

547 | 为什么厨房的地面要比其他房间低？

风水学将住宅的房间划开主次，使整体家居布局有错落感。厨房不能高于客厅和其他房间，这样，从厨房到其他房间，意为步步高升，否则就有退财去运的感觉。另外，厨房地势低于其他房间，可以有效防止污水倒流，保持房间整洁。

548 | 如何装修厨房的墙面和地板？

烹饪食物时，厨房容易油烟弥漫，致使房间四处布满油渍。如不及时清理，就会令厨房变成藏污纳垢之所。因此，厨房的墙面应该贴上瓷砖，这样容易看清油渍所在的位置，方便清洁。为了防止油渍溅到地面后造成人容易摔跤的情况，厨房的地面最好铺设防滑地砖。但不应选用凹凸不平的石料，否则也不容易清洗。在厨房的地上设置一个出水口，疏通烹饪过程

中产生的废水，因此最好在装修厨房之前，先对地面进行防水处理，使地面不容易潮湿。

流通畅，避免杂物堆放在此处形成死角，阻碍人的活动，也影响气流的流动。

549 | 如何避免死角对厨房风水的影响？

死角容易聚集秽气，是风水上的大忌。橱柜、墙角、水池下方等都是厨房中最容易被忽视的死角，容易积聚灰尘、滋生细菌和虫类。因此，橱柜要尽可能采用封闭式设计，并做到上吊顶、下靠墙。水池底座也尽量采用落地式封闭设计，这样可以避免死角处藏污纳垢，而且又保持了厨房美观卫生。厨房应保持气

550 | 装修厨房时宜采用什么色彩？

进行厨房装修时，选择适当的色彩可以有效改善人的视觉和心理感受。如果厨房空间较小，选择亮度高、色调淡的颜色可以产生舒适宽敞的感觉。反之，对于面积较大的厨房来说，较深的颜色可以去除厨房的空旷感。

厨房朝北，可以选择偏暖的色彩，提高室内的温

度感，使空间显得热情活泼，从而增强食欲。朝东南的厨房尽量多采用冷色调来装饰，这样可以避免夏季阳光直射带来的炎热感，又能使房间显得宽敞舒适，达到降温的效果。

551 | 为什么厨房一般选择白色来装饰？

风水学认为，厨房的色调和人的食欲有着密切的关系。色彩能够在潜意识中调动人的情绪，用餐时无论哪种情绪被调动起来，都会对食欲产生抑制，从而干扰进食。厨房的装饰颜色以白色最佳，白色是所有色彩中最纯净的颜色，有助于情绪的平复。不管是端菜还是盛饭，当人走进厨房时，厨房四面的白墙能够使人在饭前的各种激动的情绪渐渐平复，使人的注意力转移到饭菜上，从而唤起食欲。白色也表明厨房卫生状况好，能使人放心进食。

552 | 不宜选择哪些颜色的炉灶？

在选择煮食炉或建造炉座时，有些颜色时不宜采用。炉灶五行属火，不宜使用红色，因为红色也属火；另外从色彩心理学上分析，红色容易使人脾气暴躁，而黑色则使本就阴暗的厨房显得更加压抑，且不宜察觉卫生死角。所以在选购炉灶或设炉灶时，这两种颜色最好避免。

553 | 设置炉灶时有什么讲究？

炉灶不宜设在房屋横梁下方，否则不仅有受到压制的感觉，炉灶散发的热量还会直冲横梁，这在风水学上表示头上发热，会造成全家不安。炉灶也不能位于水管的下方或洗碗盘附近，水火相冲的格局会影响财运；也不能位于上一层卫浴间的下方，卫浴间的秽气会影响炉灶。

在安放炉灶时，炉灶背后一定要有实体墙，不能安放在玻璃墙或其他没有依靠的地方，否则会导致灶后虚空无依靠，影响家庭健康、婚姻和功名等。另外，也不可在抽油烟机和炉灶之间开窗，否则会漏财。炉灶不适合设置在厨房的中央，否则会导致厨房中心火气过旺，进而影响家人情绪，有可能导致家庭矛盾。厨房门不可以对着炉灶，因为炉灶忌风，风来则火容易熄灭，留不住财气，会导致家庭财务困难。

554 | 炉灶不能靠近哪些物品？

炉灶代表了五行中的火，为了避免水火相冲，应使其远离并略高于五行属水的洗碗池。炉灶与洗碗池呈垂直摆放是最好的，如果顺排摆放，中间要留一个用来切菜的缓冲带，或者摆放一个盆栽来缓和不利的布局。洗碗机、洗衣机等电器也属水，也不宜紧邻炉灶摆放。特别是不能将炉灶放在水槽和冰箱之间，双水夹火，可能导致祸事不断。冰箱的属性也比较复杂，它既有水的属性，又有金的属性，因而炉灶至少应与

它保持30厘米的距离。

悬挂式橱柜最好不要位于炉灶的上方，橱柜就如同一道横梁，若压在头顶，影响家人的身体健康。橱柜也不适宜离炉灶太近，若太近可能致使油烟无法有效地排放，导致油烟从缝隙中钻进橱柜，形成油渍，这既不利健康，又影响美观。橱柜与炉灶之间的距离最好为80~100厘米。

555 | 开门见灶有什么不好？

厨房是饮食之处，"阳宅三要"认为"厨房灶位，乃养命之源，万物皆由饮食而得"。厨房是经常要用水和火的地方。《易经》有所谓水火既济，意思是指水和火是饮食的必需之物，有了火和水的调理，便能达到阴阳调和。因此，达到既济的状况，才能家运顺畅，人口安宁。

厨房忌开门直见，风水学中认为厨灶是一家煮食养命之处，故此不宜太暴露，尤其不适宜被大门、道路所带引进来的外气直冲，否则家中便多损耗，这正

如古书所谓："开门见灶，钱财多耗。"厨房的炉灶要坐煞向吉才可收到良好的风水效果，才能使家中人口健康，夫妻感情融洽。

556 | 悬空设置的炉灶有什么风水弊端？

由于使用空间不足，常有将炉灶置于外飘窗窗台或防盗网上，呈悬空状，风水上称其为"无根灶"，是风水上的大忌。从传统上讲，最好能使炉灶"落地"，古人认为这样能善得地气，能避免破财、漏财和招惹是非。对现代人来说，避免"无根灶"可以避免许多安全隐患。

557 | 灶台设置在哪些方位比较吉祥？

厨房代表居住者的财帛、食禄及健康状况等，它的方位会影响家庭的发展。总的来说，宜将灶台设在南方、东方、北方三个方位。灶台设在南方，有辟邪镇凶的作用，使家人健康、长寿，也能让家中的小孩茁壮成长。灶台设在东南方，可以防止祸害的发生；灶台设在厨房的北方，可以避免水灾、火灾等意外以及诉讼纠纷等，确保家庭平安；灶台设在厨房的东方，则可以聚集财气，避开偷盗和火灾，还可以防止家人浪费，有助于形成勤俭持家的良好的习惯。

558 | 炉灶不宜位于二十四山向的什么方位?

根据二十四山向推断,炉灶不宜安放在以下五个方位:南方的"午"方不适合安灶,否则容易有火灾、眼病;北方的"子"方不适合安灶,否则容易使家庭不和;东北方的"艮"方不适合安灶,否则会对健康不利;西南方的"坤"方不适合安灶,否则会有碍健康;西北方的"乾"方不适合安灶,否则会不利宅主。

559 | 如何正确安排炉灶的朝向?

在风水学中,传统炉灶的朝向是以进柴禾的入口为向,现代炉灶的朝向是以炉灶开关为向。单就厨房而言,厨房门斜对角的位置是聚气的方位,在此处安装灶台可使炉灶斜对着门,既不与门相冲,又能点燃从门口进来的生气,利于宅运。北方属水,炉具不宜坐南向北设置,也不宜正对门窗等风口,否则会导致

火势逆流,引发火灾危险。

具体的炉灶安装位置,还应根据整间房屋的情况来定。炉灶的朝向切忌与住宅朝向相反,背宅反向的格局属不吉之相,容易招致是非口舌、家人不合、钱财外流。炉口应该尽量朝向男主人或女主人的生气方。如果因为厨房布局的关系,无法将炉灶对着宅主的任何一个吉方,那么可以将炉灶对着母亲的延年方,以促进家庭和谐。

560 | 如何使炉灶的朝向更利于个人或家庭?

将炉灶与宅命或个人命卦相结合,可以推算出对家庭或个人最好的炉灶朝向,即用东西四宅和东西四命的吉凶方位来决定炉灶的朝向。八宅派认为,炉灶的气焰可以压制煞气,因而炉灶应该坐凶向吉,才能压制凶神,吸纳吉气。根据炉灶坐凶向吉的特性,东四宅和东四命所禁忌的方位,正是西四宅和西四命所适宜的方位。

如压生气方,可能会出现堕胎、无子、诽谤、逃亡、穷困、六畜破败的情况。如压天医方,可能会出现久病、体弱、瘦弱、服药无效的情况。如压延年方,可能会出现穷困、短寿、夫妻不和、易病、田畜破败的情况。如压伏位方,可能会出现穷困、诸事不顺的情况。如压绝命方,则会长寿、添丁、发财。如压六煞方,则会没有是非、火灾,发财而健康。如压祸害方,则会没有是非、疾病、破财的情况。如压五鬼方,则不会被盗被抢,没有祸害、疾病,上下和顺、大旺田畜。

561 | 为什么炉灶忌靠近西照的窗口？

炉灶要远离窗口，尤其不能靠近西照的窗口。放置炉灶的位置要注意，若厨房中有窗户是面向西的，当太阳下山时便会出现西照现象，若西照的阳光能透过窗子射到炉灶上，那就要把窗户封掉一部分，直至西照的阳光不能照射在炉灶上为止，以避免发生火灾。

562 | 震宅震命的炉灶最好朝向何方？

震宅震命的炉灶最好是坐西北向东南，这是坐"五鬼"向"延年"，符合坐凶向吉的要求。炉灶向着延年方，利于夫妻和睦、福寿康宁。其次是坐西向东，这是坐"绝命"向"伏位"，主家庭和顺、平安。

563 | 巽宅巽命的炉灶最好朝向何方？

巽宅巽命的炉灶最好是坐西向东，这是坐"六煞"向"延年"，符合坐凶向吉的要求。炉灶向着延年方，利于夫妻和睦、福寿安康。其次是坐西北向东南，这是坐"祸害"向"伏位"，主家庭和顺、平安。

564 | 坎宅坎命的炉灶最好朝向何方？

坎宅坎命的炉灶最好是坐西北向东南，这是坐"六煞"向"生气"，符合坐凶向吉的要求。炉灶向着生气方，会有大贵，青云直上，子孙荣耀。其次是坐西向东，这是坐"祸害"向"天医"，主财源广进、健康长寿。

565 | 离宅离命的炉灶最好朝向何方？

离宅离命的炉灶最好坐西向东，这是坐"五鬼"向"生气"，符合坐凶向吉的要求。炉灶向着生气方，能有大贵，青云直上，子孙荣耀。其次是坐西北向东南，这是坐"绝命"向"天医"，主财源广进、健康长寿。

566 | 乾宅乾命的炉灶最好朝向何方？

乾宅乾命的炉灶最好坐东向西，这是坐"五鬼"向"生气"，符合坐凶向吉的要求。炉灶向着生气方，能有大贵，青云直上，子孙荣耀。其次是坐东南向西北，这是坐"祸害"向"伏位"，主家庭和顺、平安。

567 | 兑宅兑命的炉灶最好朝向何方？

兑宅兑命的炉灶最好坐东南向西北，这是坐"六煞"向"生气"，符合坐凶向吉的要求。炉灶向着生气方，能有大贵，青云直上，子孙荣耀。其次是坐东向西，这是坐"绝命"向"伏位"，主家庭和顺、平安。

568 | 艮宅艮命的炉灶最好朝向何方？

艮宅艮命的炉灶最好坐东南向西北，这是坐"绝命"向"天医"，符合坐凶向吉的要求。炉灶向着天医方，利于财源广进、健康长寿。其次是坐东向西，这是坐"六煞"向"延年"，主夫妻和睦、福寿康宁。

569 | 坤宅坤命的炉灶最好朝向何方？

坤宅坤命的炉灶最好坐东向西，这是坐"祸害"向"天医"，符合坐凶向吉的要求。炉灶向着天医方，利于财源广进、健康长寿。其次是坐东南向西北，这是坐"五鬼"向"延年"，主夫妻和睦、福寿康宁。

570 | 厨房只用电磁炉好吗？

厨房风水的好坏会直接影响整个住宅的风水好坏，而炉具又是厨房中最重要的物件，在选择炉具时，最好选择明火的炉具，如煤气灶等，熊熊的火苗一方面可以弥补某些厨房由于先天格局造成的黑暗，另一方面可以提升厨房的能量，增加财运。现代家庭使用电磁炉较多，因为它干净、方便，而且没有废气排放的危险。但是，电磁炉释放的磁力会对住宅的磁场造成破坏，因此要尽量避免作为主炉使用。

571 | 电饭煲朝向哪个方位为吉？

电饭煲五行属火，与炉灶在风水上有相同的作用，因而应重视它的摆放。电饭煲以开关所在方向为向方。开关朝北，是火向着水，为水火相济的吉利之兆，利于家人平安；开关朝东北，是火向着土，土火相生，为中吉之兆；开关朝东或朝东南，是火向着木，为木火通明的吉兆，会有贵人相助；开关朝南，是火对着火，虽然火气太盛，但也在助长火气，算是小吉；开关朝西南，是火生旺病符，容易令家人得病；开关朝西或朝西北，是火朝着金，火能克金，令家运反复，为小凶。

572 | 灶神应该供奉在哪里？

灶神是专管厨房的神仙，是每个家庭的守护神，能防止鬼怪妖邪入侵，因而传统家庭大多会供奉灶神。炉灶是灶神的栖身之所，供奉灶神的位置最好选在炉灶之上。如果炉灶上方没有用来供奉灶神的位置，则可以将灶神供奉在厨房的南面。灶神五行属火，适合供奉在属火的南方。

573 | 米缸应该如何摆放？

米缸是储藏粮食的地方，有财库的意思，米缸充足，则家中富有；米缸缺粮，则家境窘迫。米缸通常

四方一样，故而没有朝向的问题。而从五行属性来看，米缸五行属土，将它安放在土当旺的西南方或东北方最适宜，由于木能克土，所以米缸不宜放置在木气旺盛的东方和东南方。平时要重视米缸的风水作用，如果经常出现米缸缺米的现象，就会对家运带来不利的影响，要及时补充，才能让家有富足的感觉。

574 | 厨房的冰箱怎样摆放才吉利？

冰箱五行属水，而炉灶属火，因此冰箱不宜摆放在正对或紧邻炉灶的位置，否则容易导致家人身体不舒服。冰箱最好朝北摆放，这样既可以吸纳北方的寒气，又可以避免因水火不容而产生家庭口角。冰箱的五行中还有金的属性，因而如果家中有成员的命卦中缺金，就可以将冰箱放置在该成员所对应的方位上。这个方法也可运用到其他房间，如家中的父亲缺金，就可以将冰箱放到客厅，以增强其金运；如儿子缺金，则可以将一个小冰箱放在其卧室里。

575 | 冰箱应该放置在厨房中的哪个位置？

冰箱应该设置在离厨房门口最近的位置，这样采购的物品就可以不进厨房而直接放入冰箱；而在做饭时，第一个流程即从冰箱中拿出食品。冰箱的附近要设计一个操作台，取出的食品可以在上面进行简单的加工。不论厨房的大小如何，以水池为中心的洗涤区，以冰箱为中心的贮藏区，以灶台为中心的烹饪区所形成的

工作三角形为等边三角形时，是最方便实用的厨房布局。

577 | 冰箱为什么不适宜放置在南方？

冰箱属水，南方属火，水火相克，如果厨房被克，容易导致家里运气不好，影响家人身体健康。从生活角度来说，南方接受阳光照射的时间比较多，温度也相对较高，而冰箱是制冷的电器，要尽量避免高温，所以最好不要将冰箱放置在南方。

578 | 如何根据五行选择冰箱的颜色？

冰箱颜色多样，最常见的是白色。白色在五行中属金，五行缺金的人，适合选择白色的冰箱；五行缺水的人，适合选用蓝色的冰箱；五行缺木的人，适合选择绿色的冰箱；五行缺火的人，适合选择红色的冰箱；五行缺土的人，适合选择黄色或咖啡色的冰箱。

576 | 冰箱应该摆放在凶方还是吉方？

冰箱是冰冷而厚重的电器，有人认为将冰箱摆放在凶方可以压凶辟邪。但风水中对凶方的禁忌是宜静不宜动，冰箱几乎24小时不停歇地运转，又是同时兼具火和水属性的物品，将其放置在凶方，无疑会搅扰凶星，刺激它肆虐横行。再者，冰箱是家中储藏食物的地方，实为家中的财库，将财库放置在凶方不吉利，故而应将冰箱放置在吉方。

579 | 排气扇安装在什么位置较合适？

排气扇能将厨房内的污浊空气抽出到室外。在风水学上，运动的东西属阳，有加强、奋发的含义，常用来增强某一方位的力量。排气扇可以使厨房的气流动起来，应该摆放在能增加住宅吉气的地方。按照风水上左青龙、右白虎、前朱雀、后玄武的说法，在厨房门口面对墙壁站立，则左边的墙壁就是主吉的青龙方，右边的墙壁是主凶的白虎方。因此，把排气扇安装在左边的墙壁更能增加吉气。

580 | 厨房内厨具的布局有哪几类？

为了方便使用、有效利用厨房空间，建议把存放蔬菜的箱子、刀具、清洁剂等以洗涤池为中心存放，在炉灶旁两侧应留出足够的空间，以便于放置锅、铲、碟、盘、碗等。对厨房工作区的布置，应根据厨房的大小、形状来设置。

一字型的传统厨房空间布置是最常用的，厨房的摆设是按照一条直线靠墙排列，但对于实际使用来说是最不经济的厨房设计；U型的厨房是厨具环绕三面墙，这样设计的橱柜配备齐全，但是相对需要的空间较一字型的厨房大；L型的厨房即是将冰箱、水槽、火炉合理地配置成三角形，所以L型的厨房又称为三角厨房，三角型厨房是厨房设置中最节省空间的设计。

581 | 如何摆设厨房的用具？

厨房用品要安排好摆放的位置，有序的摆放不仅方便使用，也能使厨房保持整洁，使人心情舒畅。食物架、搁架、搁板等要尽量使用圆角和圆边的，避免尖角引起的冲煞。各种菜刀、水果刀以及筷子、刀叉等，都应该整齐地放进橱柜的抽屉，不宜插在刀架上或直接挂在墙上。锅和铲作为厨房的必备物

品，不宜放在一起，避免不吉利，使用过后要及时清洗并分开放置，最好将锅挂起来。菜刀和砧板也应该分开放，切忌将刀插在砧板上，否则会导致凶煞。厨房内也不应该悬挂洋葱、辣椒、蒜头，因为这些东西会吸收一定量的阳气。炊具不要摆放在梁下，如果无法改变炉位，可在梁上用红绳悬挂两支竹箫来化解煞气。

580 | 厨房用具与命卦有什么关系？

每天进食使用的餐具会对人产生影响。不同命卦的人，如果能使用符合自己命卦特征的厨房用品，就能增加好运。符合命卦特征的用具，不但要放在生旺、辅佐的方位，还需要经常使用、看到，才能更好地发挥其作用。

583 | 命卦为一白星的人适合什么厨具？

一白星，为坎卦，属水，代表中男。水是透明的，而中年男子通常与酒有缘。所以该命卦的人适合用透明质感的、偏男性的厨房用具，如玻璃器皿、咖啡组、酒瓶、开罐器、封闭式容器。

584 | 命卦为二黑星的人适合什么厨具？

二黑星，为坤卦，属土，代表老母。土，浑厚而朴实，如勤俭持家的老母一般。所以该命卦的人适合使用简朴的、有大地色泽的厨房用具，如平底的碗、碟子，以及其他朴素的器具。

585 | 命卦为三碧星的人适合什么厨具？

三碧星，为震卦，属木，代表长男。木代表木制品，长男常被各种新式电器吸引，喜欢快捷简单的生活方式。所以该命卦的人适合使用木制器具及厨房电器，如竹蒸笼、竹筷、牙签、烤箱、微波炉等，而忌讳使用看上去古旧的物品。

586 | 命卦为四绿星的人适合什么厨具？

四绿星，为巽卦，属木，代表长女。木代表木制品，长女通常是潮流时尚的追求者，特别喜欢昂贵的品牌货。所以该命卦的人适合使用木制器具及高档的、轻薄的物品，如漆器、欧式精品、薄容器等，忌讳使用廉价的物品。

587 | 命卦为五黄星的人适合什么厨具？

五黄星，属土，代表皇帝。皇帝代表其权势能威压八方，而土却是代表内在的朴实性格。所以该命卦的人适合同时兼有豪华的和简朴的餐具。如对客人应该让其使用豪华的餐具，而自己则适合使用朴素一些的餐具。

588 | 命卦为六白星的人适合什么厨具？

六白星，为乾卦，属金，代表老父。老父通常都有节俭、朴素的性格，所以该命卦的人适合使用朴素的厨具，如陶瓷器、塑料制品等。

589 | 命卦为七赤星的人适合什么厨具?

七赤星,为兑卦,属金,代表少女。少女通常对事物充满了梦想,喜欢装扮生活,所以该命卦的人适合使用比较复杂的餐具和多功能性的厨具。如杯、盘、茶托、装饰性陶瓷器、调理用具。

590 | 命卦为八白星的人适合什么厨具?

八白星,为艮卦,属土,代表少男。少男通常对事物充满了好奇心,喜欢去研究,所以该命卦的人适合使用动手性强的器具和能引起更多联想的厨具。如锅、密封式容器。

591 | 命卦为九紫星的人适合什么厨具?

九紫星,为离卦,属火,代表中女。中女是有能力的并可以孕育生命的女人,火则代表热情,即可以将儿时的梦想一一实现。所以该命卦的人适合使用具有包容性的器具,最好能富有浪漫的宫廷色彩。如宫廷风格的装饰书或模型、糖果盒或球形器具。

592 | 厨房的灯应该如何布置?

厨房属火,宜采用冷色调的白光灯、吸顶灯及嵌入式灯具,装在洗浴盆或工作台上,以便提供充足光线,需要特别照明的地方也可安装壁灯或轨道灯。

593 | 厨房中安装镜子有什么不好?

有些厨房空间狭小、光线不足,为了增加厨房的亮度,有些人就在厨房中安装镜子,但从风水学角度看,在厨房安装镜子是大忌。镜子安装在炉灶后面,且照到锅中正在烹饪的食物,这种格局被称为"天门火",它会增加厨房的火气,容易招致火灾或不幸。炉灶也代表家中的女主人,如果镜子照到炉灶,则代表女主人脾气暴躁,且有可能出现第三者破坏家庭。

594 | 炉灶上有横梁会对主妇带来哪些不良影响？

其他室内如果有横梁，一般不会构成什么威胁，但要记住的是：横梁不宜压灶。古语曰："栋下有灶，主阴劳怯。"意思就是说，灶上有横梁压顶，对妇女健康有害。这主要是因为家务多由妇女来承担，灶上有横梁压顶，易给妇女生理及心理带来不利影响。所以在进行厨房装修时，切忌横梁压灶。如果无法改变横梁压灶，可在梁上用红绳悬挂两支竹箫，以化解煞气。

595 | 厨房里适合摆放什么植物？

厨房的环境湿度比较高，适合植物的生长，而植物的色彩和生命力，也能为厨房带来更多的生气。厨房的油烟多、温度高，在选择植物时应该排除娇贵难养的品种，也不适宜摆放大型的盆栽，像吊兰、凤仙、吊竹草之类的小型盆栽就很适合，尤其是吊兰，它可以有效地吸收厨房内的一氧化碳、二氧化碳、二氧化硫以及氮氧化物，过滤空气中的有害气体。

厨房位于的不同方位应摆放不同的植物。如果厨房位于南方，受到太阳光的照射较强烈，使人产生乱花钱的倾向，摆放一盆宽叶植物就可以缓和太阳气，有助于储蓄。厨房位于西方时，可以在窗边摆放三色紫罗兰、水仙或金黄色的花，一方面可以抵挡恶气，另一方面也能带来财运。厨房的最佳方位是在东方，

如果是在其他方位，可以在冰箱附近摆放红花植物，这样有利于保持身体健康。

596 | 如何正确使用厨房的抽油烟机？

在烹饪食物时，抽油烟机应该要早开晚关，应该贯穿使用在整个烹饪过程中。抽油烟机不仅能把炒菜时产生的油烟抽走，还可以排出厨房中对人体有害的气体。无论是燃煤灶还是燃气灶，在使用的过程中都会产生一氧化碳、二氧化碳、碳氧化物、可吸入尘粒等空气污染物，如果只在炒菜时打开油烟机，炒完立即关掉，就无法把产生的废气完全排出。正确的使用方法是烹饪一开始就打开抽油烟机，烹饪结束后还应让其再运转五六分钟。此外，抽油烟机要经常清洗，否则也会影响抽油烟和排气的效果。

597 | 如何正确设置炉灶与水井？

你在装潢新家的时候，尤其在安排炉灶的时候，观察一下屋宅四周的设施，如果厨房的外面有水井或抽水马达等设备，请不要将炉灶背对这些设备放置，这些设备五行属水，炉灶五行属火，它们之间存在一个水火相克的问题。另外，根据中国传统"家相学"的说法，将炉灶背对水井、抽水马达等设备，对家中的女性不利。

第十四章 餐厅——和气纳福

598 | 餐厅有什么风水作用？

餐厅是一家人聚餐的地方，是促进家庭成员和睦共处的关键所在。良好的餐厅风水，能令家庭和睦团结、财源广进，因而要在家中设置餐厅，全家人每天至少在此处聚餐一次，达到融洽感情的目的，凝聚家庭成员的向心力。

599 | 餐厅设置在哪个位置最佳？

餐厅应该设在客厅和厨房之间，最好位于住宅的中心，这样的布局不仅是备餐和进餐的最佳路线，也有利于增进亲人间的和谐关系。如果是跃层或多层的

住宅，餐厅切记不能设置在上一层楼的卫浴间正下方，否则会导致好运受到压制。

餐厅最好位于住宅的东面、南面、东南面和北面。南面五行属火，充足的光线可以使家道兴旺，如火焰熊熊升腾，运势旺盛。东方及东南方属木，清晨从此方位升起的太阳象征希望，可以提高活力和生机。北面属水，能调和厨房中水与火的关系，使它们达到水火相济的状态。

600 | 什么形状的餐厅有利于风水？

风水认为方形是良好的形状构造，给人四平安稳的感觉。因此，餐厅最好建设为方形，这样可令在此进餐的家人感觉安稳、踏实，又方便装修。如果餐厅出现了缺角的情况，应在缺角处安装镜子进行弥补，以增加该处视觉上开阔的空间感。

601 | 餐厅与厨房连为一体好不好？

餐厅和厨房最好能各自形成独立的空间，有些人为了方便，将餐厅和厨房打通，或直接将餐桌摆在厨房里，这在风水上是不利的，应使用屏风来制造间隔

效果。厨房在风水上代表财源和财库，是堆积财富的地方；餐厅则是一家人共享食物，消耗财富的地方。两个地方有本质上的不同，如果连为一体，容易导致家庭理财混乱，可能出现不理智消费的情况，负债和投资失利的概率会大大增加。

602 | 如何化解餐厅的尖角和梁柱带来的煞气？

在风水学中，尖角和梁柱会损害家人的健康，对于不规则的餐厅，可以通过在屋角摆放家具和常青植物来化解。当餐厅有横梁时，设法避免将餐桌摆在横梁下。在无法避免的情况下，可以通过以下方法化解：一是做天花板吊顶，将横梁隐藏起来，二是用红绳在梁上悬挂两支竹箫，箫口向下呈45度角；三是在墙上安装照明射灯，用仰角灯光直射屋梁。

603 | 屋顶倾斜的餐厅有什么风水影响？

倾斜的餐厅屋顶会对用餐的人产生压力，进餐时的紧张情绪就会使身体出现问题，从而影响健康。如将餐厅设置在跃层式建筑的内楼梯下，更为不利。如果餐厅必须设置在有倾斜屋顶的房间，要尽量将餐桌搬到没有倾斜面的一边，如果无法搬离，宜通过装修将屋顶吊平。

604 | 如何利用餐厅增加住宅的阳气？

作为进食区域的餐厅与家庭的财富有着密切的联系。在装修餐厅时，要尽量以明快、素雅的色调为主，以白色、浅黄、浅橙色为宜，要适当增加餐厅的照明，摆放富有生气的植物，可以增加火行能量，为住宅积蓄更多的阳气，从而提高财富运势。

605 | 餐厅地面的装修有什么讲究？

由于生活节奏加快，餐厅成了联络家人感情的重要场所之一，许多人开始重视餐厅的装修和布置。餐厅的地面装饰材料以各种耐磨、耐脏的瓷砖和复合木地板为首选材料，可以变换出多种装修风格和式样。合理利用石材和地毯，又可以使餐厅的空间变得丰富多彩，使人心情开朗，食欲增加。

606 | 餐厅采用黑色调装饰有什么不好？

色彩在就餐时对人们心理影响很大，餐厅环境的色彩能影响人们就餐时的情绪。因此，餐厅墙面的装饰绝不能忽略色彩的作用。设计时可以根据个人爱好与性格不同而有所差异，但要注意不宜选择黑色或灰色等冷色调，否则会破坏家庭的用餐气氛、降低食欲。

607 | 餐厅使用实木家具有什么好处？

居家餐厅布置应多使用实木家具，尤其是餐桌宜选用实木材质。实木家具富有亲和力，清新环保，带有自然的本色，利于家庭吸纳有益的气。实木材质的家具借助布艺、鲜花、挂画、灯光等装饰的烘托，可以增强餐厅的"阳气"，让餐厅呈现出和谐的暖色调。

608 | 餐桌应该如何摆放？

餐桌应摆放在相对安静的地方，有利于家人聚在一起进餐交流，不过要避免把餐桌摆放在正对大门的位置，否则容易犯冲煞而导致元气泄露，可利用玄关将其隔开。餐桌也不能放在正对卫浴间的地方，卫浴间散发出的气味会影响进餐的心情，而且在风水学上卫浴间是"出秽"的不洁之地，聚集在此的阴气会影响家人的健康。如果确实因为住宅布局而无法将餐桌

摆放在其他位置，则可以将一个养着开运竹或铁树头的小水盘摆放在餐桌的正中，用来化解冲煞。

609 | 餐桌摆放在大门后面好吗？

餐桌不宜摆在大门后面，如果餐桌摆放在大门入门处，让人一进来就可以看到餐桌上的情形，会产生漏财的效应，也容易让站在屋外的人看到家中的人员情况，不利于进餐，容易让家人沉溺于美食而志向短浅。最好调整餐桌的位置，用屏风作为间隔，或将餐桌收起来，进餐时间再搬出来。

610 | 餐桌直冲道路有什么不好的影响？

餐桌是全家人用餐的地方，要有宁静的舒适的环境才可闲适地享用美食。如有大路直冲，便会有损风水，如果餐厅对着通道，则会让人在就餐时犹如置身在旋涡中，令人产生危机感，坐立不安，从而出现肠胃不适等症状，因而，要尽量避免。

611 | 餐桌的形状有什么讲究？

餐桌的形状应该规则，一般以圆形和方形为佳，这样才符合"天圆地方"这一传统的宇宙观。圆餐桌从外形上看像十五的满月，家人围坐时更能营造团圆

的氛围，有利于人气的聚集和维护和睦的家庭成员关系。方形的餐桌四平八稳，有四仙桌和八仙桌的说法，四角无杀伤力，有稳重、公平之意，利于风水。若家中成员较多，可选择长方形或椭圆形餐桌。切记不要选择尖角的餐桌，如三角形餐桌，可能导致家人不和，健康受损；菱形的餐桌则易导致钱财外泄。波浪形餐桌虽然不合传统，却没有棱角，勉强可以使用。

612 | 餐桌的颜色有什么讲究？

饭桌是一家人共同进餐的地方，其风水对家庭的吉凶衰旺有很大的影响。饭桌宜选用有生命力的颜色，如草青色、淡蓝色等，可以刺激食欲；也可以使用柔和的黄色、古典的深棕色等，不适宜使用纯黑色和白色。

613 | 餐桌的材质有什么讲究？

选购餐桌要遵循一个原则，即方便清理。如果选大理石、玻璃等材质的餐桌，虽然两者有华丽和晶莹的感觉，很符合现代住宅的时尚风格，但显得冰冷，人体进食后产生的能量会被餐桌迅速吸收，不适宜饭后久坐交谈。因此，在选择这类材质作为餐桌时，可以用大理石桌面搭配木质桌脚，通过这样的组合方式来进行调和。木质的餐桌有环保、亲和的特点，再加上其来自山林的自然气息，更有利于吸纳财气。另外，从风水上说，木质餐桌十分温和，无论是家人团聚吃饭，还是闲来喝茶聊天，都更容易产生亲近感，使家庭和睦。

614 | 餐桌为什么不能有尖角？

在风水学中，尖角被认为是禁忌，越尖的角，杀伤力越大。餐桌每天都要使用，方便及安全性是首要的考虑因素，若餐桌有尖角，则会伤及家人，如果桌角太尖，容易撞伤或刺伤小孩，还会导致家人之间的口角矛盾。

615 | 餐桌周围布置通道可以吗？

餐桌是一家人进餐的地方，适宜布置于安静、温馨的环境里。一旦此处设置过多的通道，就会出现过多的气流。在多股气流中就餐，就如同身处旋涡之中，令人精神紧张。长期在此环境中进食，势必会影响健康。因而餐桌周围要尽量少布置通道。

616 | 餐桌过大对风水有影响吗？

有人为了追求豪华效果而购买大餐桌，如果餐厅大，则没有什么坏处，但倘若厅小桌大，会导致出入不便；如果家中就餐的人数也不多，坐在大餐桌上进餐会制造人丁稀少的感觉，从而影响风水。最好选家人坐上餐桌后多出两个空位的餐桌，这样既能营造家人围坐在一起的热闹气氛，也为可能到来的客人预留了空间。

617 | 餐桌上方安装照灯有什么作用？

餐桌上方宜安装造型独特、光线柔和、色彩素雅的吊灯。淡淡的灯光静静地映照在热气腾腾的佳肴上，可以刺激人的食欲，营造出家的温馨，也能促进身心健康，同时方便家人就餐。

618 | 餐桌上方能不能使用烛形吊灯？

在中国传统里，白色的蜡烛通常用于丧事，若将灯做成蜡烛的形状，如同古老的欧式城堡中的蜡烛吊灯，悬挂在餐桌上，让人就餐时与白蜡烛相对，会在潜意识中对人的健康产生负面影响。但如果烛形吊灯不是白色，而是别的颜色，则没有这方面的顾虑。

619 | 吊灯位于餐椅正上方有何不利？

餐厅常使用吊灯做灯饰，灯光的方向多是向下的，

可增加食物的效果，但要注意吊灯千万不要位于餐椅的正上方。餐厅的吊灯如同火剑从天而下，就餐的人坐在灯的下方，就会有悬剑在头的感觉。如果长期被灯压着会影响人的运程，化解的办法是改变座位的位置，即使稍微移开一点也是有效果的。

620 | 餐桌对着神合有什么不好？

神台上供奉的都是神仙和祖先，仙凡有别，人鬼殊途，故而神台不宜距离现实生活中的人太近。如果神台上供奉的是佛祖、观音等佛教人物，家人却每日在餐桌上大鱼大肉，这是对神仙的不敬。两相犯冲，必定对人的健康有所损害，因而餐桌最好不要对着神台。

621 | 吃饭时为什么不能将筷子插在饭碗上？

老一辈十分讲究筷子的放法，平时吃饭的筷子不能插在饭碗上。按照传统的规矩，只有在人过世后做"七"时，才能将筷子插在饭碗上，以方便亡灵享用。如平时也将筷子插在饭碗上，会在潜意识中产生不好的影响，是风水中的大忌。

622 | 餐桌的座位如何安排较适宜？

一家人进餐时都有自己习惯的座位，最好可以根据不同人的需要来安排座位。每个人根据命卦都有适合自己的四个吉利方位，如果每个人都坐在了对自己吉利的方位，就是最理想的全家开运法。父亲如果是家中主要的经济支柱，则应将其座位朝向生气方；母亲主要负责家中关系的维系，应将其座位朝向延年方；读书的子女要令文昌运兴旺，座位最好朝向伏位方；家中的长辈要保其健康，座位最好朝向天医方。

623 | 餐椅的数量应该设置多少？

餐椅的数量要根据家人的多少来决定，适合搭配五、六、七、八、九张餐椅。其中五、七、九三个数为阳数，是幸运的数字，而六和八为中国传统的吉祥数字。餐椅应比家中常住人口略多一两张，方便客人到来时就餐。

624 | 冰箱放置在餐厅的什么方位最佳？

冰箱最好摆放在厨房里，如果因为厨房空间不够而必须放在餐厅时，最好将冰箱朝北摆放，按照五行划分，北方属水，冰箱朝北摆放可以吸纳北方的寒气，北方是最佳的位置。南方属火，若冰箱朝南摆放，则容易因水火不容而引发事故。

625 | 餐厅摆放什么物品会带来吉祥？

在餐厅摆放福、禄、寿三星雕塑品，分别代表财富、健康、长寿。另外，在餐厅放些带有吉祥气息的水果是不错的选择。比如，可以在餐桌上放一盘代表富贵的橘子，代表健康和长寿的桃子，代表子孙满堂的石榴等新鲜的水果或塑胶工艺品。

626 | 餐厅的酒柜应该如何摆放？

酒柜通常又高又宽，在风水上可以看做是一座山，按照吉方宜高宜大的要义，应该将它摆放在屋主的本命吉方。如果屋主命卦属东四命，酒柜就最好摆在餐厅的正东、正南、正北、东南这四个方向。如果屋主命卦属西四命，那正西、西南、西北和东北则是餐厅摆放酒柜的最佳方位。酒柜一般会用玻璃来做背板，但在摆放时切忌与神台正面相对，因为玻璃会将神台

的香火反射过来，就会犯风水大忌。另外，酒柜水气较重，而鱼缸也多水，所以不宜将两者摆放在一起。

627 | 餐厅悬挂镜子会有利于财运吗？

餐厅是家中财库的象征，在餐桌的一边挂上镜子，通过镜子的反射作用，映照出餐桌上的食物，让人感觉餐桌上的食物变多，可以起到加倍聚集食物的效果，寓意财富加倍，能起到良好的风水作用。

628 | 餐厅摆放鱼缸和植物好吗？

在餐厅摆放鱼缸和盆景有助于增加餐厅的活力，使家人就餐时心情愉悦。鱼缸中的鱼最好选择颜色鲜艳的，数量最好为单数。如果家中女主人的命卦水多，则应种植绿色的阔叶植物，用以预示生命旺盛，也可以助旺财运。

629 | 餐厅里摆放电视机有什么不好？

一边听音乐一边用餐是一种享受，但如果一边看电视一边用餐的话，则为不利。如果眼睛总是盯着电视机看，就会分散进餐的注意力，不能用心地享受美餐。长此以往，会影响人的消化能力，所以最好不要把电视机放在餐厅，以免影响食欲和消化。

第十五章 卧室——居家安康

630 | 卧室有怎样的风水作用？

科学研究表明，人体本身产生的能量流不断流动会形成一层"气场"，相当于给人体穿上了一层盔甲，而这种"气"在人进入睡眠状态时最弱，也最容易被外界的不良因素侵入。人每天在卧室中停留的时间是6～8个小时，是停留时间最长的地方，如果不好好布置卧室的风水，将对人体的身心健康造成很大的损害。

631 | 如何根据需要安排卧室的方位？

住宅的西南和西北两个方位的卧室能够提高居住

者的责任感和成熟度，对家庭中的成年人非常有利，使其更容易在生活和工作中受到他人的尊重。对于有失眠现象的人来说，位于住宅北方的卧室可以使其安静下来，使失眠的情况得到很好的缓解。年轻人的卧室位于住宅的东部或东南部较适宜，而夫妻的卧室则适合位于住宅的西部。

632 | 老人房应该设置在哪个方位？

老人房宜设置在住宅南方或东南方，这个方位容易受到太阳光的照射，而太阳光对老年人的健康有很好的作用，甚至比许多医药效果都好。所以，老年人的房间要选择采光最好的方位，老人在家里的时间最多，要特别注意防寒、防暑、通风，这样老人长期留在家里就不会因为空气流通不好而中暑或受风寒而伤及身体。

633 | 位于住宅中央的卧室何以称为帝王之宅？

如果将住宅比作人体的话，屋子的正中央就如同人的心脏，是最重要的位置。屋子正中央不宜摆设重物，但如果已经隔有房间，如空置不用则为大凶，也要避免屋子中央用来当天井、浴厕或厨房。居家风水学认为，睡在位于套宅中央的卧室乃帝王之兆，是发展仕途的绝佳选择。

634 | 布置卧室要遵循什么原则？

在进行住宅的室内设计时，几乎每个空间都有一个"设计重心"。卧室中的"设计重心"就是床，空间的装修风格、布局、色彩和装饰，一切都应以床为中心而展开。在卧室中，床所占的面积最大，应该好好安排一下床在卧室中的位置，然后再考虑其他的设计。

635 | 卧室是不是越大越好？

风水学中讲究"藏风聚气"，自古以来也有"宅小人多气旺"的说法，将卧室的面积控制在10~20平

方米最合适。因为相对较小的卧室能防止气场的流失，确保身体健康。如果卧室的面积超过了20平方米，就变成了屋大人少的凶屋。因为房屋面积越大，人消耗的能量也就越多，耗能过多会导致人的抵抗力下降，精神不振。

636 | 为什么骑楼上方不能当卧室？

有些大楼的一楼前方是骑楼，这时骑楼上方的二楼空间最好不要当卧房，因为中国人最讲究睡觉时要有安稳的磁场。卧室下方是骑楼的房子，因为下方是空的，有气流和人潮流来流去，是磁场不稳的凶宅，因为人在睡觉时是磁场最虚弱的时候，睡久了自然会破坏身上的稳定磁场，因此最好不要把卧室安排在骑楼上方。如果将骑楼上方作为起居室或工作室，就不会有大的影响。

637 | 什么形状的卧室比较好？

一般来说，方正形状的卧室最好，有利于通风透气。卧室的格局与感情有着密切的联系，如果卧室并非方正的格局，不仅恋情发展不稳定，还会导致恋爱双方脾气暴躁，缺乏耐性。尤其是狭长的卧室，会让人变得孤僻、冷漠。对于较为狭长的卧室，可以隔出一个更衣室、储藏室或者书房等。如果卧室有尖角或者斜边，可以在尖角的地方用布帘加以掩饰，在斜边处设置桌子或书架。

638 | 怎样化解不好的刀形卧室布局？

有些卧室进门后要经过过道才能看到床，这样的卧室就是刀形的卧室，过道就是刀柄。刀形卧室会损害居住者的健康，不过如果刀柄正好位于当旺的方位，则是吉利的。化解刀形卧室煞气的方法是在刀柄的位置放置一对麒麟石，或悬挂化泄五帝钱。

639 | 卧室的横梁会对人产生什么影响？

卧室有横梁会令居住者承受巨大的精神压力，尤其是当横梁压床的时候，使居住者始终处于紧张不安的状态下，对身心产生很大的危害。如果是夫妻的卧室，有可能因此导致夫妻间争吵不断、处处猜忌；如果是老人或小孩的卧室，有可能导致他们身体虚弱，引发精神疾病。

化解的办法是用天花板将横梁隐藏起来，如果房间不够高，可以用布将横梁包裹。如果横梁在床头部位，最好在床头两边放置床头柜，并多放枕头、靠枕。

640 | 卧室墙面最好采用什么材质？

卧室是休息补充能量的地方，玻璃、金属、大理石等材料不仅给人冰冷的感觉，还会反射气场，不适合作为卧室墙面的装修材料。硅藻土材质有很强的物

理吸附性和离子交换性能，被称为会呼吸的墙壁，它让人感觉平静，利于休息。

641 | 卧室的装修色彩应该如何选择？

家具色彩对卧室风水起着决定性作用，家具的色彩在整个房间色调中所占的地位很重要，对卧室内的装饰效果起着决定性作用，因此不能忽视。家具色彩一般既要符合个人爱好，又要注意与房间的大小、室内光线的明暗相结合，并且要与墙、地面的色彩相协调，但又不能太相近，不然不能相互衬托，也不能产生良好的效果。对于较小的、光线差的房间，不宜选择太冷的色调；大房间、朝阳方位的房间，选择就比较多。

此外，不同面积不同功能的房间色彩应不一样，这样才会产生不同的效果。如浅色家具（包括浅灰、浅米黄、浅褐色等）可使房间产生宁静、典雅、清幽的气氛，且能扩大空间感，使房间明亮爽洁；而中等深色家具（包括中黄色、橙色等）色彩较鲜艳，可使

房间显得活泼明快。卧室的设计与家具配置最注重私密与舒适，在选配家具时要考虑居室墙面的颜色。墙面若为淡色调，家具可选用淡黄、白色；如墙面颜色深，就不能用深灰的家具，不然房间就没有生气了。

642 | 如何保持卧室色彩整体协调？

卧室的装饰很大程度上取决于色彩的搭配，一般居室大致可分为五大色块：窗帘、墙面、地板、家具与床上用品。若将软、硬板块的色彩有机结合，便能取得良好的卧室风水。回归大自然已成为现代人普遍的向往，以浅雅的床上用品与本色为主的硬装潢结合，能给人清新朴实的感受，将喧嚣拒之门外，营造健康、良好的卧室氛围。

643 | 卧室的朝向与颜色有什么关系？

选择卧室颜色时，可以根据卧室的朝向来决定。坐北的卧室，可以用白色、米色、浅粉红色、淡红色；坐东北的卧室，可以用浅黄色、铁锈色；坐东或东南的卧室，可以用浅蓝色和浅绿色；坐南的卧室，可以用浅紫色、浅黄色和灰色；坐西南的卧室，可以用浅黄色、浅棕色；坐西的卧室，可以用浅粉红、白色、米色；坐西北的卧室，可以用灰色、白色、浅粉红、浅黄色、浅棕色。

644 | 卧室采用冷色调装修有什么不好？

家庭讲究夫妻和谐美满、团圆和幸福，而彩色可以改善人的情绪。卧室是休息的处所，应该营造一种温馨的氛围，避免色调过于冷艳。不宜将墙粉刷成深蓝、黑色，过于"艺术"气息的装修反而会使人缺乏活力，没有人会喜欢住在一个寒冷阴森的房间里，这样会使身心得不到呵护而没有温暖感觉。

645 | 如何根据居住者的五行决定卧室颜色？

卧室是一个人每天待得最久的地方，可以利用卧室的颜色来补居住者的五行所缺。五行需要补水的人，适合住在浅蓝色的卧室中；五行需要补木的人，适合住在浅绿色的卧室中；五行需要补火的人，适合住在浅粉色或浅紫色的卧室中；五行需要补土的人，适合住在浅黄色卧室中；五行需要补金的人，适合住在白色或灰色的卧室中。

646 | 怎样开设卧室的窗户较好？

卧室的光线不能太强烈，但也不应是一间黑房子，光线太暗的房间容易给人压抑感。卧室最好有一扇面向室外的窗户，有利于空气流通，保持良好的通风效果，才有利于居住者的健康。明亮的窗户也利于让人明

辨晨昏，不至于日夜颠倒，以培养良好的磁场和动力。

窗户如果朝向正东或正西，早上和下午有强烈的光线射入，会影响人的休息，向南或向北的窗户比较理想。卧室的窗户不宜设置过多，因为在带入新鲜空气和明亮光线的同时，也有可能带入煞气。窗户最好能安装厚窗帘来抵挡煞气，同时也能隐藏私密，削弱强烈的光线影响，是减少窗户的危害的最好方法。

647 | 卧室设置落地窗有什么不好？

卧室的功能主要用于睡觉，落地窗虽然能看到更多的景致，但巨大的窗户可能在夜间变成一面巨大的镜子，给人带来错觉和不安全感。落地窗的悬空感也会给人带来不踏实的感觉。此外，由于玻璃结构不容易保暖，这就使处于卧室的人需要耗费更多的能量。同理，卧室的阳台也有这样的问题。因而卧室一般不宜设置落地窗和阳台。如果卧室已经设置有落地窗和阳台，应安装上不透光的厚窗帘，并在睡觉前拉严窗帘。

648 | 卧室门的开设有什么禁忌？

卧室是让人休息的地方，需要制造一个安静、舒适的休息环境。门是隔绝卧室与其他环境的重要屏障，一定要有较好的密闭性。卧室门最好不要对着进进出出的大门，也不要对着产生污浊的卫浴间或油烟四散的厨房，如果卧室门经常打开，而又对着大门、厨房、卫浴间，则应在两者之间设置屏风或门帘，将它们隔绝开来。

649 | 卧室开设两扇门会产生什么危害？

如果卧室有两扇门，则如同房屋既有前门也有后门一样，难以藏风聚气，它会使从一个门进来的生气，从另一个门流走，不利于储蓄财运。若是夫妻居住的卧室开设两扇门，则如同给了更多人进入的可能。这种漏气的格局，可能导致夫妻不和，严重的还可能招致烂桃花破坏家庭幸福。

650 | 卧室有哪些装饰禁忌？

卧室最好不要使用圆形的图案作装饰，尤其是圆形的床头、圆形的天花板都是不吉利的。被单、床罩不宜使用龙凤图案的，除非其上有天，否则会有被压的感觉。卧室的地板最好使用浅色的，这样可以营造温馨的睡眠环境。

651 | 卧室的床应该如何摆放？

睡眠的质量除了与床垫质量有关外，与床的摆放有重要的关系。

第一，床不宜靠近窗户，如果床头在窗户下面，卧室便不能很好地保持其私密性，让人产生不安全感，影响睡眠质量，使人精神疲惫，在风水上也会导致漏财。

第二，床头要紧靠实墙，同时也要尽量避免靠在住宅的外墙一侧。如果床头与背后的墙之间留有空间，或有窗户正对着门，会有流动的空气吹向人的头部，影响睡眠质量，还令人产生背后有人的错觉，导致睡不安稳。

第三，床铺不宜东西朝向，因为地球本身具有地磁场，地磁场的方向是南北向，磁场具有吸引铁、钴、镍的性质，人体内部都含有这三种元素，尤其是血液中含有大量的铁，因此东西向睡眠会改变血液在体内的分布，尤其是大脑的血液分布，从而会引起失眠或做噩梦，影响睡眠质量。

652 | 开门见床有什么不好？

在风水学上，一进门就让人看到床，有不雅观的感觉，会令人觉得主人很随便，使人产生遐想，容易招惹烂桃花。化解的方法是，在床前放置屏风或柜子，或挂一幅门帘来阻挡烂桃花出现。

在选择屏风、柜子或门帘的颜色时，可以依据卧室的方位来确定。如果卧室位于东方，可以选择白色为主的；如果位于东南方，可以选择金色或白色为主的；如果位于南方，可以选择绿色为主的；如果位于西南方，可以选择绿色为主的；如果位于北方，可以选择米黄色或黄色为主的；如果位于东北方，可以选择红色、粉红色、紫色为主的；如果位于西方，可以选择米黄色、黄色为主的。

653 | 如何根据东西四命来安床？

风水学认为，东四命的人，应该配东四床；西四命的人，应该配西四床。也就是说，东四命的人可以将床摆在东方、东南方、南方、北方；西四命的人，可以将床摆在东北方、西北方、西南方、西方。床的方位如果能跟人的命卦相配，可以带来好的风水。坎命的人，床最适合摆放在东南方，其次是北方；艮命的人，床最适合摆放在西方，其次是东北方；震命的人，床最适合摆放在南方，其次是东方；巽命的人，床最适合摆放在北方，其次是东南方；离命的人，床最适合摆在东方，其次是南方；坤命的人，床最适合摆放在西北方，其次是西南方；兑命的人，床最适合摆放在东北方，其次是西方；乾命的人，床最适合摆放在西南方，其次是西北方。

654 | 床的不同朝向有什么风水影响？

每间卧室都存在五气，即生气、旺气、泄气、煞气、死气。生气、旺气为吉，泄气、煞气、死气为凶。吉凶的判断，是以五气的吉凶而定的，床朝向不同的气，会产生不同的吉凶影响。坐吉向吉的床最吉利，如坐生向生，能名传中外；坐生向旺，则能财源广进。坐凶向吉也有较好的风水效果，如坐煞向生，能威震八方；坐煞向旺，能八方进贡；坐死向生，能绝处逢生；坐死向旺，是先贫后发；

坐泄向生，是先贱后贵；坐泄向旺，是先破后兴。风水中最忌讳床坐凶向凶，那样会带来灾祸。

655 | 如何挑选适合自己的床铺？

选择床铺时，最好能根据居住者的五行属性进行挑选，两者相协调才有利于人的健康。

五行属水的人，适合选择能生旺水的铜床或水能生旺的木床，卧具宜选择蓝色、白色或绿色。

五行属木的人，适合选择与自己相同属性的木床，卧具宜选择绿色、黄色或蓝色。

五行属土的人，适合选择木床，因为旺土的火是由木来生旺的，而卧具宜选用红色或黄色。

五行属金的人，适合选择与自己相同属性的铜床，卧具宜选择蓝色、白色或黑色。

五行属火的人，适合选择能生旺火的木床，卧具宜选择红色、绿色或黄色。如果使用黄色，则需注意黄色是属土的颜色，虽然火能生土，但土也会招来五黄和二黑凶煞，因而使用黄色时，应该在床头加少量属金的物品，以化泄土的力量。

656 | 什么高度的床较适宜？

床的高度应该以方便人上下为宜，选择的标准是略高于就寝者的膝盖，一般高为40～50厘米。如果床过高，会造成上下困难，但过低的话，则容易受潮，使寒气和湿气轻易入侵人体，使人难以安睡，影响人的健康。

657 | 床头的形状有什么风水意义?

现代很多床头靠板都有形状,如果能用相助宅主八字的用神或喜神的五行属性的靠板,则有助于提升宅主的运气,反之床头靠板形状的五行属性与宅主相克,则不利于宅主的运气,甚至会给宅主带来厄运。

在五行形状属性上,金为圆形、半圆形、弧形;木为长方形;水为波浪形;火为尖形、多棱角形;土为方形。如宅主用神或喜神为木时,床头靠板形状宜用波浪形或长方形;如宅主用神或喜神为火时,床头靠板宜用长方形或多棱角形;如宅主用神或喜神为土

时,床头靠板宜用多棱角形或正方形;如宅主用神或喜神为金时,床头靠板宜用圆形或正方形;如宅主用神或喜神为水时,床头靠板宜用圆形或波浪形。

658 | 床周围的物品摆设有什么禁忌?

床正上方忌安装吊灯,因这种格局为"吊灯压床",被认为"煞气重",对健康不利。现代心理学研究发现,床上方的吊灯确实会给人心里暗示,增加人的心理压力,影响内分泌,进而引发失眠、噩梦、呼吸系统疾病等一系列健康问题。最好保持床上方的屋顶空旷,在床边使用光线柔和的落地灯或台灯。

床下也不宜堆放杂物,床底一般阴暗不透气,堆放杂物容易受潮发霉或滋生细菌,另外平时也难以清理,造成卫生死角,带来不好的风水,影响人的身体健康。

659 | 结婚照应该怎样摆放?

家中挂着结婚照,在风水上有一定的含义,表明夫妻婚姻和美幸福。从方位学上看,西北方代表丈夫,西南方代表妻子,在卧室西北方悬挂结婚照,代表此家庭中丈夫对妻子依然有结婚前的关爱。同理,结婚照摆放在西南方,则代表此方位的人心中依然视对方为最佳伴侣。

很多人喜欢将结婚照摆放在床头,床头代表坐山,坐山代表丁,向山代表水,结婚照放在床头,代表夫

妻间有良好的感情生活；结婚照放在向山，代表两人在金钱上有很多瓜葛和纠缠，同时也指好的方面，代表两人有情。

原则上结婚照不应该放置在右方，因为右方为白虎位，摆放照片在此会对婚姻造成不利，宜放在床的左方青龙位，这样可以使两人的婚姻感情加强，幸福圆满。

660 | 哪些画不适合挂在床头？

许多人喜欢在床头的墙上挂画，但悬挂不合适的画，反而会不利于身体健康。最好只挂一幅画，挂太多的画会影响就寝者的情绪。

床头不宜挂裸女画，因为裸女画很容易让男主人产生不好的联想，因此不满意妻子的身材，从而影响夫妻感情。床头也不能挂山水画，这就如同随时有大山压顶、大水淋头，使人无法安眠，招致疾病和厄运。猛兽的图画也不适合摆放在床头，它们凶恶的形象容易让人心生恐惧，影响睡眠，容易使人出现头痛、失

眠、精力涣散等状况，严重的还可能有血光之灾。

661 | 为什么卧室床头不宜悬挂时钟？

挂钟几乎是家庭的必需品，一般都会将时钟挂在客厅或饭厅，使人知道准确的时间，有些人甚至在每个房间内都挂一个时钟。但在床头或床尾的墙壁挂时钟是不合风水的。时钟悬挂在床头的墙壁，有如坟墓的坟碑，悬挂在床尾的墙壁亦有同样的意义。如果睡房真的要挂时钟，原则上除了睡床的头尾两方不可以挂之外，其他位置都不会构成大问题。

662 | 床头的墙壁出现裂纹怎么办？

床头的墙壁如同房屋后的靠山一样，山稳则家吉，墙稳则床吉。如果床头的墙壁出现了裂纹或渗水的现象，无论情况严重与否，都会严重影响人的神经。化解的办法是用画、屏风、布帘等进行暂时的遮盖，最好是尽快修补墙壁，或者将床头移到安全的墙前。

663 | 床后无靠会有什么影响？

如果床的后面没有坚实的墙壁，就等于缺少了靠山，人在这样的床上难以睡得踏实、安稳，工作上也容易变得不自信，关键时刻难有贵人相助。化解的办

法是人为地制造一个靠山。如在床头设置一排矮柜，柜上放置石头，或将一个石质或玉质的镇纸放在床头柜上。

664 | 如何在床底摆放吉祥物？

在床底摆放吉祥物是一种传统的民俗，不少人将红包压在枕头下，希望借助红包的吉祥为自己带来好运。如果想早生贵子，可在床下放桂树叶；想财运亨通，可在床下放古铜钱或五帝古钱；想长寿健康，可在床下放松针；想衣食无忧，可在床下放米袋。

665 | 为何地下室不能做卧室？

地下室的房间或其他很阴寒、阴冷的房间均不宜做卧房，因为这样的房间很容易潮湿，空气也不流通，住在其中很不利于健康。同时，从风水的角度来看，

在这种地方住久了，心情会自然而然地变得孤僻，性格也会变得暴躁，还会影响夫妻感情或恋人间的关系。

666 | 床底作为储物空间有什么不好？

有些家庭为了有效利用空间，常将床底当成储物空间，用来堆放棉被、鞋子和一些不常用的物品等，认为这样可以既节约空间，又使房间整洁美观。其实，这样做容易导致床底灰尘积聚和害虫的生长，时间一长床底就会成为晦气的产生地，影响身体健康，还容易使恋爱中的人产生沟通上的问题。如果必须在床底堆放物品，要选择较长的床单将杂物遮盖，另外，要经常进行打扫和整理，保持床底的洁净。

667 | 卧室的梳妆镜该如何摆放？

镜子在风水上具有使能量加倍的作用，可以营造出宽敞的空间感，增加房间的明亮度。镜子应该摆放在能反映出赏心悦目的影像处。风水上说"镜子宜暗不宜明"，不要将镜子摆放在光线太强烈的地方，以免其反射的光会灼伤人的眼睛。镜子忌摆放在大门正对面，那样会形成冲煞，把好的气息反射出去，人每次进出门也容易受到惊吓，久而久之会使人精神紧张，生病破财。

668 | 梳妆合的摆放有什么讲究?

摆放梳妆台时,注意不要让梳妆台的镜子对着床头,否则容易使人做噩梦,影响睡眠,也不要使镜子冲门,否则有可能使人在进入卧室时受到镜子中影像的惊吓。最好选用镜子前有两扇门的梳妆台,这样在不使用时将其关上,就不存在上述风水问题了。

669 | 镜子适合作为卧室隔断吗?

有些人为了增加房间的空间感,用镜子作为隔断。其实卧室是不适合用镜子作为隔断的。特别是当镜子面向睡床时,会使人在半睡半醒中产生错觉,导致精神紧张,降低睡眠质量。这种朝向睡床的镜子,容易使人引发疾病。如果要设置镜子,最好将镜子朝向换衣间或书房的方向,以免影响卧室风水。

670 | 什么形状的镜子有利于卧室风水?

卧室里女主人化妆台的镜子形状最好采用圆形或椭圆形,棱角较少、形状不太尖锐的也可以使用。摆放方形的镜子可以加强主人的气势,最好选用加框的镜子,避免棱角的煞气外露,也要避免悬挂镜子时有"吊脚"的情况出现,镜子宜放置在矮柜或壁龛上。

671 | 卧室的光源应该怎样设置?

风水学上有"明厅暗房"的说法,意思是客厅的采光要尽量明亮,而卧室则需要相对柔和的光源。因为卧室是休息的地方,太强的光线会使人心神不宁,影响到休息和睡眠质量。

卧室应尽量少用日光灯,最好采用白炽灯照明。卧室的大灯不宜位于床铺的正上方,否则容易引发肠胃问题。设置夜间的照明光源时,切忌让光源直接照在人脸上,正确的做法是将光照向天花板,再利用反射的光线达到照明的效果。

672 | 卧室灯的数目有什么讲究?

卧室的灯不宜过多,过多的灯光会搅乱气场,许多家庭都会在床的两侧安装一对壁灯或放置一对台灯,其实这样的布置代表了二黑煞,对健康不利。化解的方法是用一排灯光来照明，但灯的数目不能是二、三、五。

673 | 卧室的灯应该如何选择？

卧室的灯光最好设置得温暖而柔和，这样才有利于促进人的睡眠，而不宜使用过亮的灯泡，黄色调的灯光最好，灯罩应较为圆润，采用磨砂或布的材质。为卧室整体照明的灯，最好是从卧室的四个角射向天花板，利用从天花板上折射的柔和灯光来照明。如果整体光线过暗，可以使用台灯来加强局部的光照效果。

674 | 床头灯应该如何安置？

床头照明除了便于度过睡前的时光外，还方便夜间起床。人们在半夜醒来时，往往对光很敏感，在白天看来很暗的光线，夜里都会让你觉得光线充足。因此，床头灯的造型应以舒适、流畅、简洁为宜，色调要淡雅、柔和。切忌选择造型夸张、奇特的灯具，色调也不宜选择浓烈鲜艳、五颜六色的灯具。

675 | 空调会产生怎样的风水作用？

空调的五行属金，运转时会从风口吹风制造风水磁场。卧室在安装空调时要注意，如果让空调的风直接对着人吹，会不利于健康。应让空调的风口向上吹，

使气体从天花板旋转而下，这是最好的气流流动方式。气体的流动是催旺飞星的关键因素，当空调运转时，会有风不断吹动，它的作用有时比一个窗户还大，能够催旺飞星。

676 | 为什么空调不能对着床头摆放？

在传统风水学中，空调的送风口和出风口都属于"理气"的范围。人体本身产生的能量流不断流动，形成一层气场，相当于给人体穿上了一层盔甲，来防止外界不良因素的侵袭而导致疾病。如果空调对着床

摆放，人体"气场"原本的平衡就会被这种"理气"打破，影响人体正常的新陈代谢功能，导致人体免疫力下降，容易引发感冒或关节炎。正确的做法是，将空调设置在卧室进门的左手边位置，同时避免空调的风直接吹向床铺。

677 | 如何避免空调制造的声煞？

空调运转时会制造声煞，特别是在夜晚，空调的噪声会严重影响睡眠。而有些空调可能由于平时缺少保养，运转时会出现滴水的现象，水滴的声音在安静的夜晚也会对睡眠产生影响。避免空调声煞的方式，最好选择静音空调，不要为求便宜购买劣质空调。经常对空调进行维修保养，能避免空调出现漏水问题。

678 | 卧室中电器过多有什么危害？

多数电器五行属火，如果在卧室里摆放了过多的

电器，就使卧室成为一间火宅。卧室通常空间比较狭小，这些电器摆放在卧室中，容易有触电和引发火灾的危险，电器发出的辐射也对人体健康极为不利。若卧室摆放较多的电器，最好在不用的时候将电源拔掉。没有通电的电器，五行更多属金，而非属火。

679 | 卧室中摆放电视机不好吗？

在卧室里摆放电视机使看电视更加方便，但电视机的五行属火，电视机越大其火气也就越大。如果夫妻俩都需要火，则可以将电视搬进卧室，否则就要谨慎了。五行不需要火，但又想在卧室里看电视，可以选择超薄的蓝色电视机，从而减弱其火气。电视机发出的辐射会对人造成很大的危害，特别是电视对着床头或床脚，对人体的健康影响更大，而且感觉电视就如同墓碑一样，十分不吉利。另外，当电视机不使用的时候，电视的屏幕就是一面较为模糊的变相镜子，而通常电视屏幕都是对着床的，关闭的电视屏幕上会映出床上的景象，这不仅不利于夫妻的和谐，很可能招致第三者或婚姻失败。因此，电视机最好不要对着床头或床尾摆放，离床越远越好，不看电视的时候最好将电源拔掉，还要用布将屏幕遮盖住。

680 | 鞋子摆放在卧室好吗？

有些人习惯将鞋子放在卧室，方便出行时搭配衣服。但穿出去的鞋子，会沾上金、木、水、火、土五行之气，致使鞋子的五行杂乱，摆放在卧室容易扰乱卧室的气场。如果鞋子带着一些不好的气场，更会不利于家居生活，最好将鞋子放在进门处的鞋柜里，而没有穿过的鞋子和在家中穿的拖鞋则可以放在卧室里。

681 | 卧室适合铺设地毯吗？

在卧室里铺设地毯，可以使居室充满温暖、舒适的感觉。但在梅雨季节时或地毯使用时间过长后，地毯容易潮湿、生霉气，尤其是一些长绒地毯，更容易滋生细菌，引起呼吸气管的疾病。故而最好不要在卧室中铺设地毯，如果要铺设地毯，就必须经常清洗、晾晒，以减少其中的湿气和霉菌。

682 | 在卧室里摆放鱼缸好不好？

鱼缸属水，是阴气极重的物品，将其摆放在卧室会增加卧室的阴气和潮湿度，人在睡眠中，身体各方面的机能、反应力、抵抗力、承受力都很低，人如果长期在阴气过重的环境里睡觉，既不利于健康，也不利于夫妻和谐。故而卧室中不适合摆放鱼缸，一切属水的物品都不适合摆放在卧室，如饮水机、水养植物等。此外，鱼的跳动声也会影响人的睡眠。

683 | 哪些植物适合摆放在卧室里？

小型、中型盆栽以及吊盆植物都适合摆放在卧室，摆放适合的植物有助于提高人的睡眠质量。如果卧室面积较大，可以摆放较高的盆栽，吊挂式的盆栽适合面积较小的卧室。如果想有效提高睡眠质量，可以在卧室种茉莉花等能够散发香甜气味的植物。如果想拥有松弛神经的功效，就应该选择君子兰、黄金葛、文竹等具有柔软感的植物。切忌在卧室摆放太多植物，否则植物的阴气会对居住者产生危害。大多数植物在夜间会吸收氧气而呼出二氧化碳，摆放了太多这样的植物，就会令睡眠质量大打折扣，不利于健康。

684 | 卧室不宜摆放哪些花草植物？

卧室是人休息、补充能量的场所，应该要营造

一个舒适的睡眠环境。想营造这样一种睡眠环境，有以下花不宜放于卧室。第一，不宜摆放杜鹃花，杜鹃的植株和花均含有毒素，人吸入后会出现呕吐、呼吸困难、四肢麻木等症状，重者会引起休克。第二，不宜摆放兰花，兰花散发出来的香气如果被人吸入过多，会令人兴奋而导致失眠。第三，不宜摆放仙人掌，仙人掌刺内含有毒素，人体被刺后会出现皮肤红肿疼痛、瘙痒等过敏性症状，导致全身难受，心神不宁。第四，不宜摆放郁金香，郁金香花中含毒素，人久闻就会出现头昏脑涨的中毒症状，严重者还会毛发脱落。第五，不宜摆放夹竹桃，夹竹桃散发出来的气体会使人心郁、气喘，经常闻，人的智力会下降。此外，月季花、夜来香、洋绣球花、松柏等也不适合摆放在卧室里。

685 | 如何确定卧室的桃花位？

根据二十四山向，按照卧室所在的方位，可以找出卧室的桃花位，不论什么命卦，也不论什么生肖，都可以利用这个位置催动桃花。

卧室向寅、午、戌方位，即向东偏东、向南、向西北偏西的，桃花位在正东方；卧室朝向申、子、辰方位，即向西南、向北、向东南偏东，桃花位在正西方；卧室向亥、卯、未方位，即向西北偏北、向东、向西南偏南的桃花位在正北方；卧室向巳、酉、丑方位，即向东南偏南、向西、向东北偏北的桃花位在正南方。

686 | 桃花位应该怎样布置？

找到桃花位后，想要招桃花的人可以在这个方位摆放鱼缸，养几条金鱼来催动桃花，也可以在此处放一盆粉红色的鲜花，或插一枝桃枝、柳条，挂一幅仕女图来催动桃花，都有助于增加个人的魅力与运势。

如果是结了婚的夫妻房，适合放一个"和合二仙"的工艺品，有很强的亲和作用，对婚后不和、夫妻性冷淡有一定的改善作用，但千万不要放干花，干花容易招来桃花劫，对婚姻有害。

687 | 卧室内设的卫浴间会带来哪些不良风水？

卧室设置独立的卫浴间，可兼顾卫浴间和浴室的作用。但卫浴间五行属水，在风水上是阴气较重的地方，产生的秽气容易引发脑部、精神、内脏及脊髓方面的疾病。另外，洗澡时散发的雾气也会使卧室变得更加潮湿，长期睡在潮湿的床铺上会让人感觉身体疲乏，增加了腰酸背痛、泌尿系统等疾病发生的概率。

688 | 如何避免卧室卫浴间的不良影响？

为了化解卧室卫浴间带来的不良影响，首先要避免卫浴间的门正对着床，如果出现这种布局，可以在中间设置屏风或者衣柜遮挡，这种方法效果较为明

显；二是在洗手间的下水道上悬挂"开口的葫芦"，并将葫芦口打开，以吸纳排污和水汽产生的秽气；三是在卫浴间摆放三盆用泥土栽培的观叶植物。

689 | 卧室的卫浴间改成玻璃套厕有什么不好？

一些人喜欢把主卧房里的卫浴间改成玻璃套厕，认为这样可以增加情趣。这种格局虽然设计比较新颖，适合一些喜欢标新立异的年轻人，但是从风水的角度来讲则不宜。因为卫浴间无论怎样都是一个有煞气的地方，属阴，应该隐蔽起来，所以要用实墙，而不宜用通透的玻璃墙。

690 | 卧室与厨房相邻有什么不好？

卧室如果与厨房相邻，由于厨房的火煞之气很大，会使卧室的气场过于燥热，容易使人脾气暴躁，对身体产生不利的影响，夫妻间也容易出现口角冲突。化解的办法是在床铺下方铺上黄色的地毯。因为黄色属土，火生土，土可以泄火，可借此泄掉火煞之气。如果可以的话，在地毯下缝制36枚古钱，效果更好。

691 | 窗台改造成睡床好吗？

由于居住环境问题，许多住宅都将窗台改造成睡床，这样可以物尽其用，增加睡床的宽度。虽然这些方法可以充分利用窗台的面积，但这是一种长期飘浮在空中的布局，没有任何根基。如果窗外就是街道，使人感觉像睡在街道上一样，遇到打雷闪电或灯光照射时，会导致人睡眠不足或心理恐惧。这种将窗台改为睡床的布局会改变原本良好的房屋风水；容易让屋主患上慢性病，在事业上的发展阻滞不前，让其精神和肉体都承受巨大的困扰。

692 | 卫浴间改为卧室有什么不好？

有些家庭为了节省空间，便把其中一间浴厕改作睡房，借此多住些人口，但这样却违反了风水之道，严格来说也不符合环境卫生。在风水学上，浴厕是不洁之地，应该建在凶方镇压凶星。从环境角度来考虑，虽然把某一层楼的浴厕改为卧室，但楼上楼下并不如此，卧室夹在两层浴厕之间，是不良的风水布局。此外，楼上的浴厕若有污水渗漏，睡在其下的人必会首当其冲，根本不符合卫生之道。

693 | 如何设计女性为主的家庭卧室？

女性和家具有着天然的联系，家具会带给人美好、亲切的心理感受。每一个女性都渴望拥有一间温馨浪漫的香闺，因此，卧室的风格与色彩的选择尤为重要。

第一，对于单身白领女性而言，忙碌了一天回到真正属于自己的家时，看到优雅、惬意的色系为主色调，淡雅的布艺、花卉等装饰的卧室时，通常会得到最大程度的放松。用玫红色与蓝绿色和谐搭配，可营造出"魅力居室"，给人优雅、陶醉的感觉。

第二，全职妈妈的卧室要具备两个功能，一个是让家人居住舒适，另一个就是招待客人。选用中性的米色、温暖的巧克力色、柔和的浅褐色、淡淡的橄榄绿创造出经典卧室，无论是家人或朋友都会对女主人的温柔细心赞不绝口。

第三，女孩子的卧室要讲究明快的色彩，在设计中不需要太多硬件设计，要从软件入手。可用明亮的三原色与顽皮的柔红色打造"活泼居室"，使整个卧室前卫、青春而趣味无穷。花季的年龄配合明快的色调，让生活更加多姿多彩。

第十六章 儿童房——聪颖乐长

694 | 儿童房设置在哪些方位较好？

在设置儿童房时，要根据孩子的生理和心理特点，给孩子一个舒适的睡眠和休息环境，同时也要满足孩子玩耍的要求。阳光充足是儿童房的首要条件，因此，住宅东部和东南部的房间也就成了首选。这两个方向能够最早吸收阳光的能量，有利于孩子的健康，也预示着孩子的活泼可爱和稳步成长。另外，可以根据八卦方位来设置，东方为震卦，代表长男；东南为巽卦，代表长女。

695 | 如何根据五行确定儿童房的方位？

在设置儿童房时，首先要考虑采光和通风这两个基本条件，其次孩子本身的阴阳五行也是必须考虑的因素。根据孩子的出生年月日时推算出孩子的五行结构，再视具体情况安排儿童房的方位，是比较稳妥的办法。

如果孩子的五行缺金，那么将儿童房设置在西方和西南方可以起到一定的弥补作用；如果五行缺木，可以将儿童房设置在东方和东南方；如果五行缺水，北方是个不错的选择；五行缺火则可以考虑将房间设置在住宅的南方；对于五行缺土的孩子，西南和东北两个方位都很适宜用来做儿童房。

696 | 住宅内哪些地方不宜设儿童房？

在设置儿童房时要注意几点：第一，阳台旁边不适合设置儿童房，因为阳台是住宅中气流交换的地方，吉气和凶气都在此地流通，在这里设置儿童房不利于孩子的健康。有些家庭还将面积较大的阳台改造成儿童房，更加不妥，因为孩子的身体较弱，抵抗能力也比较差，难以抵挡不利因素的冲煞。第二，机器房的旁边也不宜设置儿童房，比如水泵房、工厂车间附近等，机器的轰鸣声容易造成孩子神经衰弱。第三，不规则的房屋不能作为儿童房，儿童房还要避免油烟和污秽之气的干扰，尽量远离厨房和卫浴间。

697 | 儿童房在布局上有什么禁忌？

孩子的成长与环境有着密切的关系，良好的卧室风水有助于孩子的健康成长。首先，住宅外部环境对孩子的影响非常大，儿童房的外部要尽量避免高压线、玻璃幕墙、道路直冲和楼梯等不利的环境因素。其次，

在室内布局上注意床头不能靠窗摆放、睡床不宜安放在横梁之下等，房间的物品还要尽量避免有尖角，减少玻璃制品的使用，以避免孩子受到不必要的伤害。

698 | 方正的儿童房格局有什么风水作用？

在布置儿童房时，应该保留儿童房方正的户型，这是儿童房布局时要考虑的重要因素。儿童房的格局对儿童的未来影响很大，最好选择正方形的房间，并注意在装修时保持户型的方正。方正的儿童房可

以引导孩子堂堂正正、规规矩矩做人，利于他们形成良好的性格。

699 | 儿童房应该包含哪些功用？

儿童房是孩子的私人空间，除了作为他们休息睡觉的卧室外，应该有更多自由发挥的空间，锻炼他们的动手能力。因而尽量选择面积较大的卧室作儿童房，布置也以简单为宜，这样可以给孩子留下更多的活动空间。注意要留有一定的储物空间，用来存放孩子的玩具等物品，也可以培养孩子自己收拾卧室的习惯。

700 | 为什么儿童房不宜兼做书房？

在条件允许的情况下，孩子的卧室和书房最好分别是单独的一间，而不宜将书房规划在卧室内，这种格局对孩子成长非常不利，会使休息和学习这两种不同的功能相互干扰，不仅影响孩子的休息质量，也会使孩子学习的效率大打折扣。

701 | 儿童房面积多大比较适宜？

一般来说，儿童房的面积应该比家长的卧室稍微小些，并不是越大越好，面积在十五平方米以内比较合适。对于先天体质较弱的孩子来说，儿童房还要更

小一些，最好控制在十平方米左右，太大的空间容易导致人体能量流失。

702 | 不规则房间做儿童房有什么危害？

儿童房的形状忌奇形怪状，如呈三角形或菱形等，因为不规则形状会影响到儿童的人格发展，长期居住在这样的房间，孩子的脾气容易暴躁，性格偏激。如果已经选用了不规则形状的房间做儿童房，化解的办法是将房间改成其他工作区域，或者采用装修的办法将其改成方正的空间。

703 | 儿童房适合采用什么装修颜色？

儿童房的墙面颜色与孩子的心理健康有着密切的关系，应避免使用刺激性较强的颜色，如果长期处在大红大紫或是深黑色的环境中，孩子的性格会变得暴躁。要营造卧室明亮、温馨的效果，草绿色、粉红色、淡蓝色等都是不错的选择。要尽量保持天花板的平坦，以乳白色进行装饰为佳，过于暗淡的天花板颜色会导致孩子精神不佳。

704 | 如何布置儿童房的床铺？

孩子的床铺应该要布置以舒适，松软的枕头和天然布料的被子，这样会给孩子以亲切感。颜色上多使用象征和谐的蓝色，可使孩子心情宁静，利于睡眠，而可爱的卡通图案会使孩子喜欢自己的床。

四、五岁的孩子开始使用双层床，双层床的上层是孩子休息的空间，双层床的下层则可以为孩子玩耍、学习提供场地。如果家中有两个孩子，使用双层床就更为有利。家人的床铺朝向若一致，能利于家人的和谐，双层床可以使两个孩子的床朝向一致，利于他们的团结、互助。

705 | 儿童房的窗户应该如何开设？

儿童房的窗户最好不要采用落地窗，落地窗易使人产生巨大的空洞感，易让孩子产生恐惧心理。儿童房的窗户要安装窗帘，在孩子睡着后，可以利用窗帘挡住窗外的声煞和光煞。但白天还是应将窗帘拉开，让明媚的阳光和新鲜的空气进入房内，给孩子补充有利的气场。

706 | 儿童床为什么不能靠近窗户？

儿童床不能摆设在靠近窗户的位置，因为儿童的好奇心重，往往会被窗户外事物所吸引而爬出窗框，由此酿成危险，所以儿童床最好摆设在靠近墙角的位置。同时，屋内的窗不要太多或太低，只要室内空气流通就没有问题。

707 | 怎样摆放床铺对孩子有利？

摆放孩子的睡床时，除了有摆放成人睡床的忌讳之外，如床不可以设在横梁下、不可面向有强烈阳光的窗户、不可头朝房门、不可背靠马桶、不可摆放神位等，还有一些特别要注意的地方。

一是床头的朝向与孩子的成长有着密切的关系。根据五行来看，如果床头朝向南面、西南、西北或东北，都会对孩子的成长产生不利的影响，会导致孩子性格急躁、胆小怕事、早熟和粗心等。而东面及东南面属木，孩子的床头朝向这两个方位，充足的阳光会给孩子的生长发育和健康带来有利的影响。

二是正确的睡床朝向可以促进孩子与家庭其他成员的和睦关系。孩子的床位设置与父母同向，可以增进亲子间的融洽感情；如果孩子有兄弟姐妹，将他们的床位摆放在同一朝向，或许可以消除他们之间的矛盾与摩擦。

708 | 如何选择儿童房的床垫?

儿童房的床垫应该能顺应人体曲线,并均匀承载人体的重量,不会使人产生压迫感。很多家长花高价购买漂亮的床罩,却忽视床垫的通透性,这对小孩的成长发育极为不利。儿童房的床垫应具有坚固的承托力,避免久睡下陷而引起孩子的脊椎弯曲。

709 | 如何选择儿童房的窗帘?

儿童房的装饰要力求明快、活泼,窗帘款式要简洁而不显单调。帘布的花、样、式之间的对比,以突出、明显为佳。儿童房的窗帘要给人以生机盎然的感觉,但也不能过于热烈刺眼。而古旧成熟、色调深沉的窗帘也不适合儿童房,它容易刺激孩子早熟,使孩子变得忧郁、深沉。

710 | 怎样选择儿童房的家具?

儿童房的家具应尽量简单,要充分考虑孩子好动的天性。为了营造温馨的卧室氛围,木质的圆边家具是最佳选择。金属及玻璃材质的家具棱角较为尖锐,不适合使用在儿童房中,因为它们容易使孩子受到伤害。

家具的颜色应该选择鲜明而亮丽的,这种颜色会对大脑产生刺激作用,能促进孩子的大脑发育。儿童

房间尽量不要摆放电视、电脑等电器,防止电磁波辐射对孩子产生不利的影响。

711 | 儿童房能不能选用成人化的家具?

儿童房的家具功能上可以模仿成人家具,但款式风格不宜成人化。儿童房家具外形可带有启发孩子想象力的属性,如床像汽车、写字桌像积木等。稍大一些的孩子,需要更大空间发挥他们天马行空的奇思妙想,让他们探索周围的小世界。在他们的房间中摆放

按比例缩小尺寸的家具、伸手可及的搁物架和茶几等小家具，能给他们把握一切、控制一切的感觉。

712 | 儿童房镶嵌大镜子有什么不好？

儿童房的书桌要避免对着大镜子，如果书桌的灯与镜子太接近，会产生灯光从头顶直射下来的感觉，令人情绪紧张，头昏目眩。同时，镜子里灯光照射出来的影像还会分散孩子的注意力，晚上易使孩子受到惊吓。另外，镜子还会反射能量，影响房间的风水。有些家长为了让儿童房看起来显得更宽敞通透，在墙上镶嵌一面大镜子，这种设计很不适宜，应该避免。

713 | 儿童房的照明有什么讲究？

儿童房的照明要充分考虑孩子的个性特点和成长的需要。孩子天性好动，台灯、落地灯等的插头

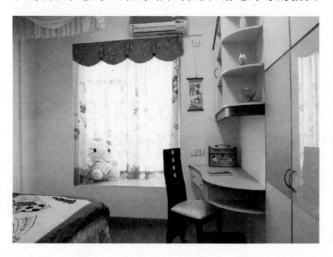

容易造成触电事故，所以儿童房应该尽量多使用壁灯进行照明。光线柔和的壁灯，不仅可以满足儿童房的照明需求，还可以营造温馨的休息环境。安装墙式调光开关便于孩子晚上开关电灯，同时可避免孩子在摆弄插头时出现触电事故。此外，可在床头设置一盏亮度足够的台灯，方便孩子入睡前看书，还可以在儿童房内安装一盏低瓦数的夜明灯，方便孩子夜间起来。

714 | 儿童房为什么不宜使用直射照明？

灯光对发育时期孩子的视力保护尤其重要，直射照明容易刺激孩子的眼睛，影响视力，最好选择漫射照明。漫射照明是一种将光源安装在壁橱或天花板上，使灯光朝上射到天花板，再利用天花板反射光的照明方法。这种照明给人温暖、欢乐、祥和的感觉，同时亮度适中，比较柔和，适宜儿童房使用。此外，可以在书桌上放置不闪烁的台灯，这样不仅可以减少孩子视力变弱的可能性，更能让孩子集中精力学习，达到事半功倍的效果。

715 | 如何进行儿童房装饰？

儿童房间的装饰应尽量简单明了，过于复杂的装饰会让房间显得凌乱。房间尽量不要挂各种奇形怪状的饰物和风铃，否则容易导致孩子神经衰弱。孩子的床头最好不要摆放录音机，否则也容易导致孩子脑神经衰弱。

716 | 如何根据孩子的五行挑选装饰图案？

儿童房装饰时可利用各种图案为孩子补五行所缺，将儿童房布置得充满想象力。如五行缺水的孩子，可以多使用波浪图案；五行缺木的孩子，可以多使用直条纹图案；五行缺火的孩子，可以多使用星星图案；五行缺土的孩子，可以多使用方形图案；五行缺金的孩子，可以多使用圆形图案。

717 | 如何布置儿童房的画？

对于喜欢在房间贴图画的孩子，要尽量阻止他们贴各种奇形怪状的动物画像、武士战斗的图画或恐怖的图画，这些都是引发孩子产生好斗心理和做怪梦的因素。悬挂一些柔软厚实的壁挂能缓解房内的气场，给孩子营造一个舒适的环境。在图案方面，可以选择柔和、可爱而富有情趣的画面，柔美的自然景观很合适。

718 | 儿童房悬挂时钟有什么作用？

时钟的摆动和打鸣声会提醒孩子生命的活力，也方便他们知道时间。有韵律的滴答声，会为儿童的成长带来更多的规律和节奏感，也让儿童知道，时间就在这样的"滴答滴答"声中溜走，让他们懂得珍惜时间。

719 | 如何为孩子选择玩具？

孩子几乎是与玩具相伴随长大的，玩具的五行属性对孩子有较大的影响。在购买玩具前应首先了解玩具的五行属性。洋娃娃的五行属水；毛绒玩具五行偏木带水；动物玩偶的五行与真实动物的五行属性一样；模型和黏土则属于火土，如玩具车、玩具枪、游戏机、掌上电脑等玩具五行属火，这些玩具玩多了，孩子的脾气会变得较为暴躁；木制玩具的五行属木，能令孩子有温暖愉悦的感觉，多接触木制玩具会使孩子性格温和。

720 | 玩具的颜色与孩子的生肖有什么关系？

选择儿童玩具时要注意玩具的颜色是否与孩子的本命生肖相宜，选择相生的颜色可以给孩子带来健康、平安，还会令孩子的智力得到开发。

生肖属鼠、猪的宜选择白色、蓝色、黑色。生肖属猴、鸡的宜选择黑色、蓝色、白色。生肖属蛇、马的宜选择红色、绿色、黄色。生肖属虎、兔的宜选择黑色、蓝色、绿色。生肖属龙、狗、牛、羊的宜选择红色、黄色、咖啡色。

721 | 儿童房的墙壁应该如何装饰？

父母为了给孩子一个舒适、安详的休息和读书空间，将卧室布置得尽善尽美。在装饰墙壁时要注意：墙壁不适宜张贴太花哨的壁纸，易使孩子心乱、烦躁；不要粉刷红色等颜色过于鲜艳的油漆，会使孩子个性变得暴躁不安；也不可以贴奇形怪状的动物画像，易使孩子的行为变得怪异。

722 | 儿童房的地面处理要注意什么？

天然的木质地板是儿童房地面处理的首选材料，不仅容易清洁，同时也拥有较高的安全性。进行儿童房地面处理时，首先要避免使用石材，一方面石材表面太光滑容易使孩子滑倒摔伤，另一方面可以防止误选含有放射性材料的石材对孩子的健康造成影响。在儿童房的地面上使用地毯，能有效防止孩子跌倒，提高安全性，但是地毯容易造成粉尘的附着，从而可能使孩子患支气管炎和呼吸道疾病，尤其不宜铺盖深色地毯或长毛地毯，它们更容易吸附灰尘，从而引发呼吸系统疾病。

723 | 夏季装修儿童房应该注意哪些问题？

夏季是装修房中甲醛释放量比较大的季节，由于儿童正处于成长期，对各种装修材料中不安全成分的抵抗力相对较弱，因此在夏季装修儿童房时要特别注意。

一是儿童房的地面不宜使用地毯，地毯容易吸附灰尘，对健康不利。同时儿童房不要铺设泡沫拼图，因为它可能会造成室内空气中挥发性有机物浓度增高。二是儿童房的门和地板宜采用实木，门表面建议使用环保型油漆，最好不要使用大芯板做门芯的复合门，这种门的甲醛含量和释放量都比较高。三是儿童房墙面宜使用水溶性、环保型、耐擦洗的内墙涂料。

第十七章 书房——书香慧气

724 | 如何选择合适的位置做书房?

书房是陶冶情操的地方,不仅是阅读和学习的场所,同时也象征着居住者的事业、爱好和品位。为了创造出静心阅读和学习的空间,书房要尽可能远离客厅、厨房、餐厅、卫浴间,最好选择一个较为宁静的房间作为书房。除此之外,为增强学习效率,使人能够保持清醒的头脑,住宅的文昌位是书房的最佳选择方位。

725 | 怎样找到家中的文昌位?

在居家风水中,文昌位的设置非常重要。假如一个家庭中有两三个小孩,根本没有可能给每一个小孩安置一张独立的书桌。解决的办法是设置一张圆形的书桌或写字台,把他们正确地分配坐在各人的文昌位上做功课。甲年出生的人,文昌位在东南方;乙年出生的人,文昌位在南方;丙年出生的人,文昌位在西南方;丁年出生的人,文昌位在西方;戊年出生的人,文昌位在西南方;己年出生的人,文昌位在西方;庚年出生的人,文昌位在西北方;辛年出生的人,文昌位在北方;壬年出生的人,文昌位在东北方;癸年出生的人,文昌位在东方。

726 | 如何根据不同的需要布置书房?

专门给孩子准备的书房,应该注重文昌位,无论是书房的设置还是书桌的摆放,都应该尽量位于文昌方位。在此基础上再通过装饰对孩子的五行进行补充,可以使孩子头脑清醒、注意力集中。如果书房给大人使用,则应该注重财位,将书房和书桌设置在财位,将电话、电脑设置在利于事业的方位上,以创造一个利于事业和旺财的书房。

727 | 书房适合设置在向阳的南方吗?

有人认为南方含有艺术和文学的意味,又是住宅中最向阳的方位,适合用来作书房。实际上,南方阳气过于旺盛,而阅读和写作是需要心平气和进行思考的活动,如果选择此方位的房间作为书房,对人的思维和情绪会造成很大的干扰。另外,南方有强烈的阳光照射,长时间待在这个方位的书房中,容易引起神经系统过敏,使人心绪不宁,容易产生疲劳感。

728 | 书房适宜设置在哪些方位？

书房设置在东南方能令人集中精神，读书、工作的效率高，吸取丰富知识，并能学以致用，充分发挥聪明才智。若这个方位的阳光过于充足的话，可用树木遮挡让视野变得略狭小，会更为稳妥。否则，视野太广阔，开门即见山也不适宜。

西北方最适合作书房，因为阳光照射的时间短，能使人心情稳定、头脑清晰，让宅主获得拥有名誉、地位的运气。

北方也是作书房的有利方位，适合阅读有一定深度的、哲学等方面的书籍。但是这个方位由于太封闭，会导致运气孤立，室内的色彩最好选择浅淡的暖色，予以融合。

729 | 为什么不规则的房间不宜用做书房？

在现代住宅中，由于设计上的缺陷，很多住宅会产生一些不规则的房间。这样的房间一般面积较小，无法用来作卧室，为了不浪费面积，大多数家庭选择将其作为书房，这是不宜的。因为形状不规则，这些房间很容易会形成尖角，从而形成尖角煞，对居住者运势产生不好的影响。另外，不规则的房间会使人产生不稳定的感觉，容易分散人的注意力。

730 | 书房是不是越大越好？

对于面积比较宽敞的住宅来说，有的家庭喜欢将书房设置得比较大，其实这种做法是不妥当的。风水学讲究的是聚气，房间越大越难以达到聚气的目的。在这样的书房中阅读、学习，会使人注意力分散，导致头脑无法清醒地思考。所以，书房还是比较适合小而雅致的风格。

731 | 书房为什么要讲究 "聚气"？

书房宁可小而雅致，忌大而不当。有些面积比较宽敞的住宅，将书房设置得很大，其实在这样的书房里看书或者写作难以集中精神。因为聚气是风水学中的基本原理之一，在大的书房里难以达到聚气的效果，难免会使人感觉精神分散。如果屋主是老板或经理，在这样大的书房里运筹帷幄，对事业的发展有极大的妨碍，不可不慎重考虑。

732 | 如何避免书房横梁压顶的格局？

在住宅风水中，要尽量避免横梁压顶的不利格局。如果将书桌摆放在横梁底下，或者是人坐在横梁下，都会导致运势下降，严重的还会影响人的精神状态和身体健康。为了避免横梁产生的不利影响，要尽量避免在横梁下安放书桌和座椅，在进行书房装修时，可采用吊顶的方式将横梁挡住。

733 | 如何通过书房调整住宅的阴阳格局？

风水讲究的是阴阳平衡和五行协调，通过将房间功能与其五行属性相配合，不但可以平衡住宅的阴阳，还可以起到趋吉避凶的效果。五行中，书房属木，因木性通明，所以应使书房处于良好的通风和采光状态下。对于不规则的书房，要设法进行装修上的弥补，使其形状尽量规整。如果书房较阴暗，必须通过灯光给予弥补。

734 | 如何通过空调的摆放带旺文昌位？

空调五行属金，开启冷气后，可以制造很大的风水效应，形成风水磁场。空调若摆在书房的北方，文昌位的好运就会被空调机运转时产生的能量带动，使人冷静思考，提高学习效率，尤其有利于那些正要参加考试的人。要取得好的风水效果，空调的出风口应该朝上，冷气吹出后由上到下流动，能避免冷风对人直吹引起的头痛、头晕的问题，还有利于调整家居风水。

735 | 如何营造出宁静的书房氛围？

作为阅读和学习的场所，安静的环境对于书房来说十分重要。要营造宁静的氛围，大功率的音响设备

最好不要摆放在书房中，其产生的强磁场辐射不仅对人体健康不利，还会轻易地干扰人的阅读。另外，书房中也不宜摆放鱼缸，因为它容易引人分神。

在进行书房装修时，可以多采用吸音和隔音效果较好的材料。在遮盖顶梁吊顶时，可采用吸音石膏板，墙壁处理则可以使用软包装饰布或是PVC吸音板。另外，地毯的使用也可以增加书房的隔音效果，较厚的窗帘也可以很好地阻隔住宅外的噪音。

736 | 如何合理地对书房进行功能区域划分？

一般来说，对于面积足够的书房，通常可以划分为日常使用的工作区、摆放传真机等设备的辅助区，以及用来调节神经的休闲区三大部分。合理地安排书房的空间，不仅有利于提高日常学习效率，使工作处理得更加得心应手，也有助于书房气流的通畅，营造书房温馨舒适的感觉，提高人的运势。

737 | 如何使书房通风透气？

保持书房良好的通风效果非常重要，只有氧气充足的书房才有利于工作和学习。在利用窗户通风时应该注意窗外是否有煞气，如果有煞气要随时拉上窗帘。在观察煞气时应注意，煞气在窗户十米外，则对房屋没有大的影响，不需要顾忌。但如果窗外有巨大声煞，如楼下店铺持续、大声的叫卖声，或马路上传来尖利的汽车喇叭声等，则最好关上窗户，改用空调进行通风。

738 | 如何使书房采光充足？

采光充足是书房的首要条件，因而拥有充足自然光线的书房比较吉利。书房应采用大窗户，窗帘宜采用较为轻薄的浅色窗帘，既可以让充足的光线进入，又能遮住窗外的干扰，还可以减弱过分强烈的阳光带来的不利影响，有利于开展学习和工作。

739 | 书房的灯具应该如何布置？

为了便于阅读、学习和查阅书籍，除了必备的吊灯、壁灯以外，台灯、床头灯和书柜用的射灯也是书房的必备灯具。台灯可以选择落地式或是桌式，但不能离人太近，避免强烈的灯光对人眼造成伤害。壁灯

和吸顶灯最好使用乳白色或是淡黄色的，可以营造出温馨的氛围。不应采用日光灯作为主灯，日光灯光源不稳定，闪烁的灯光不利于学习。日光灯也不适合横跨在书桌上方，容易使学生分心。

740 | 如何选择书房的颜色？

房间的颜色与五行有密切的关系，应配合五行规律进行颜色的搭配，不仅符合风水学的要求，同时也能创造一个温馨的书房环境。在五行中，青色、绿色属木，红色、紫色、粉红色属火，黄色、咖啡色属土，

白色、灰色、金属色属金，黑色属水。在进行书房装饰时，切忌使用大红、大绿或是五颜六色的杂拼，而应该选取五行的代表色，再根据木生火、火生土、土生金、金生水、水生木的原则进行搭配。比如，地面使用的是暗红色实木地板，五行属火，则书房的墙面就应该使用五行属土的淡黄色进行搭配；再根据土生金的原则，选择属金的白色进行天花板的处理，让整个书房空间更加舒适。

741 | 书房采用绿色和蓝色色调装修好吗？

书房属木，墙壁颜色以绿色、蓝色为佳，切忌花花绿绿，杂乱无章。浅绿色给人清爽、开阔的感觉，有助于保护视力。蓝色具有调节神经的作用，利于人安心学习、工作，在某种程度上还可以隐藏其他色彩的不足之处，是一种容易搭配的颜色，但患有抑郁症的病人不宜接触。

742 | 如何利用颜色提高文昌位的运势？

文昌星又称为文曲星，对于书房来说，文昌位有着非常重要的地位，利用颜色的配合，可以起到提高文昌位运势的效果。文昌星属木，如果想要扶旺文昌位，属木的绿色是较好的选择，可以在此位置摆一盆绿色的盆景。而且绿色也有助于缓解视力疲劳，可以有效预防近视和其他的眼部疾病。

743 | 书桌的位置怎样摆放较好？

书桌的摆放是书房风水的关键所在，将书桌面向门口摆放是比较好的选择，这样可以使人保持清醒的头脑。但是，为了避免人受到门外煞气的影响而无法集中精神，书桌不能直冲房门，应该摆放在靠墙的位置。如果将书桌摆在书房的中央，这样不仅浪费空间，还会造成四方无靠的格局，影响家人的学业、事业以及家运。此外，书桌也不宜靠窗户摆放，因为这样容易受到窗外其他煞气的影响，也会造成背后无靠的不良格局。还有，书桌也不能放在横梁底下，会增加学习压力，影响身心健康。

744 | 书桌背对着门有什么不好？

如果书桌背对着门，就会与门相冲，这样的位置会令人精神不集中，脾气会逐渐变得暴躁，容易跟人起争执。如果小孩坐在这个位置学习，就得不到老师和家长的喜爱；如果上班族坐在这个位置，就不容易得到上司的赏识。

745 | 书桌靠着玻璃幕墙摆放好吗？

玻璃幕墙经常用在现代家居装修中，尤其是面积有限的住宅，往往通过使用玻璃幕墙来增加住宅的采光。在布置书房时，最忌讳将书桌、座椅靠着玻璃幕墙摆放，因为这样就形成了背后无靠的格局，会影响家人事业的发展，对孩子的学业也会产生不利的影响。

746 | 书桌贴着墙壁摆放好不好？

书桌紧贴着墙摆放，这样的格局容易造成人精神紧张。因为人体有很多感应磁场的部位，其中后脑的脑波放射区最为敏感，如果贴墙摆放书桌，人眼的视线所及范围就是墙壁，无法捕捉到有效的信息，人就会将注意力转移到脑后，时间长了，就会消耗掉大量的能量，从而影响工作和学习的效率。

747 | 不同性别的人应该如何摆放书桌用品？

书桌用品的摆放与人的运势也有密切的联系，不同性别的人书桌用品的摆放有不同的讲究，应遵循"左青龙，右白虎"的原则。

对于男性来说，位于左手的青龙位要动起来才是上佳的风水，在摆放书桌时就要将电话、台灯、传真机等物品摆在左边；对于女性来说则相反，应将各种重要的物品摆在右边，才能带动白虎位，提高运势。

748 | 五行缺水的人使用电脑时有哪些忌讳？

电脑是火气重的电器，五行缺水的人使用电脑不利于自己的五行，因而要注意在使用电脑时，在电脑旁放一杯水或者放一盆水养植物。鼠标是电脑上唯一属水的物品，但闪烁的光电鼠标却是属火的，缺水的人最好不要使用这种鼠标。

749 | 五行忌火的人使用电脑时有哪些忌讳？

五行忌火的人要远离属火的物品，但现代生活却不可避免地要使用属火的电脑。化解的办法是在电脑旁放置属水的物品，如一杯水、一块水晶、一个鱼缸等，通过水的能量削弱火气，维持水火平衡。

750 | 如何根据五行设置电脑桌面？

经常使用电脑的人会火气过旺，可以根据自身五行设置电脑桌面。如五行需要水的人，尽量将桌面设

青龙位宜高、宜动，右手白虎位宜低、宜静，有能量通过的物品如电话机、传真机、台灯等均应放在左方，才较为有利。如果是女性使用者，则应加强右方白虎位，重要的物品可放置在右方。书桌宜保持整齐、清洁，每次学习或工作后要将书桌收拾干净，尽量把垃圾清理掉，这样才有利于下一次的学习与工作，有益于大脑机器及思维保持灵活清晰。

752 | 书桌上适合摆放什么植物？

水种植物最适合摆放在书桌上，例如富贵竹、水仙等，可以形成"智者乐水"的格局，同时亦起到美化环境、启迪智慧的作用，数量上以一枝、三枝、五枝、七枝为佳。

753 | 哪些植物适合摆放在书房？

常绿的盆栽植物、观赏类植物最适合摆放在书房，

置成水的图画和颜色；五行需要火的人，尽量将桌面设置成火的图画和颜色；五行需要木的人，尽量将桌面设置成树木的图画和颜色；五行需要土的人，尽量将桌面设置成沙漠的图画和颜色；五行需要金的人，尽量将桌面设置成雪山或金属的图画和颜色。

751 | 书桌的桌面布置有什么讲究？

书桌用品的摆放各有讲究，一定要有山高水低的格局。书桌两边的物品不能摆放得高于头部，因为人不能够伸展出头部，是风水上的忌讳之处。摆设的物品必须由高低进行配置，对于男性使用者来说，左手

如万年青、橡胶树、富贵树等都属于旺气类的植物，不仅容易栽养，还可以增强书房中的气场。花石榴、山茶花、小桂花等属于吸纳类植物，除了可调节书房内的气氛以外，还可以将书房内的有害气体吸掉，有利于人体健康。

754 | 藤类植物不适合摆放在书房吗？

风水学认为藤类植物属阴，会吸收能量，使人思绪混乱，引起各种不必要的麻烦。而且藤类植物大多具有较强的生长性，其攀爬生长的习惯也会导致虫害的产生，还会造成书房潮湿，对书籍的保存十分不利。因此，书房内不宜摆放藤类植物。

755 | 书橱应该如何摆放？

书橱属阴，书桌属阳，为了平衡阴阳，书橱与书桌应摆放在对应的方位，两者之间还要隔开一段距离。

书橱的位置要避开阳光直射，既保持了其阴性的属性，同时也有利于书籍的收藏和保存。书橱内部的书籍要摆放整齐，尽量不要挤得太满，留下一些空间，保持书柜内部气流的畅通。

756 | 怎样选择合适的书橱？

书房应该给人质朴的感觉，这样才有利于静心阅读和学习。书橱在材料选择上以木质材料为佳，最好是开放式的深色橱柜。书橱是书房的主要储物空间，在设计上要保持灵活，除了有效放置书籍的柜子，还应该要设计一些带门的壁橱，可以增加藏书的空间，也能储藏其他物品。但要避免装饰得过于华丽，否则会给人浮躁感，不利于学习和工作。

757 | 书橱过高有什么不好？

对于藏书较多的家庭来说，高大的书橱更有利于

书籍的存放。但书橱并不是越高越好，太高的书橱不利于取书阅读，可能会导致放置书籍时发生危险。而且书橱太高容易形成压迫书桌的格局，长期在这种氛围下学习，会导致人心神不宁，劳心头晕。

758 | 书房适宜悬挂什么字画？

悬挂在书房的字画不宜太多，一两幅较为适宜，摆放的字画应该与书房的氛围一致，比如雅致的字幅和文人画作。狂草的字幅、灰暗萧瑟或颜色鲜艳的画作，这些都会使人心情烦躁，产生或亢奋或消沉的情绪，不利于人在书房学习、工作。素雅的油画适合摆放在书房，给人沉稳的感觉。

759 | 如何避免书房的挂画"阴阳"失衡？

书房的挂画宜讲究一种平衡，也就是风水中所讲到的"阴"与"阳"的平衡。如果主人是一个积极好动的人，风水上认为这种性格属"阳"，想一进书房就获得一种安宁的气氛，可以选择一些属"阴"性的挂画，如画面色调比较沉稳的画作。对于一个性格比较安静的人来说，就可以选择画面比较"热烈"偏阳的装饰挂画。"阴阳"平衡既能起到较好的装饰效果，又能提高人的工作、学习效率，还能给人带来好运与健康。

760 | 哪些饰物不适合摆放在书房？

为了避免冲煞，书房不宜摆放兽骨类的饰品，比如牛角、羊角等，会产生煞气，影响人的健康。书房也不宜悬挂过于鬼魅、暴力和裸露的图片，这样的图片也会产生煞气，有可能会导致在书房中学习的孩子性格古怪，甚至产生暴力倾向等。

761 | 怎样利用书房增进亲子关系？

作为孩子学习和父母工作的场所，书房在家庭中

也有着举足轻重的地位，父母和孩子有很多时间是在书房里度过的。选择暖色调来装饰，在书桌的左上方放上一盏明亮的台灯，可以营造良好的书房氛围。此外，可以将书柜摆放在门后方，在书房里摆放一些绿色植物。温馨的环境在一定程度上可以提高亲子关系的融洽度。

762 | 书房内适合摆放睡床吗？

在书房内摆放睡床并不太好，摆放睡床不仅会影响书房中人的工作和学习，也会影响到家人的正常作息。书房是工作和学习的地方，床则是用来休息的，在工作和学习时看到一张床摆在旁边，容易使人心生倦意，失去工作和学习的动力。在书房睡觉也不利于休息，因为书房中有电脑、书籍、文件、传真机等与学习、工作有关的设备，在这样的房间里休息会产生很大的压力，即使睡着了也会想着工作，当然就休息不好了。

第十八章 卫浴间——除垢避邪

763 | 卫浴间应该如何设置？

卫浴间是处理不洁净之物的场所，因而应该尽量将其隐藏起来，不要与任何房门、房屋等形成冲煞。卫浴间不适合位于吉利的方位，适合设置在凶方，如将卫浴间设置在六煞、祸害、五鬼、绝命四凶方上，可以起到以凶压凶、以毒攻毒的效果。切忌将卫浴间设置在财位、文昌位上，否则会导致破财，致使事业走向下坡路。

764 | 如何根据宅卦确定卫浴间方位？

卫浴间的方位因根据宅卦的不同而不同，才能使卫浴间的风水与宅运相配。根据卫浴间坐凶方的原则，东四宅的卫浴间应位于西方、西南方、西北方、东北方，即坎宅、震宅、巽宅、离宅的卫浴间应位于西方、西南方、西北方、东北方；西四宅的卫浴间应位于东方、南方、北方、东南方，即艮宅、坤宅、兑宅、乾宅的卫浴间应位于东方、南方、北方、东南方。这是要遵循的一个大原则，具体还要根据与卫浴间五行是否匹配进行分析。

765 | 如何根据五行设置卫浴间？

卫浴间五行属水，一方面与家庭的财运有关，另一方面又是污秽之水和污秽之气产生的地方，容易招来疾病，如果卫浴间位置不佳，会导致多方面的问题。卫浴间不宜设在住宅的西南方或东北方，这两个方位

241

都属于吉方，强大的水汽会形成"水克木"的格局，影响家人健康。

南方的火气较重，卫浴间如果位于这个方位，则容易形成水火不容的格局，也会对家人产生不利的影响。北方、东北方也是设置卫浴间的避讳之处，在风水上东北方被称为"后鬼门"，卫浴间设置在这个方位容易导致不良的后果。

766 | 封闭式的卫浴间为什么不好？

风水学认为卫浴间一定要设置窗户，最好是阳光充足，空气流通，可以让卫浴间的浊气更容易排出，保持空气的新鲜。有些住宅的卫浴间是完全封闭的，没有窗户，只有排气扇，而且排气扇并不是经常开启，这对于家人的健康会产生很大的影响。即使使用一些空气清新剂，也只能改变空气的味道，不能改善空气的质量。

767 | 设置卫浴间为何要考虑上下楼层的关系？

有些别墅或复式住宅装修时，往往只考虑楼层平面内各房间之间的搭配，却忽视了上下楼层之间的关系。而在家居风水中，上下层之间的关系也是非常重要的，如卫浴间压在卧室之上就是极为不好的宅相，卫浴间的浊气下降到卧室之中，不利于健康，而且这种格局住起来会令人感觉不舒服。

768 | 卫浴间位于不同方位会产生什么影响？

在现代住宅设计中，常把卫浴间和厨房设计在大门的两旁或者紧挨着大门，这样的布局会严重影响居住者的身体健康，如果抽水马桶和大门同一个朝向，容易使居住者患上难治之症。卫浴间处在不同的位置，会对居住者产生不同的影响。第一，卫浴间设在房子的东方，容易诱发肝脏、支气管方面的疾病，以及体虚、中风等；第二，设在东南方，容易引起食道、支气管、神经系统、肠胃等方面的疾病；第三，设在南方，会引起心脏、肝脏方面的疾病，还会引起传染病等；第四，设在西南方，容易引发妇科、肾脏、消化系统、腹膜炎等方面的疾病；第五，设在西方，容易诱发口腔、呼吸系统方面的疾病；第六，设在西北方位，容易诱发头部、骨骼等方面的疾病；第七，设在北方，因为北方属水，水性大增，会引起意外之灾，容易引起血液、精神系统方面的疾病；第八，设在东北方，则会引发风湿、皮肤方面的疾病。

769 | 卫浴间设置在哪些方向会带来凶相？

卫浴间是住宅中污秽之气的来源，如果卫浴间位置方位不当，有可能给房屋带来凶相。首先，卫浴间的方位要避免与住宅主人的出生年月相冲；其次，北方、东北、西南三个方位也不宜设置卫浴间，会形成凶相；再次，卫浴间也不宜与住宅的坐向一致，会导致其所坐方向所代表的人体质虚弱；最后，卫浴间与神坛相邻也是不吉利的布局。

770 | 卫浴间位于不吉的方位该怎么办?

在风水上,卫浴间位于不吉方会对风水产生很大的影响,尤其是位于住宅的北方和被称之为"后鬼门"的东北方,会招致不良的风水结果。卫浴间位于这两个方位的住宅,家中的男女主人可能会患胆结石、痢疾、便秘、胃溃疡等疾病,对老年人的健康更加不利。如果卫浴间位于北方或东北的方位上,只要马桶的位置偏离这些方位就行。西南方位的卫浴间也属于凶相,可以把马桶移到东方、东南方、西北方。移动卫浴间的方位时绝对不能使它与神坛相邻,否则也会变成凶相。

771 | 卫浴间设置在正东或东南好吗?

在住宅布局中,卫浴间最好设置在正东和东南两个方位。从五行上说,卫浴间属水,正东和东南两个方向属木,根据水生木的原则,卫浴间的水汽正好能生旺这两个方向的木气。而且,正东和东南两个方向是住宅中采光较好的方向,充足的阳光有助于保持卫浴间的干燥,防止各种细菌的滋生。

772 | 卫浴间位于北方和东北方会带来哪些不利影响?

根据风水五行,北方属水,若卫浴间又位于此方位,两"水"相遇会导致水能增加,消耗居住者的精力。要化解卫浴间位于北方的不利格局,可以在卫浴间摆放一些高大的植物,以便排走水能,同时也起到吸湿和增加气能的作用。

如果卫浴间位于东北方,卫浴间的水能会破坏此方位原本的土能,诱发居住者产生健康方面的问题。最好的解决办法是引入金能,以此来协调土能与水能。可在卫浴间的东北方放一个盛盐的白陶碗,或是放上一尊铁制的雕塑。此外,在卫浴间摆放一个圆铁盆,并在里面插上一支红花,也可以起到化解的作用。

773 | 如何化解卫浴间位于西南方带来的不利影响?

卫浴间位于住宅的西南方,每天流出的水会将人的气和能量带走,从而影响居住者的人际关系。要化解这种不良的格局,一是可以将马桶盖放下,尽可能使卫浴间的房门处于关闭状态;二是应该在卫浴间使用黄色的灯光;三是在卫浴间门上安装同样长度的镜子。

774 | 卫浴间设置在西北方有什么影响?

在风水学上,西北方属于天门,象征父亲,如果将卫浴间设置在西北方,无疑会污染天门,使父亲的健康、名声受损,解决的办法是将此方位的卫浴间改为浴室及作其他用途。

775 | 卫浴间设置在住宅走廊上不好吗?

一些小户型的住宅为了节省空间,常常采用通廊或回廊式的设计,但是在这样的格局下,一定要注意卫浴间和走廊的位置关系。如果住宅正好位于走廊的两端,则不宜将卫浴间设在走廊的旁边。风水上认为,走廊直冲卫浴间是大凶之相,湿气和污秽之气会顺着走廊扩散开来,对人的健康非常不利,因此要尽量避免。

776 | 卫浴间位于住宅中间有什么不好?

对于一间住宅来说,其中间位置属于心脏地带,风水作用显得尤为重要。住宅的中央五行属土,而卫浴间属水,如果卫浴间的位置正好处于住宅的中间地带,则会形成"土克水"的格局,而且住宅中央会受到污秽之气的冲煞,无法聚集财气,还会影响家庭成员的健康。仅从布局上来看,卫浴间位于住宅的中央,供水和排污管道都会通过其他房间,不仅会使这些房间受到污秽之气的冲煞,还会给维修带来麻烦。

777 | 卫浴间紧邻着厨房有什么危害?

卫浴间属于水的能量区,厨房则属于火的能量区,如果两者的位置太靠近,由于具有完全不同的能量性质,一方面会造成磁场的爆冲,另一方面还会影响到住宅的能量状态。在风水上，这种水火并临是应该避免的格局。而且，卫浴间聚集着人体的秽气，而厨房是制作食物的区域，两者紧邻，会导致家人发生肠胃疾病。

778 | 跃层式房屋的卫浴间有哪些禁忌？

跃层式建筑要特别注意卫浴间的布局，在卫浴间的楼上、楼下不宜设置厨房、神坛、饭桌、沙发、卧室，位于楼上的卫浴间最好也不要设在大门上方，这样会有污秽家人名声之忧，使家人容易被人污蔑。化

解的办法是将上下楼层的卫浴间统一设置在一个方位，既解决了风水问题，又利于管道疏通。如果还有第三层空间，则最好在卫浴间上方设置阳台或庭院。

779 | 什么形状的卫浴间有利于家运？

卫浴间的形状要方正，不能建成三角形、弧形或是多边形，而且要尽可能使卫浴间大一些，以便气流通畅，防止气能停滞、聚集所带来的对健康和家运的不利影响。

780 | 卫浴间使用红色装饰有什么不好？

由于卫浴间是属水之地，所以卫浴间的颜色也大有讲究，最好能够选择属金的白色及属水的黑色和蓝色，既能突出卫浴间的高雅氛围，也能产生安宁静谧的感觉，利于让如厕者的思绪轻松驰骋。如果使用大红色等刺眼的色彩，则容易产生水火相攻的局面，令如厕者产生烦躁的心理，不利于其身心健康。

781 | 卫浴间的墙面怎样装修较好？

在进行卫浴间的墙面处理时，可以尽可能地发挥创意。如果喜欢简单，可以尝试在墙上刷油漆，这样可以很好地增加卫浴间的温暖度。喜欢时尚个性的，

可以用马赛克玻璃砖或是刻花瓷砖制作图案。无论是刷油漆还是贴砖，应该选择一些较为明亮的颜色，其中淡蓝、粉红、桃红、淡绿等都是卫浴间的可选色调，奶油色系和一些中性色系也是不错的选择。

782 | 如何进行卫浴间的地面处理？

在装修卫浴间时，地面是不可忽略的重要部分，不同材质的地板会产生完全不同的效果。对于卫浴间地面材质的选择，防水性是首要考虑的因素，清洁的方便性也不能忽略。因此，实木地板、大理石、花岗石都是上佳的选择，用它们来做卫浴间的地板，不仅满足了防水和清洁两大要求，光滑的表面也使得气流、能量能够顺畅地流动。

另外，由于水流方向是向下的，因此卫浴间的地面也不能高于卧室或是客厅，否则就容易形成住宅被水包围的格局，从而导致家人出现内分泌系统疾病。

783 | 为什么不宜将卫浴间位置改造成卧室？

有些家庭因为住宅面积有限，尽量缩小卫浴间的面积，或将住宅的其中一个卫浴间改造成卧室。在风水学中，卫浴间是产生秽气的污秽之地，将其改作卧室，会导致学业和事业不顺，同时也会造成财运的下降。如果居住的是公寓式住宅楼，就整栋大楼的格局来讲，这样的改动属于单套的改造，会形成楼上楼下的卫浴间将卧室包围的格局，更是风水上的大忌。

784 | 为什么卫浴间的门不宜长期敞开？

卫浴间会有秽气散发，如果长期敞开，秽气会流向其他房间，致使其他房间的阴气过重。而且卫浴间流出的秽气很不洁净，空气中湿气过多对居住者的身体健康也不利，也会影响到家庭成员的运气。所以应尽量将卫浴间的门保持关闭状态。

785 | 卫浴间的门有哪些风水忌讳？

卫浴间的门不宜与大门直冲相对，否则会引起口舌之灾，还会导致事业不顺。如果与卧室门相对，会使卧室受到秽气的冲煞，可能引发各种疾病。尤其是直冲睡床，会导致对冲部位的疼痛，如脚部、腰部和

头部等。

另外，卫浴间的门不宜正对着炉灶的位置，会对家里主妇的身体健康不利。如果卫浴间门对着书桌，会使人心神不安，无法专心学习和阅读。如果卫浴间的门正对着家中供奉的神位，则容易使家人在工作和生活中犯小人。

786 | 五行缺水的人如何布置卫浴间？

卫浴间是属水的地方，如洗手池、便池、浴缸等。这些水针对不同五行属性的人，有不同的用法。五行缺水的人可以尽量运用卫浴间的水能量来补运，可将卫浴间的门改为全玻璃的门，让卫浴间的水能量能透过玻璃门渗透出来。卫浴间内的坐便器代表一缸水，特别是当水箱盖打开的时候，它的功用和鱼缸是一样的。浴缸代表储存了一大缸水，缺水的人最好使用浴缸洗澡，还应该经常在里面泡澡。

787 | 五行忌水的人如何使用卫浴间？

五行忌水的人应该尽量减少卫浴间里的水。坐便器用完后应该将盖子盖上，也不适宜使用浴缸洗澡，可以选择淋浴的方式。如果卫浴间时常漏水，应使用绯红或绿色的瓷砖来装饰卫浴间墙面和地面，并在卫浴间种四支富贵竹。此外，要经常使用换气扇来抽走卫浴间的水汽，尽可能令卫浴间保持干燥。

788 | 如何合理布置浴室设施？

家居浴室最基本的要求是合理地布置"三大件"：洗手盆、便器、淋浴间。住宅入住前本来已经安排好了"三大件"的位置，各式排污管也相应配备好，就不要轻易改动其位置。特别是便器，不要为了有大洗手台或宽浴淋间而把便器放至远离原排污管的地方，这样做会后患无穷。"三大件"的基本布置方法是从低到高设置，即从浴室门口开始，最理想的是洗手盆向着浴室门，而便器紧靠其侧，把淋浴间设置在最里面，这样无论在作用、生活功能或美观上都是较好的。

789 | 卫浴间使用嵌入式盆台有什么不好？

有些人喜欢在卫浴间砌一个盆台，盆台高出地面一两个台阶，然后将浴盆嵌在盆台里。从风水学原理来看，卫浴间的地面不能高于卧室的地面，尤其是浴盆的位置不能让人有一种高高在上的感觉。五行学说认为，水是向下流的，属润下格，长期住在被水侵蚀的卧室里的人，容易导致内分泌系统的疾病，可以将盆台安置在另一间远离卧室的卫浴间内。

790 | 马桶安装在哪个位置最好？

风水学上，马桶不能在"四正线"和"四隅线"上，更不能与住宅的大门同向。人坐在马桶上时的朝向，不能与住宅大门的方向一致，否则会使居住的人

容易患不治之症。另外，马桶也不能坐北朝南，不能正对着床位或炉灶，要避开以上这些忌讳的位置。

马桶最好与卫浴间的门垂直或错开设置，尽量靠墙，才能更好地维持卫浴间的整体和谐。尽量不要使马桶能从卫浴间的镜子里看到，因为马桶产生的秽气经过反射后会加倍。

791 | 卫浴间的镜子有什么风水作用？

一般的家居装修都会将镜子设置在卫浴间里，对于没有窗户的卫浴间，镜子可以起到提升空间感的作

用，而且对早上刚起来洗浴的人来说，镜子可以让人从梦境回到现实中。镜子代表事业的发展，因而镜子要保持干净，随时擦干镜面的水汽和雾气，越清晰越好。

792 | 卫浴间使用什么样的镜子较适宜？

卫浴间的镜子选择要适宜，在照镜子时，头部上方还有空间就意味着事业的发展一片光明，而过多的空间会使事业流于空想，但也不能选择过小的镜子，会不利于事业的发展。较大的镜子还可以扩张因睡眠而收缩的能量，使人精神抖擞。

镜子的形状要规则，切忌使用菱形、多边形的镜子，以方形最佳，代表平衡有序，但不能有尖锐的棱角。圆形、椭圆形的镜子也适合使用，再配上圆形的洗手池和灯具，则更有利于建立风水上的平衡。

793 | 小镜子拼成大镜子使用有什么不好？

现代装修会使用很多小镜子来组合成大镜子，具有很强的艺术感，设计上美观大方，但照出来的形象却会支离破碎。这样的镜子不仅会影响人的健康，还会导致人变得优柔寡断，运势也会下降。因此最好使用整块的镜子，照出的形象越清晰完整越好，银镜是目前最不失真的镜子。

794 | 如何装修使卫浴间阴阳平衡？

卫浴间是住宅的关键之处，对住宅风水会产生很大的作用。潮湿会导致卫浴间的阴气过盛，因此在进行墙面和天花板的装修时，要选择防水和防霉性较好的材料，还要抗腐蚀性。在进行地面处理时，不仅要注意清洗的方便，更要保持干净，可选择既美观又耐用的天然石料做成的地砖。地上再铺上防滑垫，既提高了安全性，又利于卫浴间通风透气，防止污秽之气的积聚，使卫浴间保持阴阳平衡。

795 | 如何通过装饰减少卫浴间的阴气？

卫浴间产生的阴气对人的健康非常不利。平常要注意保持卫浴间的通风透气，可摆放一些芳香物品去除卫浴间的污秽之气，色彩鲜艳的毛巾或香皂沐浴品也可以防止阴气的产生。卫浴间充满明快、亮丽的颜色时，自然就会减少阴气的冲煞。另外，为给卫浴间带来整洁感，可以选用与墙体反差较大的清淡色彩的防滑墙，能有效抑制卫浴间的阴气产生。

796 | 如何使卫浴间干湿分离？

干燥、通风是卫浴间的基本要求，这是为了减少秽气、提高运势。卫浴间一般都包含有卫生间和浴室两个功能，若在面积允许的情况下，最好能单独隔离出1平方米左右的空间作为独立的淋浴处，可在地面安装窄条的石台，悬挂上浴帘，这样简单的设计可以有效地防止水流渗到整个卫浴间中。如果经济条件允许，设置淋浴屏或是安装独立的淋浴房，会起到更好的干湿分离效果。

797 | 为什么要保持卫浴间干燥通风？

在选择住宅时，很多人要求一定要明厨明卫，因为有窗户的卫浴间可以保持干燥通风。从风水的角度看，卫浴间是水汽产生的地方，尤其是带有污秽之气的浊水，会聚积在卫浴间里。长此以往，卫浴间中弥漫的水汽不仅会影响家人的健康，浊水散发的气味也会影响人的心情。保持卫浴间有充足的阳光和流通的空气，可以使卫浴间产生的水汽尽快蒸发，干燥通风的卫浴间也会令人心情愉悦，人的运势自然得到提升。如果没有窗户，则一定要安装排气扇。

798 | 卫浴间的物品摆放有什么讲究？

卫浴间的物品摆放以简单整洁为原则，切忌将卫浴间当成杂物房，将无用的东西都堆放在里面。

香皂、洗发水、沐浴露等物品应整齐摆放在洗手盆旁的架子上，散发的香味可以冲淡卫浴间的不良气息，使身心得到放松。牙刷应该尽量插在牙刷架上，

不宜直接放在杯子里。马桶等充满污秽之气的清洁用具则尽量设置在隐蔽之处。如果在卫浴间使用电吹风，用完后不宜直接挂在墙上，要放进柜子里，因为电吹风的五行属火，不收起来容易造成水火相冲。

799 | 卫浴间的灯具选择有哪些讲究？

家庭卫浴间一般包含漱洗室和卫生间的功能，尽管面积小，但功能多，给人的印象是湿气大又幽暗。故多数人喜欢浴室有明亮的灯光，但入浴又是享受宁静的时候，希望灯光柔和，所以可调节亮度的灯饰最

适合设在浴室。浴室照明可安装吊灯或日光灯，也可以在浴池上方天棚处安装浴霸，既可照明、加热，又可以换气。此外，洗脸盆上方装有镜子时，在镜子的一侧或上方设一盏全封闭罩防潮灯具，以便日常梳理，整理衣冠。

800 | 卫浴间的灯光应该如何布置？

卫浴间属水，宜用暖调黄光灯。因卫浴间有水管，吊完顶后建议用吸顶灯、筒灯或嵌入式灯具，采用冷色灯光或暖色灯光依据设计风格而定。

801 | 卫浴间适合种养哪些植物？

卫浴间的温差和湿气都比较大，不宜选择太娇嫩的植物，耐湿的观赏性绿色植物是首选，比如蕨类植物。此外，黄金葛、观赏凤梨、竹芋等也适合种在卫浴间里，不仅可以增添卫浴间的情趣，还可以起到良好的吸纳污秽之气的作用。

802 | 卫浴间里放置洗衣机好吗？

按照风水五行观点，卫浴间属水，而洗衣机属火，尤其具有烘干功能的洗衣机其火气更大。当洗衣机运转时就会产生风水问题，造成水火不相容的格局，容易引发家人肠胃和心脏的问题。卫浴间潮湿的环境也容易对洗衣机的外壳及内部的金属部件造成侵蚀，从而影响洗衣机的使用寿命，因此最好不要将洗衣机放置在卫浴间。

803 | 卫浴间使用芳香剂要注意什么问题？

芳香剂的使用越来越普遍，自然界各种气味可以分为四大类型：果香、草木香、粉香和蜜甜香。卫浴间、卧室、车上都经常使用它来增加香味，但如果使用香味的场合不对就会适得其反。卫浴间是人们最经常使用芳香剂的地方，卫浴间的气味最好用草木香或

清洁，也可以选用酸碱值为中性的清洗剂。清洗瓷砖缝隙处时，先用刷子蘸少许去污膏去除污垢，再在缝隙处刷一道防水剂。

805 | 怎样保持卫浴间的清洁干净？

卫浴间最大的卫生问题就是粪便的问题。如果没有及时清理粪便，就会臭气弥漫，引来苍蝇等其他害虫，不利于家庭卫生，有损健康。如果家中还使用粪池，要及时清理粪便，并定期用石灰等物品进行消毒。如果使用能冲水的便池或抽水马桶，则在大小便后都要随手冲净，并定期用消毒液消毒。

806 | 为什么要及时清理浴缸中的洗澡水？

有的家庭将浴缸作为储水工具，把洗澡水留下来冲卫浴间、洗拖把等。其实，这会犯了风水上的忌讳。作为洗澡的用具，浴缸最大的功效是将身上的脏东西洗掉，从而使心情得到一个良好的转换。洗完澡后，人的坏情绪和身体的疲乏都融进了水中。如果不及时放掉洗澡水，就等于将这些不利的因素都留在了家里，也就是犯了风水上的不存水的原则。

因此，洗澡水不应该长时间存放在浴缸里，应该尽快将其用完，以免滋生细菌。如果是为了节约水资源，则可以将这些水存到专门的桶中，而不是存在经常使用的浴缸里。

果香来掩盖，洗衣皂的草香味可以有效掩盖粪尿臭味，效果最好的是薄荷和留兰香，它们都属于草香香料。古龙水也可以用于卫浴间祛臭赋香。

804 | 打扫卫浴间时要注意哪些问题？

卫浴间的瓷砖在使用过程中常会出现松动、脱落的现象，这是因为瓷砖粘贴不够牢固，且长期处于潮湿环境下，打扫时可以采用树脂型黏结剂粘贴瓷砖。卫浴间的瓷砖常有油渍、水锈、皂垢等污垢，为保持瓷砖面清洁又不损坏其光亮，可以使用多功能去污膏

第十九章 窗户——藏风聚气

807 | 窗户的开设方位与五行属性有什么关系？

窗户所在的方位，影响着住宅吸纳灵气的属性。东窗行木运，南窗行火运，西窗行金运，北窗行水运。如果窗户都开在东方，则吸收的木气多；窗户都开在北方则吸收的水气多。如果丈夫缺火，妻子缺金，则应在南方和西方开窗；如果孩子木过多，则不能开东窗。要根据家人的五行属性来开窗，吸收好的风水。

808 | 窗户向南方位开设有什么作用？

风水学比较强调住宅向南而居，从自然角度来说，

向东或向西的房子分别在上午和下午被强烈的阳光照射，向北的房子有北方寒冷之气，而向南却有暖和之水。所以窗户应该尽量向南开，比如开在东南、西南、正南，可以接纳南边不寒不燥的气温，对于人体健康和人的命运都是有益的。

809 | 窗户的开设有什么讲究？

窗户是调节室内与室外气流的重要通道，两扇窗户不宜对着开，否则容易使住宅内的生气流失，对人的身心及财运不利。窗户的高度要适宜，下边要高于腰身，上边不能低于身高。

开设窗户时应先使用宅命盘和命卦五行来确定房屋的吉凶方位，并据此关闭凶方的窗户。如果已经开了很多窗户，就要用窗帘来遮挡。

810 | 窗户开设的数量和大小有什么风水影响？

窗户大小和数量要适中，窗户太小或开设的数量太少都会影响室内采光，容易导致住宅内气流不畅通，使人感到精神压抑、憋闷；窗户太大或数量太多则会阳气过盛，阴阳失调，使房屋住宅内的气场外泄，气流就难

以聚集，不利于财运，也会使家庭不和，事业不稳。开设过多的窗户还可能造成风水中的凶气入侵，因为朝太多方向开窗，将窗开在凶方的概率就会大大增加。

811 | 关于住宅大窗的开向要注意什么问题？

住宅的大窗是房屋的主要纳气口之一，不应设置在北方，因为北方在风水五行上属于阴水，这种开向的窗户易使阴煞进入，不利于家人身体健康。如果大窗的视野被邻居的房屋挡住，住宅里面的人无法通过大窗开阔视野，这样的格局意味着"卦气不到"，即住宅"生气"和"财气"被阻隔，可以改变窗户的大小以减少影响。

812 | 窗户的高度如何设置为宜？

窗户的顶端高度必须超过居住者的身高，这可以让居住者有居家的安全感，增加居住者的自信和气度。窗户高度不宜过低，要确保空气的流通，同时居住者眺望窗外风景时，也不至于因弯腰弓背而感觉吃力。

813 | 窗户的颜色与方位有什么关系？

将窗户或墙壁漆成不同的颜色，可以将外部景致明显地纳入窗中，形成一幅天然的风景画，能为居住

者带来活力和创造力。但选色时要注意，若选择与方位相配的颜色，则对宅运大有裨益，反之则有害。八个不同方位的窗框配色建议如下：

向正东的窗户宜用黄色、褐色；
向东南的窗户宜用黄色、褐色；
向正南的窗户宜用白色、银色；
向西南的窗户宜用蓝色、黑色；
向正西的窗户宜用绿色、青色；
向西北的窗户宜用黄色、褐色；
向正北的窗户宜用红色、粉色；
向东北的窗户宜用蓝色、黑色。

814 | 窗户的形状与五行有什么关系？

窗户的形状与五行有着密切的关系，运用得当有助于加强家居的能量吸收，增加住宅空间活力。窗户的五行形状为金型圆、木型长、水型曲、火型尖、土型方，在安装窗户时要根据宅主或家庭成员的五行属性进行选择。

815 | 如何开设属金型的窗户？

圆形或弧形的窗户属金型窗户。开设在住宅的西、西南、西北、北与东北等方位最适用，它能使住宅的外立面产生一种凝聚力，并会在家中形成团结的力量。

816 | 如何开设属木型的窗户？

直长形窗属木型窗。其最适合的方位是住宅的东方、南方与东南方，它能使住宅的外立面产生一种向上的速度感，并会在家庭中形成积极向上的氛围。

817 | 如何开设属水型的窗户？

双弧形或圆形组合的窗户属水型窗。其最适合的方位是住宅的北方、东北方与东方，它能使住宅外立面产生一种浪漫的感觉，可以转化、消除不利方位带来的寒气，为从事艺术工作的人增强灵感。

818 | 如何开设属火型的窗户？

八角形或尖形窗户属火型窗。其最适合开设在住宅的中心位置以及南、东南、东北、西北与西南等方位，它能补旺地运，激发人的斗志，让人对事业充满激情。

819 | 如何开设属土型的窗户？

正方形或长方形窗属土型窗。其最佳的位置是住宅的南、西南、西、西北与东北等方位，它能使住宅的外立面产生一种安定、稳重的感觉，并会在家中形成平稳、踏实的氛围。

820 | 三角形的窗户有什么风水影响？

三角形或尖形的窗户属火型窗，在住宅建筑中比较少见，由于其过于尖锐会蕴藏杀气，不利于居住者。此外，双弧形或圆形组合的属水型窗户也不太适合家居装修。因此，不要过于追求新奇而将居室的窗户设计成火型或水型，否则对宅运不利。

821 | 如何选择合适的窗帘？

一，可以悬挂色彩鲜艳的竖条窗帘，竖条图案可以使房间"增高"，减少空间压迫感，而且尽量不做帘头；二，可以选用素色窗帘，素色显得简单明快，能够减少压抑感；三，可以使用升降窗帘。横条图案可以使房间"增肥"，在狭长房间的两端安装带有醒目横条图案的布艺，如此前呼后应，也能产生缩短距离的效果。

如果是朝向不好或位于底层的房间，窗帘要以浅色调为主，图案小巧为宜，建议采用具有光泽的反光材料来装饰墙壁，比如棉丝面料，或者使用"纱窗"。

如果房间的空间较小，窗帘应以浅色调、冷色调为宜，因为浅色、冷色可以营造出一种宽敞、雅致的视觉效果。

822 | 窗帘对房屋的风水有什么影响？

窗帘是为了保护私密性而设置的，可以遮挡过于强烈的阳光，在家居设计中也起到很好的装饰作用。在风水上，窗帘则可以用来解决火过多、过盛的情况。如果是命中五行缺火的人，需要大量的火属性的物质，因而需要大量的阳光照射，房间不适合悬挂过厚的窗帘。

823 | 如何利用窗帘挡煞？

按照风水学的观点，不同材质、不同设计风格的窗帘可以阻挡不同的煞气，应根据需要进行合理地选择。

人造纤维材质的窗帘五行属火，利用"火克金"的原理，可以用来挡住来自西面和西北面属金的煞气。

百叶窗常采用铝材制成，其五行属金，利用"金克木"的原理，在东面和东南面的窗户上悬挂百叶窗，可以抵挡木煞。

水波帘由于呈波浪形，其五行属水，利用"水克火"的原理，正好可以用来挡住来自南面的火煞。

罗马帘既能够分成几段向上拉，也可以整块拉升起来，从风水学的角度来看，其五行属土能够挡住来自北方的属水的煞气。

木质的百叶窗或是纸质、布制窗帘，可以挡住来自西南面、东北面的土煞。

824 | 东边窗户应该安装什么类型的窗帘?

东边的窗户总是最早迎接阳光,光线伴随着太阳的升起而射入,因此这一朝向的窗帘需要适应快速变化的温度,厚薄要拿捏得当,太厚会使房间显得阴暗,太薄又会使光线刺激人的眼球。

825 | 西边窗户应该安装什么类型的窗帘?

西边的窗户由于受到太阳西晒的影响,温度增高,强烈的光线会损伤家具表面的色彩和光泽,布料也容易褪色,最好选择经过特殊处理的布料予以遮挡,可以折射阳光从而减弱阳光的强度,保护家具不受损坏。百叶窗、风琴窗、百褶窗和木帘等是不错的材料。

826 | 南边窗户应该安装什么类型的窗帘?

南边的窗户一年四季都有阳光照射,是房间最主要的光线来源,让屋内呈现淡雅的金黄色调。南边窗户安装日夜帘是一个不错的选择。白天展开上面的窗帘,这样不仅能透光,将强烈的日光转变成柔和的光线,人还能观赏到窗外的景色;拉起下面的帘,其强遮光性和隐秘性让主人在白天也能享受到如漆黑夜晚般的宁静。

827 | 北边窗户应该安装什么类型的窗帘？

北边窗户透进来的光线对于追求艺术的摄影师、画家来说，是最理想的光源。因为从北边窗户照射进来的光线显得均匀而明亮，是最具有情调的自然光之一。可以安装百叶窗、布艺垂直帘和薄一点的卷帘，以及透光的风琴帘、透光效果好的布艺帘。

828 | 大房间的窗户选用布窗帘有什么风水作用？

房间的面积较大宜选用布窗帘，有助于睡眠和阻挡外界的不良影响，落地的布长帘可以营造一种恬静而温馨的氛围。小房间最好选用容易让大量光线透过的百叶帘。需要注意的是，背窗而坐或头向窗而睡都会令人神经紧张，在风水上是不允许的；但如果在窗户上悬挂厚实的布窗帘，就可以减少不利因素的影响。

829 | 完全透明的窗户有什么风水禁忌？

透明的玻璃帷幕建筑，缺乏私密性，同时玻璃也不聚气，能量容易散发出去。居住在这种四面透明的窗户房间里，不利于居住者的平安健康，会影响居住者的精神状态，易使人变得烦躁、缺乏安全感。化解的办法是挂上可以遮挡光线的窗帘。

830 | 窗户朝向怎样的道路对风水不利？

窗户正对着长且直的道路是不吉利的，道路上车来人往，在风水上和"水"环绕住宅是同样的道理。如果车辆是朝着窗户的开向驶过去，这种局面称为"冲心水"，是凶煞之兆，会影响人的身体健康；相反，如果车辆是向着窗户对面的路驶去，又会造成"扯水"之局，经常被"扯水"的住宅难以聚财。因此，窗户正对着长且直的道路，无论车流方向如何都是不吉利的。

831 | 窗户朝向怎样的道路有利于风水？

窗户最好正对着腰带形弯曲的道路。在风水上，这就是所谓的"九曲水"，住宅被九曲水环抱，这样的房屋格局能提升家庭运势，易于藏风纳气，主财运旺、事业顺，能保家人财运稳固，人丁平安。

832 | 窗外可见公园和水池有什么风水作用？

窗外有公园、球场是吉利的格局；窗外见环抱路，亦为见财吉兆；窗外见湖河或向海为明堂水，可使事业兴旺。相反，窗前空旷无水也是吉祥的，是为明堂宽阔，亦能使事业发展平稳。住宅窗前也宜有半圆形池塘或溪水，圆方朝前，基地主正，有发财的预兆。

833 | 如何利用窗户提升运势？

窗户是住宅的纳气口，可以吸纳外界的吉祥之气，使居住者安居乐业、财运平顺。因此，房间的窗户要经常打开，保持气流的畅通。如果窗户正对着环绕的河流，是比较佳的风水之相，可以使居住者的名利及财运都得到提升。在窗台上摆一条金龙，并将龙头向外，也可进一步增强运势。

834 | 如何通过窗户调节住宅的阴阳？

窗户的设计不仅决定气息的流通，更能调节住宅的阴阳。首先，窗户最好能向外或向内打开，不宜向上或向下斜开，其中向外开的窗户最佳，可使大量的

气流进入室内，且开窗时可使室内浊气外流，增加住宅阳气，从而加强居住者的事业运。

其次，东、南两个方位对光线的需求较大。因此，住宅中朝东、朝南两个方向的窗户应尽量开设大一些，但是要避免窗户与门、窗户与窗户之间直线相对。另外，每一扇窗户都要设置窗帘，厚薄要适宜，如果窗帘太薄，无法遮住光线，则失去了调节阴阳的功能。

835 | 窗户为什么要经常清洁？

在风水上，窗户代表的是眼睛，窗户是否干净，代表着眼睛是否干净。中医上认为眼球属火，眼白属木，在身体上，心脏属火，肝脏属木，故而眼睛的健康与否与心脏和肝脏的健康状况是有关系的。因而窗户的干净与否，不仅关系着眼睛，还关系到心脏和肝脏的健康。窗户是房间主要的光线来源，如果窗户污浊，会导致光线不能顺畅地照进房间，也无法利用阳光对室内进行消毒。所以要始终保持窗户干净，才有利于家人身体健康。

836 | 窗合上摆放物品有何讲究？

窗户是房屋与外界进行交流的一个通道，窗户上放的物品会影响房屋的风水。将适合的风水物品放置在窗台上，能起到开运或化煞的作用；如摆放不适宜的物品，则有可能会对风水产生相克作用，招来不佳的财气，因此在窗台摆放物品时要谨慎。窗户上切记

不能堆放杂物，一些不常使用的物品散发出来的霉气会被气流吹入屋内，从而对房屋的风水产生不利影响。

837 | 窗台上摆放花木盆景好吗？

在窗台上摆放一些花木盆景会令人赏心悦目，在风水上也有辟邪之功能。人的视线会停留在这些近景上，窗外杂乱的东西便会被忽视，同时也不会影响阳光和空气的数量和质量。另外，还可以设计一些精致的托架，将花木分为几个层次来摆放，如窗户的上部挂一盆吊兰，中间用厚玻璃托起浅盆花草，窗台摆放盆景或其他摆设，这些小点缀恰似点睛之笔，可使窗户增添不少生气。

838 | 窗与窗的距离太近有什么不好？

在一些住宅楼群中，住宅的窗户常会与隔壁房屋

的窗户相对，而且距离很近，这样就会产生风水问题。对于客厅的窗户而言，由于两家人的运气都会变化，家运风水不会同好或同坏，但两家的气运会通过窗户进行交流，这就会造成好运气与坏运气反复无常的现象。如果是其他窗户，距离近则不会产生什么影响。化解的办法就是在窗户上悬挂窗帘。

839 | 窗户对着两栋楼的缝隙有何不利？

当两栋楼相距很近时，两栋楼之间的空隙就会变得很窄，远远看去，就像一个巨大的斧头将楼房劈成两半，这种风水现象被称为"天斩煞"。如果从窗户看到天斩煞，容易使家人遭遇血光之灾，或患有需要动手术、非常危险的疾病。化解天斩煞的办法是在看见煞气的窗口摆放铜马、大铜钱和五帝钱；如果情况比较严重，就需要摆放一对麒麟来挡煞。

840 | 窗户对着尖锐的物体怎么办？

风水上把尖锐的物体称作"火型煞"，如房屋的屋角、亭角，或呈尖锐角度的艺术雕塑，或三支以上的烟囱，或分叉的、三角形的尖锐道路，都称为火型煞。火型煞对人有很大的影响，容易导致人患急性疾病或受到伤害。要化解火型煞可以将铜貔貅放在煞气方，用貔貅的口来挡煞，还可以吊一串铜钱在煞气方，通过扩散煞气的作用来化解煞气。

841 | 窗户对着楼房的墙角有什么不好?

在风水上，从窗户看到外界一些类似刀形的物体，就犯了"刀煞"。如果从窗户能看到对面楼的墙角，特别是成九十度的大厦墙角就会形成刀煞，刀煞容易使人受伤、生病，且这种影响较为猛烈和迅速。化解的办法是在能看到刀煞的窗户上挂一对铜貔貅冲煞，让煞气扩散。

842 | 窗户对着排水管怎么办?

现代的住宅外墙通常都会安装一些排水管，因为每根主管道旁都有分给各家的分管道，洗手间的管道、阳台上一排排的栏杆，看上去形如蜈蚣一般，风水上称为"蜈蚣煞"。看到蜈蚣煞的住宅，屋主容易患肠道类疾病，特别是小孩最忌讳看到蜈蚣煞。化解蜈蚣煞的办法就是摆放鸡的装饰品向着煞方，并栽种花或者万年青。

843 | 窗户对着医院、殡仪馆怎么办?

房屋的窗户正对着医院、殡仪馆等场所，会影响人的身体健康，不利于事业的发展，对财运和情绪等都会产生不利影响。化解的方法是在窗户上挂一个真葫芦，并把葫芦盖子打开，这样就可以吸收各种污秽之气，收服怨煞以化解不利的影响。

844 | 从窗户反射进来的阳光有什么不好?

阳光照射进房间可以增加室内阳气,但当阳光以反射的方式进入房屋,则变成了反光煞。如水边的房屋可能因为水面反光而出现不断变幻的金色光,一些商业大厦的玻璃幕墙也会随着光线的变化出现不同的反光。这些反光的不断变化,会令人头昏眼花,易使居住者发生血光之灾。

要想化解反光煞,可在窗户上贴半透明的磨砂窗纸,并在窗户的左右角各放一串明咒葫芦。如果反光煞比较强烈,则需要在窗户中间放一个木葫芦,多放两串五帝钱和明咒白玉。

845 | 从窗户看到外面的灯光吉利吗?

城市中常出现各种户外光源,如夜晚亮着的路灯、汽车灯、商业宣传的霓虹灯等,这些光源代表着不断射进来的不安分磁场,会给房屋的风水带来许多变化,被称为"日夜凶光煞"。安装的窗帘如果不能严密地挡住射进房屋的光线,这些不吉利的光线会使人的情绪处于躁动和不稳定中,长期受到这些灯光的侵扰容易使人患上神经方面的疾病。但如果屋主是五行缺火的人,这些灯光只要不照射进屋,就不会有大的影响。可以将彩色的玻璃纸贴在窗户上,或者换一幅能够严密遮挡光线的窗帘,以化解煞气。

846 | 窗户对着窄巷烂墙有什么不好?

窗户对着窄巷烂墙的景象会大煞风景,终日面对这样的景象不利于营造健康、顺意的家庭生活。这时可以安装窗帘把"景物"隔开,同时也要让阳光和风适时进入。如果窗外景观脏乱不堪直接影响居住者的情绪,时间一长居住者的情绪就会变差,甚至会变得焦虑不安。如果出现这种情况,必须用百叶窗进行遮挡,运用透光不透景原则来处理,或者将此窗关闭,另再开设窗户。

847 | 为什么说"反光煞"是住宅风水的大忌?

室内采光应以自然柔和的阳光为宜,若是太强烈的光射进来则会让人感觉不舒服,反光为大凶,称为"反光煞",所以三面有玻璃的房子不适宜居住。现在都市中有许多建筑采用玻璃幕墙,以致对邻近的建筑形成反光,这种玻璃墙的反光十分强烈,射进室内的光线非常刺眼,这种强烈的光线最易破坏室内原有的良好气场,使人产生烦躁冲动的情绪,心神不宁。如果是河水的反光入室,则会产生不稳定的晃动波影,在室内天花板上形成这种晃动的光影,必然会对人的精神产生刺激,使人不自觉产生一种紧张情绪,时间一长,人就会时常产生恍惚的错觉。

如果卧室有强烈的反光进入,可以用厚窗帘遮挡,也可以摆一盆绿色盆栽在窗台,既美化了室内环境,又可以化解反光煞。

第二十章 阳台——化煞纳吉

848 | 阳台朝向哪个方向有利于家运？

阳台是住宅的纳气口，吸收外界的阳光、空气等，对整个住宅的风水起着非常重要的作用。风水上认为，朝东方和南方的阳台对提高家运有很大的帮助，自古以来就有"紫气东来"的说法。阳台朝向东方，可以吸纳阳光带来的吉祥之气，使室内光线充足，使家人精神饱满。阳台朝向南方也是较好的风水布局，此方位不仅光照充足，暖风也从此处进入住宅，可以使家中的气流活络，提高整体运势。

阳台忌朝向西方，太阳西晒的热气会影响家人的健康。朝北的阳台则会在冬季成为寒风的入口，容易导致疾病。

849 | 如何利用阳台增加财运？

五行中，阳台属金，通过恰当的方法可以提高家庭的财运。一些住宅的空间较大，明亮的照明显得尤为重要，在阳台安装吸顶灯或壁灯，可以在一定程度上增加财运。将鱼缸摆放在阳台上，或是在阳台上开辟一个水池，养上罗汉鱼、锦鲤、七彩神仙等颜色鲜艳、性格温和的鱼，也可以达到生旺家运的效果。如果在鱼缸里安装一只蓝色的水族灯管，聚财的效果会更明显。

850 | 哪些阳台格局会影响家运？

阳台是连接住宅内外的通道，它的布局对家庭的财运起着关键的作用。从阳台向外看，如果看到弯曲的道路，而弯角的地方又正好对着阳台，这是风水上的"反弓煞"，是败财的格局。如果阳台正对着两幢高楼，视线所及之处只有一条狭窄的通道，这种格局在风水上叫做"天斩煞"，会导致破财，还有可能引起血光之灾。如果阳台外面是庙宇、医院等阴气较重

的建筑，或者是高大的写字楼，也会对住宅的财运风水造成影响。

851 | 怎样布置阳台增进家庭和谐？

布置舒适的阳台有利于增进家庭成员之间的关系。首先要保持阳台的整洁，尤其是当客厅与阳台相通时，可以在阳台摆放芳香剂或种植散发香味的花草，不仅可以去除室内异味，舒适的味道也可以营造出和谐的家庭氛围。其次，可以在阳台悬挂一幅图案简单的画，或是摆上一盆绿色植物，比如开运竹之类。另外，

也可以在阳台上摆放紫水晶，具有放射和吸收磁场能量功能的紫水晶也可以促进家庭成员之间的关系。

852 | 为什么要对阳台进行改造？

从风水学的观点看，阳台是吸纳气息之处，吸收住宅外面的阳光、空气、雨露等，对整个住宅的风水有重要的影响。在现代住宅中，阳台通常采用开放式设计，与客厅、卧室之间只是隔了一扇门和窗户。这样的布局会使外部环境及噪声等不利因素轻易通过阳台进入住宅，因此有必要对阳台进行改造。

853 | 阳台对着大门有什么不好？

从风水角度看，如果阳台和大门处在一条线上，就会形成穿心的格局，无法达到藏风聚气的目的，对居住者事业和财运都会产生不利影响，这样的格局也很容易暴露家庭的隐私。可以利用玄关、屏风、绿色盆栽等加以隔阻，或是将阳台的窗帘拉上，以减小影响。

854 | 阳台正对着厨房有哪些影响？

阳台正对着厨房在风水上被称为"穿心煞"，这种风水格局会影响家人的团聚。可以在阳台上摆放一些盆栽化解穿心煞，或利用爬藤植物的花架进行隔阻。

另外，尽量拉上窗帘，在不影响活动的前提下，在厨房和阳台之间设置屏风或摆放一个柜子，都可以化解穿心煞带来的不利影响。

855 | 为什么不宜将阳台和卧室打通？

为了增加房间的面积，有些家庭将阳台和卧室打通，形成阳台和卧室一体的格局，这是不适宜的。因为人体存在一层起保护作用的气场，到了晚上睡觉时这层气场就会变得比较微弱，人体很容易受到伤害。

如果将阳台打通，即使安装上玻璃，还是会有让你感觉睡在露天一样，消耗的能量增加，易导致睡眠质量下降及失眠等问题。如果是儿童房，更不应该将阳台打通，对小孩的健康非常不利。

856 | 将阳台完全封闭好不好？

从现代住宅分布格局来看，阳台是房屋的主要纳气口，也是住宅的采光之处。如果用玻璃、木板等将阳台完全密封，不仅使旺气无法进入住宅内，室内的

各种污秽之气也无法排放到室外，是非常不利家运的格局。因此，在改造阳台时，应该留下通风的窗口，不宜将阳台全部封闭。

857 | 如何设置阳台的遮雨棚？

设置遮雨棚时尽量不要设置成垂檐，也要避免做成箭形等尖锐的形状。风水上认为，尖锐的物体都带有煞气，形状尖锐的屋檐会对人的身体健康造成不利影响。如果要设置成垂檐，就要将其做成弧形，避免冲煞。

858 | 如何利用阳台化解房屋风水上的困局？

住宅被四周的高楼所包围，就会形成风水上的困局，居住在这种格局的住宅中，事业和学业都会受到影响。化解的办法是在阳台上摆放一只鹰头向外、双翅为展翅高飞造型的石鹰雕塑品。需要注意的是，如果家中有属鸡的成员，则不宜在阳台上摆放石鹰，避免两者相冲。

859 | 如何化解阳台的风水冲煞？

如果阳台正好对着一些尖形或带利刃的物体，比

如对面建筑尖锐的屋顶、外墙上三角形的凸窗等，都会形成尖角煞，会对住宅的整体运势产生影响。此时可以在阳台上方悬挂凸镜，因为凸镜的镜面是凸出的圆弧形，可以分散冲煞。另外，如果住宅外有道路直冲阳台，且道路长、来往的车辆多，是大凶破财的格局，冲煞带来的负面影响大。化解的方法是在阳台两旁各放一面凸镜，还可以在面对煞气的地方悬挂珠帘或是窗帘，能起到很好的换气效果，在一定程度上化解煞气。

860 | 如何化解阳台外的火型煞？

在风水学中，阳台正对着其他楼房的墙角、红色外观的大楼、油库或是烟囱等物体，都是犯了"火型煞"的格局，会导致家人患上急性疾病，健康受到非常大的影响。在阳台上摆放铜貔貅或悬挂一串铜钱，可以使煞气向四方扩散。另外，在阳台上摆放石龟也能起到化煞的效果，如果属火的建筑位于南方，则需要摆放两只石龟，并在中间放一盆或一杯清水，以增强化煞的作用。

861 | 阳台上如何摆放化煞的吉祥物？

在阳台放置吉祥物是化煞和吸纳吉气的好方法，不同的吉祥物有不同的使用方法。风水轮是很多家庭使用的招财物，利用风水轮的滚动，使财富随着流动的水汽流向自家住宅。使用时最好将风水轮设置在阳台的左方，不仅能招来财气，还可以得到贵人帮助。紫水晶可以吸收和放射磁场的能量，提高整体运势，可以将其放置在阳台的任意方位，但在白天要使水晶洞口朝外，临近夜晚时将洞口转向宅内，这样才能使白天所吸收的能量释放到室内。此外，在阳台至少放置一尊瑞兽，如麒麟、貔貅、祥龙等，可以驱赶不良的煞气，捍卫住宅的安全。

862 | 利用镜子化解阳台煞气时要注意什么？

镜子有反射光线的作用，在风水学中常用来反射煞气，尤其是住宅外有尖角冲煞时，可以在阳台上悬挂镜子进行化解。但是如果对面的住宅也使用同样的方法化煞，则冲煞会在无形中被放大，造成更为严重的不利影响。因此在阳台上使用镜子化煞时要小心，避免效果适得其反。

863 | 阳台摆放石狮可以化解哪些冲煞？

石狮是阳刚、强悍的象征，可以起到镇宅、挡煞的作用，如果住宅外有大型写字楼、银行等建筑，可以在阳台两边各摆放一头石狮，并将狮口朝外，就可以起到挡煞的作用。阳台对着殡仪馆、庙宇、医院等阴气较重的建筑，容易导致家人出现身体和精神上的问题，可以通过摆放一对石狮起到镇宅的作用。需要注意的是，摆放的石狮要是一公一母，左边是雄狮，右边是雌狮。

864 | 阳台向水应该摆放什么吉祥物？

向海或向水的阳台，可以摆放一对石龙。水势旺财，放置石龙可以引财入室，但如果户主的生肖属狗，因为辰戌相冲，便不宜在阳台摆放石龙。可用石龟或麒麟来代替，这两种瑞兽均喜水，同样能带旺财运，且又能避开与生肖的相冲相克。放置这一类吉祥物时，头部都要向着户外。

865 | 阳台被重重包围应该摆放什么吉祥物？

如果住宅周围高楼林立，自家屋宅如鸡立鹤群，从阳台外望陷于重重包围，不见出路，此即落入风水上的困局。居住在其间的人容易屈居人下，仰人鼻息，很难脱颖而出。化解的办法是在阳台栏杆上摆放一只昂首向天、振翅高飞的石鹰。注意鹰头要向外，双翼切勿下垂，才可以收到好的风水效果。如果宅主的生肖属鸡，为了避免冲突，不宜在阳台上摆放石鹰。

866 | 阳台上摆放吉祥物要注意什么？

在住宅中摆放吉祥物，如瓷器、木石、鼎等，可以起到镇宅和养气的作用。风水上对吉祥物的摆放有着严格的要求，一般来说，吉祥物应该摆放在通风透气、光线明亮的地方，如客厅、书房、卧室等。阳台由于受到日晒雨淋，不适合放置吉祥物，但是为了化解阳台上的煞气，不得不摆放吉祥物进行化煞，这时应该注意保护吉祥物，如选择一些不易被风雨吹打到的吉祥物，也不要将吉祥物放置在阳台的外面。

867 | 如何根据阳台的朝向选择植物？

阳台的朝向不同，接受光照的时间也有很大的差异。光照不充足的阳台只适合放喜阴的植物；朝向南面的阳台宜选择耐旱和喜光的植物，最适合的是仙人掌，其次有月季、米兰、海棠、茉莉、爬山虎、石榴、金银花等喜光植物；朝东的阳台宜种植山茶、杜鹃、文竹、君子兰等半阴植物；朝北的阳台宜种植万年青、兰花等喜阴的植物。

868 | 如何避免阳台的"斗风水"格局？

风水学中所指的"斗风水"，简单来说是通过"阴阳五行"的生克，时间、方位和物件的配合，以风水术克制他人的格局。尤其是吉祥物的使用不当，会引发不良的后果。在化解冲煞的同时，又避免由此引起"斗风水"格局，最好的办法是在阳台种植具有化煞作用的植物。

869 | 阳台的水流向房间有什么风水影响？

阳台地面装修时有必要考虑到水的流向问题，千万别让水对着自己的房间流，并且阳台上一定要有一个顺畅的下水通道。如果阳台的水流向自己的房间，居住者容易被投资机会所诱惑，但又不能考虑周全，最容易出现自己的钱财被冻结的情况。

870 | 阳台上种植哪些植物有化煞的功效？

阳台是化解煞气的第一道屏障。在阳台上往外看，如果山水恶劣、直冲尖角、道路相冲、街道反弓，或者阳台面对着医院、坟场、寺庙等对住宅风水不利的地方，可以在阳台上种植一些化煞的植物，能有效地保护家运。

茎、叶上带刺的植物具有很好的化煞功能，如仙人掌、玉麒麟、玫瑰、牡丹、龙骨花等，其身上的刺可以冲顶外煞，使煞气退避，从而保护住宅和家人。

871 | 阳台上种植哪些植物有生旺的功效？

在阳台上摆放一些花草植物，不仅可以美化环境，还可起到良好的风水作用。如果阳台上没有任何冲煞，则种植一些可以起到生旺效果的植物。高大的常青植物就具有较好的生旺功效，而且叶片越厚效果越好。因此，在阳台上种植橡胶树、万年青、发财树、巴西铁树、棕竹等，对提高运势具有良好的作用。

872 | 在阳台种植植物要注意什么？

有些阳台虽然空间大，采光充足，但并不适合种养植物，应该根据阳台的方位进行选择。如果阳台位于东北或是西南方，最好不要种植植物，否则会影响家人的运势，或者给家人带来肠胃问题。东北方位的阳台如果种植了植物，会对孩子的学业造成影响；如果种植在西南方位，则会影响女主人的运势。这两个

方位不是完全不可以种植植物，可以种一些红花化解木气。而位于东南方的阳台非常适合用来种植植物，东南方在风水学中属于文昌位，在此方位种植植物可以满足文昌喜木的特性。所以，在位于东南方的阳台上种植高大常绿的观叶植物，可以催旺文昌，对家人的工作和学业都有帮助。

873 | 为什么阳台不适合悬挂风铃？

风铃是风水上常用的化煞或挡煞的装饰品，风铃产生的声音可以震动空气，从而带动屋内的磁场以化解煞气。在使用风铃时，要注意考虑其材质和悬挂的方位，在无法确定的情况下，不要随意在阳台悬挂风铃，如果选错种类或悬挂位置错误就会形成声煞，对家人造成不利的影响。

874 | 洗衣机不能放在阳台哪些方位？

由于住宅空间有限，一些家庭把洗衣机放在阳台上使用，但如果放置的方位不对，会对家运造成不良的影响。洗衣机放在阳台的正西方，意味着是非意外和疾病会找上门；放置在东北方，会影响家人的肠胃健康和小孩的学业。此外，洗衣机排水口的位置也非常关键，为防止漏财，正东、正南、东南以及西南四个方位不能作为排水口使用，最好设置在东北、正西等凶位上。

875 | 神合适宜摆放在阳合吗？

为了避免供神时产生的烟雾滞留在屋内，有些家庭将神台设置在阳台上，如把天官神祇安置在阳台上，以便吸纳外界的生气。但是，阳台通常空阔而少遮拦，这会使神祇长期被日晒雨淋，神祇的作用就会打折扣，同时也是对神的不敬重。而且阳台的风容易将烟灰吹得四处飞散，晒在阳台上的衣物也会遮挡神位，以致亵渎神祇。

如果一定要在阳台上摆放神台，则应该将神台放置在能够遮风挡雨、背阳的地方，避免将衣物悬挂在阳台的前方而遮挡神台，使神祇发挥最有效的作用。

876 | 阳合设置玻璃外墙有什么不好？

有些人喜欢用玻璃作为阳台外墙，认为这样外景较佳。其实这是居家风水中"膝下虚空"的大忌。这样的设置，使他人在户外可以轻易看到室内的活动内容，而且这种格局会导致钱财外泄，不利于家运，应该尽量避免。如果无法避免，最有效的弥补方法是把一个长低柜摆放在落地玻璃窗前，作为矮墙的替代品。低柜若太短，可在两旁摆放植物来填补空间，这样既美观又符合风水之道。

877 | 阳合堆放太多杂物有什么不好？

阳台是住宅与外界的通道之一，是房屋主要的纳气口，所以要保持阳台的整洁干净和气流畅通。为了节省住房空间，一些家庭将不用的杂物散乱堆放在阳台上，其实这样不仅会影响阳台的美观度和舒适度，还会破坏家人的整体运势，导致人际关系紧张等问题。如果将阳台作为储物空间，就要注意经常打扫清洁，保持阳台的开阔明亮。

第二十一章 别墅——生旺家运

878 | 怎样评估别墅风水的好坏？

与普通住宅相比，别墅风水更容易受到周围环境的影响，在衡量别墅风水时必须从内环境和外环境两个方面考虑，且外环境对风水的影响大于内环境，两者的比例大概是6：4。因此，在选择别墅地址时，要重点考察周围的环境，采光、绿化、水源是最基本要素。在此基础上，再进一步分析别墅的内部结构，选择有利于宅主运势的内结构。

879 | 什么样的别墅格局能提高财运？

风水中有"左青龙，右白虎，前朱雀，后玄武"的说法，前水后山、山水环抱是最理想的别墅格局，也最利于财运的聚集。因此，别墅宜两侧有树木环抱，前面建有游泳池，背后有山坡依靠。住在这样的别墅里可以提高居住者的财运，但周围的树木最好不要超过别墅。

此外，别墅的形状也会对居住者的运势产生影响，最好选择方形的布局。正方形的别墅阳光充足，可使宅主得到贵人帮助；长方形的别墅中规中矩，适合所有的人；前窄后宽的漏斗形格局，对财气的聚集非常

有利，漏斗越深就越容易聚财；而圆形的别墅，由于没有尖锐的棱角，象征着团圆。

880 | 别墅选择在闹市区有什么不好？

闹市区一般都处于交通繁忙的状态，商业发达，人群高度汇聚，如果居住在这种区域的别墅里，虽然交通购物方便，但却无法享受自然景观，而且大量的废气污染和各种噪声会对人的心理和身体都产生不利的影响。因此，别墅应该尽量避开闹市区，才能提供一个舒适的居住环境。

881 | 什么风水布局会导致家道中落？

第一，屋大人少的住宅。住宅太大而只有一两个人居住，人气不足，就会使家里的气越来越衰弱，家道有可能受到破坏。第二，神位不见天日。家里的祖先牌位代表女主人，而神明位代表男主人以及整个家庭的兴旺，如果祀奉神明以及祖先的牌位在不见天日的房间，会导致家中的气势衰弱。第三，庭院有枯树。庭院没有整理导致杂草丛生，甚至连树木都枯萎了，这也会导致家里的运势低落，影响全家人的气运。第

四，屋顶长杂草。屋顶可以吸收阳光，驱魔除邪，如果因家中屋顶没有清理而影响到阳光的吸收，会导致家中的阳气不足让家运衰败。第五，门大屋小。大门的尺寸跟室内面积不成比例，这样的风水格局虽会让气进屋内来可是无法留住，最终也会让家中气势衰弱。

882 | 别墅建在怎样的地势上较好？

别墅一般建造在山坡上会拥有较好的景观效果，但是要注意，如果背后的地势比别墅地基高出很多，又有道路通行的话，容易造成被人踩在脚下的格局，会对别墅运势造成不利影响。如果别墅面临前高后低的格局，会让你产生走下坡路的感觉，而且太低的地势会导致雨水积聚，不仅会造成别墅内部的潮湿，还会影响采光和通风。

883 | 靠水的别墅有怎样的好风水？

在风水学中，有"未看山时先看水，有山无水休寻地"的观点，河流和海洋内湾处容易藏气聚财，靠水的别墅也就能给居住者带来更多的人气和财气。临海的别墅一般建在依山靠海之处，徐徐的海风让人心旷神怡，这里空气流动性好，也带动了别墅气流的流动。而有些没有临湖靠海的别墅都会在大门口前方建造喷水池或是游泳池，不仅可以美化环境，还可以营造出好的风水。但需要注意的是，别墅靠近的水泊切

忌是浑水或死水，否则会导致运势下降；此外，水流速度太快也会影响人气和财气。

884 | 怎样选择别墅的"靠山"？

别墅的背后有山，都称为"靠山"，其位置的好坏直接关系着别墅的风水。首先从山的高度来考虑，"靠山"的高度不应过高，以防止山体滑坡、泥石流等事故的发生，以在别墅前能越过别墅看见后面的山形为宜。山的形状方面，如果山势较低，且山形呈椭圆形，对居住者的生活和事业运势都会带来较大的帮

273

助；如果山势相对较高，且山顶较为平坦，也能提高居住者的事业运势。

885 | 什么样的道路会影响别墅风水？

别墅的外环境也会影响其风水的好坏。若别墅的门前有道路，切忌坑坑洼洼，也不要有太多的车流，否则会造成气流停滞和气流损失；道路也不宜有急弯，尤其是弯度最大的位置对着别墅更加不利，这种格局不仅不利于聚气，反而会形成反弓煞，要尽量避免。

别墅外最佳的道路风水格局，是别墅被弧形的道路所包围，在风水上被称为"玉带揽腰"。

886 | 位置过于孤立的独栋别墅有什么不好？

有些人为了保护隐私，将别墅建在远离其他建筑

的偏远地，其实，从风水学来看，这种布局是不利的。别墅周围无依无靠，会形成孤立无助的独栋，楼层越高，不利后果会越严重。长期居住在这样的环境中，会使人产生孤独感，影响人的精神状态。因此，选择别墅时，不宜让自己的居所离其他房屋太远。如果是双排或双拼式的别墅，最好不要选择带塔楼的那幢，否则也会形成一楼独高的情形。

887 | 在装修别墅时要注意什么问题？

在别墅居室装修装饰的过程中，要从安全性上加以考虑。为了使居室美观、高雅，人们选用了许多能烘托出设计效果的可燃和易燃材料，比如大量的布艺饰品，还用大量的木材制作家具、铺设地板，并购置一些易燃但美观的木制、塑料灯具等，如果没有对其做好防火、防燃处理，会留下很大的安全隐患。因此在设计上要考虑防火安全，房间通道不要留得太窄，且不能在通道上设置一些横挂的挂毯、布帘等。装修在选材上注意使用防火质地的、不会燃烧或难燃的石

材、金属、玻璃等，或者选择经过防火处理的材料。

安装防盗门窗时要考虑危急时刻的疏散，用于撤离或避难的空间的家装材料要选择不燃或难燃的，且发烟量要小。此外，还要注意电器及其配件的质量，最好选用一些较高档的灯具。

888 | 怎样的装修不利于别墅的风水？

现代很多建筑装修都追求时尚，运用大胆的创意和颜色使建筑外观变得与众不同，而对一些年轻人来说，时尚的建筑外观也就成了他们选择别墅的前提。其实，在漂亮时尚的外观下，很多别墅都潜存了大量风水问题，在选购时要注意避开。

如白墙黑瓦的别墅在外观色彩上显得阳光活力，但这样的颜色一般用于纪念堂、灵堂等地方，而不适宜使用在别墅上。别墅应该追求居住的舒适度，避免为追求内部装饰的豪华而全选用石材作为装饰材料，有些劣质石材会释放出大量有害的射线或有害气体，在选择时需要特别注意，尽量避免选择全石材装饰的别墅。

889 | 装修时的电线布置对风水有什么影响？

在装修竣工时，必须向房地产商或施工方索要住宅电器布线图，以便对住宅的电路有所了解。选择电器路线配置时不要图便宜，一定要符合工程的需求。电线要用铜线，忌用铝线，因为铝线的导电性能差，电线容易发热，结头易松动，甚至可能引发火灾。

布线一般都采用在墙上开槽埋线的办法，布线时要用暗管铺设，导线在管内不应有结头和扭结，不能把电线直接埋入抹灰墙内，否则不利于以后线路的更换。布线时还要慎重考虑插座数量的多少，如果数量偏少，不得不拉电线加接插座板，会造成安全隐患。

890 | 新房装修完后适合立即入住吗？

新装修完的房子不适宜马上就入住，因为房中不仅有甲醛污染，还会有苯、氨等。装修后应该把家具放好，把家具门都打开，先空置2～4个月，这是有害气体的急性挥发期，要保持通风，使有害气体尽快释放。

2～4个月后，关闭门窗12个小时感觉味道还散不出去时，说明家具或装修的有害气体释放浓度较高，这时仅靠通风已无法解决问题。甲醛的释放期为3～15年，在此后相当长的时间里，有害气体的释放会保持在这个水平上。最好请有资质的检测中心做一下检测，如果指标超标要进行相应的处理。2倍以内的轻度异

味污染可以通过种植吊兰、放置活性碳、经常通风换气，或买一台空气净化机等方法解决；2倍以上的中重度异味污染必须通过专业治理来解决，设法控制污染源的释放，及时对释放出来的有害气体进行物理或化学的处理。

891 | 别墅选用玻璃外墙有什么不好？

玻璃幕墙在建筑中被广泛应用，有一些别墅也在外墙使用玻璃。其实，将玻璃作为外墙使用，尤其是反光玻璃，会造成光污染，使人心情烦躁。

从风水上来说，如果将客厅的外墙装修成玻璃外墙，不管玻璃是否透明、颜色如何，都会形成一眼望通的格局，不仅破坏了住宅的阴阳，也会失去别墅的私密性，影响居住者情绪的稳定，使其精神恍惚，对人的健康十分不利。

892 | 别墅的窗户安装得越多越好吗？

良好的通风是住宅的基本要求，对于屋多人少的

别墅来说，窗户更能提高采光和通风的作用，如果窗户太少，气流会长期滞留在别墅里，没有交换的气流就会影响人的身体健康。但是窗户安装过多也于风水不利，无法达到"藏风聚气"的要求，气流直来直往，还会打乱别墅内部原本平衡的气场，使人精神紧张。

893 | 为什么别墅不宜使用大型落地窗？

在别墅装修设计中，大型落地窗的使用十分普遍，一方面可以带来良好的景观视野，另一方面更有利于通风和采光。但是使用过多的落地窗容易导致别墅内的气场外泄，夏天时会致使过多的阳光和热量进入，冬天也容易流失热量，形成夏热冬冷的格局，不利于人的健康。

894 | 别墅卧室的面积多大较适宜？

从风水的观点来看，房屋太大而居住者较少，人气就会被房子吸收，是凶屋的格局。由于别墅普遍面积较大，因此卧室设计得比一般普通住宅大很多，其实长期居住在面积较大的卧室中，人体的能量相对会消耗得更多，容易造成精神不佳、身体免疫力下降等状况，严重者还会出现疾病。因此别墅的卧室不要盲目求大，最好控制在10~20平方米之间。

895 | 如何使别墅变为"帝王之宅"？

别墅正中央的位置是房屋风水中最重要的地方，其重要性就像人的心脏一样，无论是哪个楼层，这个位置绝对不能摆放重物。对于设置卧室的楼层，如果恰好有房间位于中央位置，切记不能长期空置。将卧室选在这个房间，在风水上就被看做是帝王之相，长期居住在此，对家人的学业和事业的发展都非常有利，这样的别墅也就成为了名副其实的"帝王之宅"。

896 | 别墅的阁楼为什么不宜做卧室？

形状方正是卧室的基本要求，不能出现多边形或不规则形状。如果将阁楼作为卧室，屋顶的斜边很容易造成视觉上的错觉，而由此斜边构成的多边形卧室格局，也会使人的精神负担加重，居住在此房间的人容易发生疾病或意外，因此阁楼不宜做卧室。如果想有效利用别墅的阁楼，可以用来做书房或储物间。

897 | 别墅卫浴间的设置需要注意什么？

别墅一般有两层以上的楼层，与普通住宅不同，在进行房屋整体装修规划时，不能单一地考虑每一层的设计，而应根据整栋别墅的格局进行布置。卫浴间是污秽之气聚集之所，在设置时要慎重考虑。

在风水学中，上下两层楼之间有密切的联系，一般别墅的每层楼都会设置单独的卫浴间，要注意上一层的卫浴间绝对不能位于下一层的卧室之上，这样会导致楼上的污秽之气散流到楼下的卧室中，从而影响居住者的健康和运势。

898 | 楼梯设置在别墅中间有什么不好？

风水学上，楼梯是住宅中送气和接气的关键之处，别墅中的楼梯不仅承载着上下楼的功能，也关系着居住者的运势。

在设置楼梯时，尽量选择靠墙的位置，若设置在房屋的正中央会对房屋风水产生不利影响。因为这样的布局实际上等于将住宅分割成两半，造成房屋使用不便。而住宅的中央被称作"穴眼"，穴眼是住宅的灵魂所在，是最尊贵的地方，如果将楼梯设置在这个地方就有点喧宾夺主，上上下下的走动令这个地方喧闹不宁，容易在家人之间引发口角，造成夫妻关系不和谐，不能给家庭带来好运气。另外，别墅的楼梯也不能设在正对大门的

地方，住宅是聚气养生的地方，楼梯与门直冲会造成财气和福气的流失，是居家风水的大忌。

899 | 室内楼梯应该如何设置？

就住宅整体而言，居家风水最讲究的是"气"的流动。"气"既指具体意义上的新鲜空气，也指抽象意义上的"运气"和"财气"。楼梯不仅方便行走，还能加强"气"在室内的流动。因为楼梯具有向上蜿蜒的趋势，似乎让人看不到尽头，所以有人把它看成主导未来的象征。如果一进大门就看到楼梯，就会把

"气"全部隔断，使"气"不能顺畅，搅乱气场。

所以在设计楼梯时要特别讲究，尽量不要让楼梯正对着大门。一是可把正对着大门的楼梯形状设计成弧形，使楼梯反转方向背对着大门；二是把楼梯隐藏起来，最好隐藏在墙壁的后面，用两面墙将楼梯夹住，这样不仅没有隔断气场之忧，也可以增加上下楼的安全感。三是可在大门和楼梯之间设置一个屏风，使"气"能顺着屏风入家门。

900 | 楼梯坡度过大会产生哪些影响？

楼梯是快速"移"气的通道，能让"气"从一个层面向另一个层面迅速移动。当人在楼梯上移动时，便会搅动气能，使其改变方向。为了在家居中达到藏风聚气的目的，气流必须回旋，楼梯的坡度太大的话，就会影响气的流通。为了避免楼上的"气"直冲而下，家居楼梯从形状上讲应尽量不做直梯，而以做折线形的楼梯（即有休息平台的楼梯）、螺旋楼梯或弧形楼梯为最佳。

901 | 楼梯角和楼梯口为什么不宜正对房门？

楼梯角和楼梯口不宜正对房门，特别是不宜正对新婚夫妇的新房门。因为楼梯口属"气口"，正对房门会让气流直接冲到房间，对居住者的健康不利。楼梯角正对房门，就会形成了尖角对房的不利局势。如果无法避免这两种局面，则可以在房门与楼梯之间设置一个屏风，或在房门上挂一个门帘来化解。

902 | 楼梯的最后一级位于房屋的中心点有什么不好？

楼梯的最后一级不能压在房屋的中心点。因为房屋的中心点统管八方、八卦，是核心，若核心动摇，八方皆乱。相对于斜梯和半途有转弯的楼梯来说，楼梯的第一个台阶在房屋的中心则没什么大碍，如果楼梯尽头的平台是房屋的中心，那就是大凶的布局。

903 | 楼梯踏板为什么不宜用普通玻璃做材料?

楼梯的踏板一般可采用实木、大理石或玻璃。目前很多人喜欢玻璃台阶的剔透、冰冷及酷的感觉。用于踏板的玻璃一般是钢化玻璃,承重量大。普通玻璃虽然也能承重,但破裂之后容易出现锋利的尖角,因此,为了防止家人受到伤害,最好不要采用普通玻璃作楼梯踏板。

904 | 楼梯扶手的材料与方位有什么关系?

楼梯的扶手分为木制扶手和金属扶手,五行属性为木或金,都有相克的对应方位。木制扶手不宜在东北、东南、西南、西北四方位,如果已经选择了扶手的材料,则可以通过颜色来化解,只要使用红色、银白色或者咖啡色即可。金属扶手不宜在东和东南两个方位出现,若已经出现又不想换的话,可以通过使用红色或较深的颜色来化解。

905 | 设计别墅车库时要注意什么?

在设计别墅车库时,首先要遵循出行方便的原则,还要注意防水和通风,此外做好清洁工作也十分重要,要避免尘土对环境的污染。选择车库位置时,要避开卧室的下方,卧室窗户或阳台也不能与车库共用同一面墙,否则秽气容易从阳台或窗户进入室内,影响居住者的身体健康。在位置无法改变的情形下,应在车库出口处多种植吸尘的绿色植物,如小叶榕、松树等,抵挡汽车废气对居住者的不利影响。

906 | 喷泉建在哪个位置较好?

为了美化环境,许多别墅都会建造假山和喷泉,但是如果位置不对会带来不良的影响,尤其喷泉的流水会导致宅主爱面子和铺张浪费。有些人会在别墅大门口建喷泉和假山，其实这并不是大吉的风水布局，如果建在此位置，则应与大门保持一定的距离，以在室内听不到喷泉的声音为宜。大门两旁才是建喷泉的最佳位置。

907 | 别墅的游泳池应该如何设置？

游泳池是阴气密布的场所，在设置和使用时都要加倍小心。游泳池最好不要设置在房屋前方，否则会让湿气带走财气；不要设置在房屋的背后，否则会使房屋无依无靠；也不要设置两个游泳池，否则会与房屋组合成"哭"字。

游泳池最好能根据宅主的五行来设置，如果家中有人缺水，可以将泳池安排在该成员的卦位上。泳池边可以设计成曲线形，令其呈曲水环抱房屋状，八字形或葫芦形的泳池很受欢迎。最好居住者一打开窗就能看到泳池，可以有效利用泳池的风水能量。

908 | 别墅的水井应该怎样开设？

现在一般家庭都使用自来水，而城市的别墅区也有挖水井以作备用的。水井是住宅的用水来源，水井的吉凶取决于土质、水质、方位以及周边环境，关系着家庭的吉凶。

第一，从方位上说，水井宜建在住宅的白虎方或生旺方，忌在住宅的子、午、卯、酉四正位或正对大门之处。第二，土质宜干净，忌有垃圾或有害物质污染井水，不宜在污染区的下水位，亦不宜靠近卫浴间、水沟以及垃圾堆。附近有铅等不利于人体的重金属矿场、硫黄温泉等地的井水不宜作为饮用水。第三，水井不宜太深，忌与地平，宜高于地，且有砖石拦砌，有盖更好，这样可以防止污物落入。第四，水井五行为阴，炉灶为阳，阴阳忌相对立，故不宜在灶位直接看见水井。第五，水井附近有大树为凶，而种一些竹子、柿树、枸杞树则为吉。第六，水井的形状宜为方形、圆形、八卦形，取金水相生之义。

909 | 海边的别墅还设置游泳池好吗？

建造在海边的别墅面对着大海，已经拥有十分旺盛的水汽，如果在近海处再修建游泳池，就能让水汽加旺。然而太过旺盛的水汽不一定是好事，有些宅主可能会受不了极旺的水汽，就如同虚不受补一样，不仅没有益处，还有可能为水所害，造成财多身弱。

910 | 别墅的围墙多高较适宜？

围墙太高会对别墅产生不利的影响。首先，从风水角度来说，别墅围墙过高是贫穷之相，会大大削弱住宅的气流和运势，对风水不利。其次，从视觉美观的角度来说，如果围墙太高，会影响别墅的视野，有的围墙甚至高至屋檐，看上去非常怪异，给人造成别墅主人难以相处的狭隘感。因此，在不影响通风和采光的情况下，别墅围墙的高度最好控制在1.5米左右。

911 | 怎样处理围墙与别墅的距离？

别墅与围墙要保持适当的距离，若两者靠得太近，会产生强烈的压迫感，使人精神紧张，也会对房屋的采光、通风不利。

围墙过于靠近住宅被视为凶相，如果无法改变围墙的位置，则可以在围墙的材料上下工夫，选择实用、坚固的材料，还要考虑安全性和通风采光的需求，如用金属网、石砖堆砌，用木栏杆或小树围成围墙都是不错的选择。

912 | 别墅水池风水不好该怎么办？

现在的私人别墅一般都建有水池或游泳池，但几乎都是密闭式的，也就是说不流通的。水池里的水由于不流通，容易腐臭，对人体的健康会产生不良的影响。化解的办法是把池塘填平，在填平池塘之前，必须先把水抽干，再把池底的泥巴完全换净。最好是连池底的混凝土也拆掉。池塘附带的注水管或者污水管之类，也要全部撤掉，土壤里不能留下任何水管。处理之后，再使用好的土壤将其填平。

913 | 庭院面积的大小对房屋风水有什么影响？

在居家风水中，住宅方位的吉凶，房子与庭院的比例大小、和谐与否都要同时考虑，特别强调和谐的重要性。设置庭院面积的大小和风格不仅要基于美学的观点，也要从安全考虑，尤其要注重防火性，一旦发生火灾，庭院能起到一定的隔离作用。除了预防火灾之外，还必须注重通风、采光等。住宅应尽量避免给邻居带来压迫感，保持独立、开放的居家环境。

914 | 庭院设置在哪里比较好？

很多别墅都拥有独立的前庭后院，这些庭院美化了别墅的外环境，也带来良好的风水效果。如果庭院位于别墅的前方，就如同别墅拥有一个环境优雅的外明堂，是极佳的风水布局，因此无论庭院位于何处，最好都要让前面的门打开，以取得外明堂的效果。如果别墅的外形不方正，出现缺角的情形，一定要在缺角的方位栽种植物，最好栽种树木，或者布置一根灯柱，以填补空缺。

915 | 庭院适宜种植哪些植物？

风水学主张在庭院种植花草植物，认为它们具有"藏水、避风、化解煞气、增旺增吉"等功能。如《阳宅十书》认为"人不居草木不生处"，《相宅全书》则断曰："居住地要草木郁茂、苍松翠竹、森林绕室。"

庭院栽树要有选择，风水学将植物分为凶吉两类。

一是以是否有毒气、毒液为标准进行划分，这是有一定科学依据的。如夜来香晚间会散发大量强烈刺激嗅觉的微粒，对心脏病和高血压患者有不利影响；夹竹桃的花朵有毒，花香容易使人昏睡，降低人体功能；郁金香的花含有土碱，过多接触容易使毛发脱落等。这些都属于凶树，不宜在庭院栽种。

二是以树的形状来论凶吉，如"大树古怪，气痛名败"、"树屈驼背，丁财俱退"、"树似伏牛，蜗居病多"等，凡长相不周正、端庄，发育不正常的树木则为凶。至于吉树，是根据植物的特性、寓意甚至谐音来确定的，而且现实生活中人们都认同这种观点，认为棕榈、橘树、竹、椿、槐树、桂花、灵芝、梅、榕、枣、石榴、葡萄、海棠等植物为增吉植物，桃、柳、艾草、银杏、柏、茱萸、无患子、葫芦等植物有化煞驱邪作用。

916 | 庭院铺设过多的石块有什么不好？

风水学认为，铺设过多的石块会使庭院的泥土气息消失。石块是阴柔的物品，能充斥阴气，从而使住户的阳气受损。在实际生活中，太多的石块会影响人们走路，易使人扭伤脚踝。夏季，烈日下暴晒的石块会保留相当大的热量，而且吸收的热量不易散失，在夜间会使房子变得燥热异常。冬季，石块吸收空气中的暖气，会使周围更加寒冷。下雨天，石块会则阻碍水分蒸发，加重住宅的阴湿之气。

917 | 如何布置庭院的小径？

庭院中的小径形状可以设置成象征铜钱的圆形，有招财的作用，每天走在这样的路上回家犹如带着钱回家一样，寓意财源滚滚来。从大门通往别墅的小径可以用石头或砖块铺设，进出别墅的道路切忌呈一条直线，弯曲的小径不仅有曲径通幽之美，在风水上更避开了道路不直冲房门的禁忌。

918 | 庭院栽种植物要注意什么问题？

别墅门前的庭院不适合种植高大的植物或灌木，因为它们浓密的枝叶会阻碍生气进入屋内，同时也会影响房屋的采光。低矮的灌木和花草是最佳的选择，种在小径的两边列队欢迎主人回家。别墅后面或侧面的庭院，则可以种植一些高大的植物。

种植带刺的植物时要注意，不要把它们对着吉利又没有煞气的方位，因为它们带有的刺有可能会消退此方位的吉祥之气。带刺的植物可以起到化解煞气的作用，因此也不要种植在太靠近房屋和门口的地方，以免阻碍生气的进入。

919 | 庭院的假山应该设置在哪里？

假山是庭院的组成元素，在设置时不能单独考虑，应结合环境设置在吉方位。

西方：在此方位设置假山为吉相，如能配合树木，防止日晒则更为吉祥。

西北方：西北方设置假山为大吉，但是一定要配上树木才会家运兴旺。

北方：北方设置假山为吉相，地势高一点也可以，种植一些树木会更加美观，但不宜太靠近房屋。

东北方：在东北方设置高耸、屹立的假山会给人带来稳定感，寓有不屈不挠的意思。假山做高一点比较好，意味着气场稳定，一家团结。

920 | 如何布置庭院植物挡住煞气？

风水学中形势派认为，要挡住住宅四周煞气，庭院宜栽种成排大树，以增补形势需要。如房子建在平原或四周比较平坦的地方，可用花草树木来营造一种"左青龙、左白虎、前朱雀、后玄武"的格局，即房子后面栽大树，左右两边栽中等乔木，前面栽低矮灌

木或种草，这种方式合乎人们寻找"风水宝地"的心理需求。

921 | 别墅庭院中的植物应该如何管理？

庭院对家中的财运有不小的影响，由于别墅庭院中的植物属阴，为了避免其带来的负面影响，要认真管理庭院。庭院中种植的植物不能太单一，可以栽种五颜六色的鲜花增强庭院的阳气，使庭院生气充足。每个月至少要清理一次庭院，把那些枯萎的植株或枝叶尽快清理掉，落叶也要避免堆积在庭院里，只有充满生机的庭院才能带旺财运，带给别墅良好的风水效果。

第三部分
居家风水关系篇

　　无论婚丧嫁娶、居家经商，现实生活都脱离不了风水的影响，风水已进入了人们的日常生活，成了人们生活中的指导原则之一。风水的好坏会影响家人的运程，包括事业、学业、恋爱、婚姻、健康等。装修的风格、家具的摆设是影响居家风水的重要因素，摆放的动植物、吉祥物也会对居家环境产生相应的影响，吉祥物的选择尤其重要，对于那些难以改变的不良风水布局，摆放吉祥物就可以起到很好的化解作用，从而招来良好的风水。

　　本篇全面阐述了风水与居家生活的密切关系，解析如何布置良好的居家生活风水，使之产生有利于居住者的风水能量，从而促进家运的发展。

第二十二章 事业与风水

922 | 哪些符号可以助旺事业运?

风水学认为,吉祥物可以带旺财运,在家里悬挂一定意义的风水符号也可以助旺事业运。如将代表乾卦的 ☰(三条黑杠)和代表坤卦的 ☷(两个三条黑杠)挂在家中,可以为自己带来好运,为家人的事业提供助力,促进诸事兴旺。

923 | 什么食物有助于事业发达?

风水上,南瓜汤是名副其实的"发达汤",南瓜五行为戌土,在日常家居饮食中,多吃南瓜使人心平气和,心神安宁。此外,南瓜还有尊贵、勤劳、招财等含义,有助于改善失眠,使家人在工作时精力充沛,生旺财运。

冬菇是素食中的"水",适合命卦属水的人食用。冬菇味甘性凉,有益气健脾、解毒润燥等功效,且富含18种氨基酸、多糖类物质,长期食用可以提高人的免疫力和排毒能力,有强心保肝、凝神定志等作用。对于要增强野心和斗志、挑战生活和事业困难的人来说,要多吃冬菇。

924 | 哪些开运食物对事业有利?

在风水上,红色的食物可以使人较快地恢复精力,如红豆、红枣、胡萝卜、西红柿等。红色的食物在五行中属火,颜色给人温暖的感觉,其富含的营养物质利于养心补肾,如生吃红枣可以随时补充精力。

辣椒在五行中属火,有生旺财运的作用,特别是五行属火的人,多吃辣椒能够红运高照。如果是生肖属猴、虎、羊、鸡,生于阴历十一月至次年二月的人,多吃辣椒更好。辣椒是非常有效的开运食物,在中药上有温中散寒的作用,能刺激体内汗腺排汗,有消肿去湿的功效。当人消沉萎靡、食欲不振时,在饭菜中加入少量的辣椒可以刺激食欲,使人重新恢复精力,有助于开拓事业。

925 | 事业与住宅内部环境有什么关系？

一所住宅能否有助于事业运，招来滚滚财运，明堂宽阔是重要的因素。住宅一般房小厅大，客厅是房屋的内明堂，若客厅有足够的空间来吸纳生气，有助于气流流动畅通，达到藏风聚气的目的，使财气得到充分的凝聚，意味着事业有发展的空间。如果客厅过于狭小，财气就无法在客厅流转聚集，为破财之局，意味着事业会有诸多阻碍，机会也容易流失。

926 | 怎样调整风水布局助旺事业运？

居家摆设不宜太乱，以整洁舒适为宜。家中的客厅是生财的较佳方位，可以在柜子上摆放一个聚宝盆，聚宝盆旁边再放置一对八宝麒麟，具有守财、镇宅的效果，可以使人头脑清醒，也能使事业进展顺利。另外，沙发也应该靠墙摆放，以坐在沙发上

能够看到大门入口及阳台外面为佳，如此能掌控全局，增强宅主的事业心。

927 | 如何利用座位布局来增强人的自信心？

一般人坐的时间比站的时间要长，在布置座椅的时候要注意尽量使座椅背后有靠。背后有靠，即指在座位背后最好有一堵坚实的墙壁，墙壁就如同一座靠山，让坐在这里的人心中踏实，不会感觉背后空虚，因而能增强其自信心，有助于事业上的发展。

928 | 如何利用鞋柜来提升事业运？

鞋柜每天都要使用，保持鞋柜的清洁很重要，因为一个散发臭味的鞋柜不会给人带来好运。每个星期应该定期用檀香净化鞋柜，可在鞋柜中放置一些水晶碎石，利用水晶的吸附能力将鞋柜中的秽气吸走，以

便每次打开鞋柜时，让有益的能量散发出来，从而提升运势。

运气。反之，向东的窗口可见旭日高升，有灿烂温暖的阳光照进来，这样的阳光称为"三阳开泰"，开启的"泰卦"可以助旺事业运。

929 | 为什么向西的住宅会影响事业运？

事业的兴旺发达与住宅选址有密切的关系。一般来说，向西的房屋每天都会看到渐渐西沉的太阳，并被这种逐渐暗淡的光线所照射，这种西沉的光线可能会使家人受到"孤阳独阴煞"的影响，从而影响家人

930 | 如何利用房屋风水为自己带来好运势？

随着社会经济结构的变化，公司裁员现象很普遍，导致很多人失业。失业者要重新创业需要十足的自信心，而良好的精神状态是首要因素，拥有良好的精神

状态才能有十足的斗志。因此，要睡在东方位的房间里，每天起床后就把窗帘拉开，让朝阳的光线照进屋里，使自己精神百倍，有活力迎接新一轮的挑战。而且早晨的阳光最新鲜干净，有助于清除屋里的秽气，也是迎接财气的象征，使自己从一天伊始就好运不断。

931 | 住在公安局附近对事业运有什么影响？

风水学上认为，公安局是至刚至阳之地。在风水中，纯阴或纯阳都不好，阴阳相济才是最佳组合。如公安局之类的地方具有强大的气场，而其附近正对或朝向这类场所的住宅，气场相对而言自然就弱小了。如果长期居住在这样的房屋中，受到那股强大气场的威慑，会形成巨大的心理压力，有能力也难以发挥出来。但是，如果居住者本身的职业是警察，住在这样的住宅则更有利于事业的发展。

932 | 怎样的住宅格局不利于人际关系？

一幢大楼独立于一块空地上，远离其他建筑或建筑群，就是风水上所说的"孤峰独傲"格局；或者从住宅的窗户向外看，可以看到不远处一幢孤零零的大厦、一棵孤单的大树或一座水塔、一根烟囱等，也属于"孤峰独傲"的住宅。这类住宅在风水卦线上，忌讳坐癸向丁的方向，否则容易招阴灵入宅。"孤峰独傲"仅从字面上理解，就意味着人际关系差，这类住宅不是发达之宅，不利于事业发展。

933 | 朝向庙宇的住宅会不利于事业吗？

要想发展事业，最好不要住在庙宇周围，包括一些外观中国化的建筑，其住宅的顶设计成了飞檐亭角的形状，采用绿色的琉璃瓦，屋顶看上去就像一顶道士帽。面向这种房屋的住宅会使家中成员感受到宗教的力量，在潜移默化中将精力偏向宗教，而不善于理财，会削弱事业运。

934 | 哪些住宅容易让人失去斗志？

斗志是事业成功的关键，如果每天看到逐渐暗淡的夕阳，会使人时常有一种压抑感，意识到人生总有一天会进入黄昏，从光明走向黑暗，这种潜意识会令人意志消沉，不利于事业发展。因此，窗户向西开的住宅不宜居住。此外，远离城市、人群的住宅容易令人失去与外界的联系；面向大海的住宅容易令人感觉太舒适而想休息；窗外有枝叶茂密的大树将天空完全遮蔽，或爬满藤蔓植物的住宅，都会产生很重的阴气，阴气重重的住宅，使人缺少向前的冲劲。

935 | 如何通过调整西北方颜色提升贵人运？

在风水中，住宅的西北方代表贵人运，贵人是指在事业上或生活上对己有帮助的人，贵人运旺的人总能逢凶化吉，在事业上也容易得到提携。西北方是乾位，五行属金，因而该方位喜白色、银色、金色，通过在西北方使用相应的颜色可以提高自己的事业运。土能生金，可以在此方位使用属土的黄色；火能克金，因而不能在此方位使用属火的红色；水能泄金，因而也不要在此方位使用属水的蓝色；金能克木，因而也不能在此方位使用属木的绿色。

936 | 如何通过摆放饰品增加人缘？

工作中是否有人缘是事业发展顺利的关键，在书桌或办公桌上摆放一些招财纳运的饰品，可以为事业助一臂之力。

女性在书桌或办公桌的左边放置红色丝带或相框，能够加强人缘；男性在办公桌的右边放置黄水晶，或者放与自己生肖相合的摆设，可以得到贵人相助。粉水晶有增加人缘和桃花运的作用，若想在工作中与其他人合作愉快，可以在办公桌左方摆放一盆用圆盆栽种的粉水晶树或摆放一个粉水晶七星阵。

需要注意的是，不宜摆放尖锐的物品，尖锐的物品容易使人有争强好胜的心理，会变得得理不饶人，从而阻碍事业和人际关系的发展。

937 | 怎样使用灯饰改变低沉的事业格局？

工作长期不见起色，境况也不容乐观，事业运似乎已陷入了低谷。要改变这种低沉而僵化的格局，给自己带来一些新的气象，就要改变日常所用的灯光。黄色的灯光利于活络气氛，有舒缓神经、放松心情的效果，通过使用黄色的灯光带来良好的风水，能改变

现有的僵化格局，带来意想不到的好运。最好是点一盏黄色的小灯，可以将其放在西北方、北方、东北方或南方。

938 | 摆放公鸡饰物可以得到老板的重视吗？

公鸡每天早上都会打鸣，能唤醒所有沉睡的人，是雄壮、勤奋的象征。因此在风水中，公鸡有增强人的注意力的作用。如果你在公司长期忍受坐冷板凳的痛苦，希望能得到老板的重视，可以通过摆放公鸡饰物来提高自己的运势。如在家中摆放公鸡装饰品，摆放在家中的西北方、北方、东北方或南方为宜。

939 | 如何利用宝石助工作顺利？

宝石有聚集能量的作用，能吸纳更多的能量来帮助自己，放置不同的宝石则有不同的力量来帮助自己。可以准备七种不同材质或颜色的宝石，如玉石、水晶、玛瑙等，将其放进腹大口小的聚宝盆中，置于书桌或办公桌左手边的位置，就可以令工作开展顺利。

940 | 如何利用印章提升升迁运？

如果可以掌管印章，则表示不再是基础工作人员了。想要继续升迁的话，可以制造一枚开运印章，并

随身携带，能不断强化意识，从而掌握升迁的机会。开运印章可以采用黄玉、黑龙江玉等任何材质的玉石，但一定要是天然玉石，其产生的风水效果才最佳。开运印章不仅能提升升迁运，同时还能聚集财运。

941 | 卫浴间在房屋中心点的住宅对事业有什么危害？

家中卫浴间的位置正好处在住宅的中心，这种格局叫"独孤煞"，预示着宅主命中孤老，人缘极差，

这样的卫浴间不应该再使用。如果条件不允许转移卫浴间，又不能使用的话，就要种植四盆花草在卫浴间周围，以化其煞气。

942 | 香气也有带旺人缘的作用吗？

家中的香气也属于气场的一种，如果气味芬芳，则能有利于开运招财。在客厅的西北方放置鲜花，能改善家中的气场，使自己变得更容易让人接近。利用精油喷雾可以快速有效地改善家中的气场。早上一起床，用以松叶香、百里香、茶树、香茅、绿薄荷调制

而成的精油喷雾驱除秽气；晚上则将以玫瑰、甜橙等调制的精油喷雾洒在房间内，可以令人放松。在有喷雾香味的房间里休息一个晚上，第二天即能感觉心情舒畅，与人交往时就不会精神紧张了。

943 | 如何利用石狮之气调整职场运势？

在职场中，有时觉得有很多机会却都轮不到自己，其原因是自己的运势较差，可以通过作一些调整来扭转自己的运势。利用石狮调整职场运势是一个较为方便的方法。寺庙前的石狮整天都在吸收日月精华，进庙朝拜的人气也能聚集在其上，因而寺庙前的石狮吸纳了大量的风水能量。可以到庙里散散心，摸一下石狮的额头，再摸摸自己的额头，可以沾染石狮身上的能量，从而增强自己的运势。

944 | 家中种植什么植物有助于提升事业运？

富贵竹是很多人喜欢种养的植物，寓意获得步步高升的机会，适合摆放在家中最显眼的位置。由于植物属阴，一定要在富贵竹上绑上一条红丝带，使其带有阳气，促使阴阳平衡，这样有助于自己的事业步步高升，还能得到贵人的帮助。

945 | 大门外种植什么植物可以助旺事业？

生长茂盛的开运竹笔直向上，代表更进一步的意思，象征事业发达。如竹子有新长出的叶子，则代表着事业有开创远景的机会。在大门外摆放一盆开运竹，非常有利于事业的发展，摆放的位置越接近大门越好，但前提是不能影响人的进出。开运竹的大小应与门的大小相配，否则也会有损事业的发展。

另外，用红色的签字笔在每支开运竹的顶端写上一个"魁"字，也有利于事业。"魁"代表贵星，利于在事业中大展宏图，将这个寓意写在植物的表面，令植物在呼吸的时候帮助创业人士提升事业运。

946 | 如何在家中摆放水晶提升贵人运？

水晶有招来贵人的力量，要想得到贵人帮助，可以在家中摆放水晶。摆放水晶的位置最好是左边，如摆在大门、书桌、床头、柜子等的左边。如果用灯光长期将水晶照亮，可以更好地引贵人前来，同时可带来福气和贵气。

947 | 怎样摆放文昌塔增加升迁机会？

对于想要升职的人来说，文昌塔是很好的吉祥物。塔本身有攀高的意思，一层比一层高，寓意为步步高升。在家中较高的酒柜、书柜上放置一个铜质的文昌塔，放得越高越好，象征着事业步步高升、红运当头，会逐渐被领导所器重，从而有更多的升迁机会。

948 | 周围是娱乐场所的住宅为何不利于事业发展？

娱乐场所，如桑拿浴所、夜总会等，一般都是通宵灯火通明，其制造出的噪音可能影响附近居民的休息，从而不利于开展工作。住在这种娱乐场所附近，还会潜移默化地受其影响，热衷于娱乐而忽略了工作。加上这些场所一般都是在夜间开放，因而是阴气浓郁的地方，长期接触这种地方，有可能沾染上烂桃花，也有可能招致孤独，这些都会影响正常的工作。

第二十三章 学业与风水

949 | 怎样确定文昌位?

古人认为文曲星主读书和功名的运势,文曲星所在的位置就叫文昌位。风水学认为,如果能在文昌位学习,不仅能够使人安心学习,对成绩也有一定的提高作用。文昌位要根据人的生辰八字和流年的变化来确定,也有一些简单的方法可以确定大概的文昌位,即将房门的位置作为依据。

当房门位于房间的正东方向时,文昌位在西南角;房门位于正南方向时,文昌位在东北方位;房门位于正西方向时,文昌位在西北方位;房门位于正北方向时,文昌位在正南方;房门位于东北方向时,文昌在正西方位;房门位于西南方向时,文昌在正北方位;房门位于东南方向时,文昌位于正东方位;房门位于西北方向时,文昌则位于东南方位。

利用文昌位的方法是,将书房设置在整套房屋的

文昌位上,这样可以获得比较好的学习运势。但由于现实条件受限,一般只能将书桌摆放在文昌位上,这也能起到生旺学习运的作用。

950 | 二十八星宿中主管文运的是什么星?

在二十八星宿中,西方白虎七宿的第一宿"奎"宿是掌管文化艺能的星宿。"奎"与"魁"同音,又是七宿之首,"魁"代表首位,因此有独占鳌头之寓意,而"魁星踢斗"是古代参加科举考试的秀才儒生们最喜欢的彩头及图像,具有积极向上的意义。

奎星为主管文运之神,在汉《孝经援神契》中有"奎主文章"的说法,所以现在的奎星画有一种便是将"魁"字形象化,画成了"鬼起足而起其斗",或题为"魁星踢斗"。一般以"魁星踢斗"为题材的吉祥画居多,赤发蓝面之鬼立于鳌头之上,一脚上翘,一手捧斗,另一手执笔,回头以笔点之,谓之"魁星踢斗,独占鳌头"。人们常用"魁星踢斗"的吉祥画来祝福学子们考试高中,前程似锦。如果将这些图或符号放在孩子的书桌前,可以催其奋进,在学业上取得更大的进步。

951 | 如何补救住宅在文昌方面的条件不足?

在风水上,宅向一共有22种,除了丑山未向住宅和艮山坤向住宅,其余的住宅就要通过后天的布局补足文昌运的不足。在这样的住宅中,需要后天培养文昌位,可以找到一白星和四绿星所飞伏之处,在一白星所到之处进行木的风水布局,在四绿星所到之处进行水的风水布局,就可以创造出后天的文昌位了。

在摆设文昌床时,要以八白星和九紫星为安床原则,因为八白星为当时当令星,而九紫星为未来星,均可以提升运势。只要将床安于八白星或九紫星方位上,这样能达到双效合一的目的。

学习。

书房的光线布置一定要柔和,不能太强烈或太暗,可以通过一些柔和的灯具来调节。除了在书桌上安装台灯外,还应该要有一些辅助光源,营造出明亮的温馨环境,利于聚集生气,使孩子保持清醒的头脑。

952 | 光线对孩子的学业会产生什么影响?

光线对孩子的学习来说非常重要,太暗或太亮都容易对孩子的学习造成不利的影响。房间光线的强弱不仅影响孩子的视力,同时还会影响到房间气息的聚集。

如果光线不够,房内过于阴暗,不利于气的运动,使房内的空气变得死气沉沉,降低房间生气能量的活跃度。孩子吸收不到足够的能量,学习一段时间后易产生昏昏入睡的感觉,孩子的学习就会变得很吃力,学习效率自然会降低。反之,光线过于强烈也不好,强烈的光线会在纸张上产生反射,形成光煞,扰乱孩子的视线,导致其注意力降低、心神不宁而无法专心

953 | 如何装饰天花板有助孩子的学业?

在进行孩子房间装修时,天花板的处理也很关键,否则易对孩子的学业造成不利影响。在颜色选择上,天花板适宜使用淡雅的白色,不能使用过于深暗或者艳丽的色彩,否则易使孩子变得心情烦躁,无法安心学习。如果房间内有横梁,应该用吊顶的方式将其掩盖,否则其释放出来的煞气会使孩子的健康受到威胁。不要在天花板上悬挂奇形怪状的物品,风铃会产生声煞,最好不要挂,会使孩子精神衰弱,从而影响上课的精神。此外,利用文昌喜木的属性,适当地在天花板上装饰一些木条,也可以生旺学业。

954 | 门窗的朝向会对学业产生什么影响？

相对成年人而言，孩子的抵抗力比较弱，容易受到各种不利因素的影响。为了避免孩子受到不利因素的影响，要注意其房间或是书房的门窗朝向，帮助孩子提高学业上的运势。良好的采光是孩子获得健康体魄的基础，也是取得好成绩的保障。孩子的房间或是书房窗户最好朝向正东方位或正南方位，东方属木，能够起到带动文昌位的作用；而南方阳光充足，可以获得好的采光效果，使孩子在明亮的环境中专心学习，也有利于身体健康。

门窗的方位与朝向是首要考虑的因素，而门窗所朝方位的外在环境也会对孩子的学业产生影响，要尽量避免路冲煞，同时还要远离坟地、医院、监狱、庙宇等煞气较重的场所。

955 | 窗户太大会影响孩子的学业吗？

窗户的大小应该根据房间的大小来决定，两者应成比例。有的住宅为了追求良好的通风透气性和采光效果，盲目地加大窗户的尺寸，这于风水是不利的。住宅风水讲究藏风聚气，太大、太多的窗户容易使房间内聚集的生气流失，气失则神败。因此开设窗户时一定要按照比例进行，保证良好的通风、采光，使长

期在房间学习的孩子注意力集中，精神状态良好，可以专心地学习。

956 | 书桌的摆放有什么忌讳？

在进行书桌摆放时，要注意窗外的建筑环境，如果孩子的书桌正对着窗外的屋脊、电线杆、水塔，或是正对着小巷，容易引起孩子头痛，从而影响学习。

如果孩子的书桌背靠或朝向卫浴间，或位于卫浴间、炉灶之上或之下，都会导致孩子烦躁易动。桌子冲门的摆放也会影响孩子的读书兴趣，要尽量避免。书桌前最好不要有高大的家具，否则会令孩子有压迫感，而不能安心学习。电风扇、电灯也不宜位于书桌的正上方，它们压着书桌，容易令孩子感觉有压力。

957 | 书桌摆放在靠窗的位置好吗？

要营造出适合学习的环境，良好的采光和通风很重要，要既能给孩子一个良好的学习环境，同时也可以保障孩子的身体健康。一些家庭将书桌摆放在窗户边，认为这样可以更好地采光、通风透气，其实这种书桌布局是不可取的，会在无形中影响到孩子的学习。

从风水学上来讲，书桌正对着窗户就形成了"望空"格局，对孩子的健康和学业都不利。如果窗户正对着尖角煞，影响会更严重。而且一般孩子的自制能力较差，窗外的些许动静都会引起他们的注意，致使注意力无法集中，难以安心学习。

摆放书桌时，最好将书桌摆在窗户的右侧，既能获得良好的采光和通风，又避免了"望空"的格局。

958 | 如何布置书桌可以提升考试运气？

对于即将要参加考试的人来说，要保持书桌的干净整洁，肮脏、杂乱的书桌不利于学习。在书桌的右上角可以摆放四支笔，有强化学习的作用。也可以在书桌的一角养一盆富贵竹，富贵竹有步步高升的寓意，可以使考试者充满信心。养富贵竹最好选择圆形陶瓷质地的花瓶，要经常换水，清洗其叶面，令富贵竹保持青翠，才有好的风水效果。

959 | 怎样的书桌有利于孩子读书？

孩子的书桌最好不要使用金属材质的，木质书桌的柔和感会让孩子感觉亲近，从而增强读书的效果。

书有可能影响孩子的学业，还会带来不好的结果。如有些小孩喜欢描写鬼怪的书籍，如果将这类书摆放在孩子房间，会产生很重的煞气，其释放的阴气对孩子的身体和精神都会产生严重的不良影响。充斥着暴力和淫秽的书籍也不宜摆放在孩子的房间，这些书带有过重的秽气，一旦让孩子接触，会使其原本的正气受到侵扰，而正气的衰败会导致孩子学业运势下降；也有可能影响孩子的神经系统，致使孩子经常做噩梦，得不到好的休息。

书桌上可以放置文房四宝，增加读书的气氛。在书桌上放置水性饰品，能削弱电脑带来的辐射，营造一个温和的磁场有利于孩子智力的开发，使孩子读书事半功倍。

960 | 脚踏垫是否有助孩子的学习？

对于孩子来说，利用一些简单方法可以提高他们的运势，对其成绩的提高也有一定的帮助。最简单的方法是在书桌下铺上一块红色的脚踏垫，可以起到生旺学业运势的效果，使孩子在学习的时候保持清醒的头脑，思维流畅敏捷，学习上就会取得事半功倍的效果。

961 | 什么书不宜摆放在孩子的房间？

俗话说：书籍是通向知识殿堂的阶梯。但不是所有的书都适合摆放在孩子的房间里，一些不好的

962 | 怎样的书柜对孩子的学习更加有利？

挑选书柜时，除了考虑个人的喜好外，在材质方面，选择木质的书柜较好。风水学有木主春的说法，木质书柜可以增加房间中的阳性力量，木头也具有柔软的特质，能够帮助孩子平和心境，从而提高学习效率。

在颜色方面，尽量避免选择过于跳跃和艳丽的颜色，适宜选择较深沉的颜色，如褐色、咖啡色等都比

较适合。这些色彩产生的厚重感可以使孩子的性格更沉稳，避免孩子产生浮躁的情绪。

963 | 座椅最好不要靠近哪些地方？

座椅的摆放对孩子的学业也会产生影响。孩子的座椅不能靠近卫浴间的墙，卫浴间是污秽之气产生和聚集的地方，会影响到孩子的运势；座椅也不要靠着厨房的墙，因为过重的火气会使孩子的性情变得暴躁。

964 | 书柜太高有什么不好？

书柜是房间里不可缺少的家具，可以培养孩子学习、阅读的兴趣。书柜不宜太高，风水中太高的书柜会对健康产生不利的影响，导致孩子身体虚弱。书柜太高也容易形成压迫书桌的格局，使孩子头昏脑涨、心神不定。另外，太高的书柜也不利于孩子取书阅读，会对学习造成不便。

965 | 电脑的摆放位置也可以助旺学习运吗？

电脑是孩子学习中不可缺少的重要工具，要想提高孩子的学习成绩，可以利用电脑的摆放位置带动孩子的学习运势。从五行来看，电脑属火，文昌属木，

将电脑摆在文昌位上，可以营造出木火通明的效果，自然起到旺盛运势的作用。因此，电脑的最佳摆放位置就是住宅或书房的文昌位。

此外，还要考虑电脑的通风散热问题，尽量将电脑摆在靠近窗户的位置，但要避免阳光直接照射，否则火气太旺会不利于眼睛的健康，还会使孩子暴躁不安。

966 | 悬挂太多抽象画有什么不良影响？

卧室是孩子休息和学习的地方，卧室的布置对孩子的学业有重要的影响。卧室悬挂过多的抽象画会打破原来的气场平衡，造成孩子的情绪反复无常，发生神经质的现象，使孩子不仅喜欢钻牛角尖，还喜欢将注意力转移到学习之外的事情上，时间一长，性格就会慢慢发生变化，学习成绩也会受到影响。因此，要尽量少在孩子的卧室悬挂抽象画。

967 | 如何摆放一张有助学运的文昌床？

在确定摆放文昌床之前，要找到房间中的文昌位。首先使用罗盘找出住宅的坐向和方向，然后对住宅进行九宫分区，找出不同区域的飞星飞伏状态。一般房子中的主人房一定不能让自己的子女来住，因为这是一家之主的房子，小孩子住在里面容易生病、受伤。在二十四山的二十四种坐向的住宅中，以"一四同宫"（即一白星与四绿星）的房屋较能催旺文昌，可以称为"文昌宅"。如未山丑向宅，也就是我们一般说的

坐西南向东北的住宅，在住宅的西北隅如果有房间的话，让孩子在这个房间读书可大助文昌运，同时将孩子的睡床摆在这个房间的西北角，再安放一张文昌床，可以为其学业添助力。

968 | 如何摆放睡床对孩子学业有利？

孩子睡床的摆放有很多顾忌和讲究，摆放不好的床铺有可能会影响孩子的身体健康和学业成绩，家长要充分重视。

首先，在风水学中，房间里的横梁会形成不利于风水的煞气，孩子的睡床要远离它。其次，睡床不能摆放在空调下，马达的转动声会影响孩子的睡眠，从而降低孩子的学业运势。再次，孩子的床头不能正对着或侧对着房门，气的直冲会使孩子容易患上头痛等疾病。最后，如果卫浴间在隔壁，床头最好摆在与其相反的方位，秽气相冲也会使孩子的学业受到困扰。另外，如果是跃层式的住宅或别墅，还要特别注意上下层之间的格局，切忌使孩子的房间位于厨房、神位、卫浴间的上方，这些格局会导致孩子心烦气躁，无法专心学习，从而影响学业进步。

969 | 睡床与文昌运有什么关系？

每天我们有三分之一的时间在床上度过，床是积蓄精力、休养生息的地方，因此床的摆放位置也将影响我们的运势。坐在文昌位的书桌边可以使我们在工作、学习的时候脑筋灵活、精神振奋。如果睡在文昌位的床上，每天就有三分之一的时间都在承受文昌位的磁场，会加强我们开发大脑、活跃思维的能力，使我们的大脑始终处于敏捷的状态。

970 | 如何改变床的位置提高记忆力？

很多孩子有在床上复习功课的习惯，比起长时间坐在书桌前，靠在床上看书或是躺在床上看书确实更加舒服。对于有这个习惯的孩子来说，可以通过改变

睡床的朝向来辅助提升学业的运势。床的朝向与孩子的性别有联系，如果是男孩子，最好将床头朝向西南方向；如果是女孩子，正西方向则非常合适。这两个方位能够生旺文昌，从而帮助孩子提高记忆力，使学习成绩得到提升。但要注意保护孩子的视力，避免其长时间躺在床上看书。

971 | 如何利用空调带动孩子的学业运？

在风水学中，空调的五行属金，其释放的风会制造风水磁场，开动冷气后，会产生很大的风水效应。最好把空调放置在房间的北方，北方属水，利用金生水的效应使房间的水气上升。这样，属木的文昌位就会被空调机运转时产生的能量所带动，以增强孩子冷静思考的能力，还能提高学习效率，对即将参加考试的人来说尤其有利。另外，最好将空调的出风口调向上，冷气吹出后由上而下，这样既有利于家居风水，也能避免冷风对人直吹引起的头痛和感冒等问题。

972 | 如何通过悬挂毛笔催旺文昌星？

恰当地布置文昌星，可以提高人的智慧，使人在学习的时候保持敏捷灵活的头脑，再加上自身的勤奋和刻苦，成绩自然会节节攀升。在风水学中，催旺文昌星最简便的方法是在书桌上摆放悬挂了四支毛笔的架子。文昌位属于巽卦，是阴木、柔木和长形的木。通常毛笔的笔杆都是用竹管做成的，容易折断，性质上属于柔木。毛笔形状修长，属于长形的木，再加上笔头的阴柔，这些特点都与文昌位契合，因此在文昌位悬挂毛笔最适合。文昌位又被称为四文曲星，而巽卦的数目也是四，所以悬挂四支毛笔最适合。将这些笔放在笔筒里，也可以起到同样的催旺作用。

973 | 如何获得有催旺功效的文昌笔？

文昌笔是指悬挂在文昌位，具有催旺功效的毛笔。在寺院等地购买已经开过光的文昌笔，可以获得较持久的催旺功效。如果不能在寺院购买，可以自己动手制作文昌笔。选购四支不同型号的毛笔，大、中、小、细各一支，在四支毛笔的笔头上都点上朱砂，再用黑笔在四张红色纸条上写上被催旺人的姓名、八字，贴在四支毛笔的笔杆上。然后选择一个良辰吉日将这四支做好的毛笔连同笔架、砚台等带上，到供奉着文曲星的寺院里祈祷、加持、过炉。这样，具有催旺学业运功效的文昌笔就做好了。

974 | 文昌塔怎样摆放有利于孩子的学业？

文昌塔拥有提升文昌位的力量，是提高孩子学习成绩比较有效的方法，其中又以九层塔的催旺效果最佳。因为文昌是四绿星，加上九层这个数字，在风水上是吉利的象征。文昌塔最好摆放在书桌上，但如果找不到合适的地方放置，则在房间里放置一些文昌鱼的吊饰，也可以起到生旺学业的效果。

975 | 怎样摆放文竹可以催旺学业？

风水理论认为，文竹是书卷的象征，摆放在房间中可以起到催旺学业的作用。文竹不能随意摆放，摆放在好的方位上才有催旺的效果。如果想要提高学习成绩，可以在房间的西南方位上摆放一盆文竹，这样就能收到很好的催旺文昌星的效果，提高孩子的学习成绩。

976 | 如何在生活中为孩子补五行？

小孩成长过程中会接触到属木、火、土的物品，如读书的书桌、柜子是木，各种电器、电子产品是火，玩的泥巴、土块是土，而水和金却接触得很少。要保持孩子的五行平衡协调，就要多补充缺少的水和金。多让孩子玩水、喝水是补充水的好方法，但是一定要注意安全，不能让孩子到池塘、水库游泳，否则容易发生溺水的危险。补金可以通过让孩子骑自行车、弹钢琴的方式进行。如果恰巧家中需要补金的人较多，可以在家中摆放一台钢琴，但是要留心的是，如果钢琴坏掉了，其属性就变成了木，这时就要尽快修理好钢琴。

977 | 八字缺木的孩子应该多吃什么?

根据五行的观点，大部分素食都属木。对于八字缺木的人来说，多吃素菜对健康有很大的益处。在所有的豆类中，绿豆是典型的木性食品，夏天制作绿豆汤或是绿豆沙，不仅可以清热祛暑、温润脾肺，还能补木旺运。芥菜、白菜、椰菜、菠菜、油麦菜、萝卜、韭菜、莲藕等蔬菜都属木。在水果方面，苹果、橙子、马蹄、杨桃、柚子、梨子、梅子、

核桃等也属木，都可以为八字缺木的孩子带来一定的生旺效果。

除了素菜和水果之外，部分肉食也是属木的，比如淡水鱼、鸡肝、猪肝、猪蹄、鸡爪等。

978 | 八字缺火的孩子应该多吃什么?

辣椒、番茄、胡萝卜、茄子、榴莲、荔枝、龙眼、火龙果等蔬菜和水果属火，对于八字缺火的孩子来说，可以多吃些。

食用素菜时，在烹饪方法上要注意，不宜做成蔬菜沙拉或是直接用白开水烫煮来吃，虽然从营养的角度讲这样做可以减少营养成分流失，但却不利于运势。最好的方法是用姜、葱来爆炒，因为姜、葱都属于较好的补火菜品佐料。除此之外，还可以在炒菜时多加入花椒、八角和咖喱等调味品，也能起到生旺火性能量的效果。口味稍重的，不妨多吃川菜、湘菜、泰国菜和韩国辣泡菜，这些以辣味为主的菜系也都是很好的进补火性的菜品。

979 | 八字缺水的孩子应该多吃什么？

八字缺水会使孩子的思维比较迟钝，平时除了要多喝水之外，还要喝茶、牛奶、豆浆、果汁和蜂蜜等补水的饮品，能够起到生旺的效果。补水的最佳方法就是多吃海带、薏米、黑豆、冬菇、黑木耳、黑芝麻、冬瓜、苦瓜、老黄瓜、丝瓜、葫芦瓜、水豆腐、番石榴、西瓜等素菜和水果。

鱼类是属水的食物，可以多吃。猪腰、猪脑、猪舌、海参、鱼鳔、鱼肠、鸭肠、鹅肠，以及虾和螺等也都是属水的食物，同样可以起到补水的效果。

980 | 八字缺金的孩子应该多吃什么？

八字缺金的孩子不宜长期吃素，因为素菜大多数属木，两者会形成相克格局，从而导致运势下降。在平常饮食中应该注意多补充一些属金的食物，如白萝卜、扁豆、蚕豆和米豆等蔬菜，杨桃、桃子、西瓜等水果都属金。肉食方面，鸡肉和猪肺也是属金的，尤其是鸡胸脯肉，补金的效果非常好。

981 | 八字缺土的孩子应该多吃什么？

对于五行缺土的孩子来说，牛肉是不错的选择，多吃牛肉、牛腩等都可以起到补土的功效。羊肉、狗肉、瘦肉也都是土性的食物，平时应该多吃一点，但

是需要注意食用的季节，防止因为羊肉和狗肉的燥热引起上火。

另外，木瓜、栗子和花生也是土性的食物，也可以弥补孩子八字五行缺土的不足，帮助孩子提高学业运势。

982 | 状元糕是一种什么样的食物？

古代有一种糕点叫做"状元糕"，是专门做给参加科举的儒生们吃的。和"及第粥"一样，除了取其名字吉祥之外，还因为这是一种可以大助文昌运的食物。

状元糕的原料之一是人们经常提到的补脑佳品——鸡蛋黄；之二是核桃。首先，核桃是公认的补脑食品，核桃肉的形状与人脑极为相像，望形取义，便觉其有补脑的功效；其次，从营养学角度看，核桃是最好的补脑食品，孕妇在怀孕期多吃核桃，会促进胎儿的智力发育。

983 | 如何给孩子做一碗"及第粥"？

及第粥又被称为状元粥，是广东的名小吃，给正在读书的孩子吃可以生旺学业运势，孩子面临升学考试时也能助一臂之力。

及第粥需要的原料有大米、猪肉、猪肝、粉肠、猪腰、猪肚各50克，油条1根，以及葱丝、姜片、葱花、香菜、盐等辅料少许。先用大米熬粥，粥煮开后就将材料放进去一起熬制，再加入适量的盐，待锅中的食材完全熟透之后便可以停火。将油条段、香菜和葱花加入锅中，或是直接放进盛好粥的碗里，一碗能够提升学业运势、帮助金榜题名的及第粥便完成了。

984 | 多吃核桃有什么风水作用？

临近考试的时候，很多父母都会买一些核桃给孩子吃，这其实包含了一定的风水生旺道理。核桃五行属木，

去壳后的果仁部分与人脑非常相似，被视为补脑食品中的佳品。风水学有以形补形的说法，因此孩子多吃核桃，可以使思维更加活跃、清晰，提高记忆力。

985 | 如何在考试前为孩子开运？

除了平常的学习和积累之外，孩子临考前的努力对成绩也有一定的影响。对于即将参加考试的孩子来说，除了自身认真的复习外，父母应为其营造一个清新的读书环境，有利于活跃思维。如可以在书桌上摆放一盆兰花，或是选用圆形陶瓷质地的花瓶，在里面插上四支开运竹，这些植物都很容易养活。不过要注意保持盆栽的新鲜度和洁净，把它们摆在书桌的左前方，缓解孩子的视力疲劳，以帮助能量的提升，从而使孩子在应考时能够充满信心，志在必得。此外，要想求得文昌功名，笔是最重要的开运利器，将笔与风水布局相结合，可帮助孩子在考试时顺利过关。

986 | 临考前不宜吃哪些食物？

如果家中有要参加考试的孩子，就要注意三餐的内容了。为了防止孩子在考试中发挥失常，在孩子备考期间，最好不要弄形状为圆形的食物，比如红烧狮子头、猪肉丸子汤等，这符合风水上形似的道理。牛肉和蛙类等也要避开，这些食物都会影响到孩子的正常发挥。

987 | 吃胡萝卜是否有助孩子的学业？

在所有的蔬菜中，胡萝卜中的胡萝卜素含量最高，它属于抗氧化营养元素，可以增强身体免疫力，改善缺铁性贫血。胡萝卜还含有丰富的维生素C，属于火性的食物，对学业运势有生旺的作用。尤其对于命卦中缺火的孩子来说，如果能坚持每周食用两次以上的胡萝卜，不仅可以有效地增强身体的抵抗力，同时还能使头脑变得更加聪明。

988 | 多吃牛肉对孩子的学业有什么影响？

有些孩子遇到事情总是一副不自信的样子，参加活动或竞赛时显得非常胆怯，常常因为害怕失败而选择放弃，这其实就是缺乏斗志的表现，这样的孩子要让他们多吃牛肉。牛肉的五行属土，依照土生金的原则，能够生旺人的金性能量，适当地增加牛肉的摄入

量，可以增强人的自信心，增强斗志。食用牛肉时以七、八分熟的牛排最好，其生旺效果最佳。

989 | 怎样利用食物提高孩子的恒心和进取心？

在学习中，一些孩子遇到了困难、挫折后就会放弃，缺乏向上的进取心，难以在学习上全力以赴。要想提高孩子的恒心和进取心，可以让他多吃羊肉。羊肉是属火、土的食物，能改善孩子懒惰、悲观的性情，增强孩子的进取心和斗志。涮羊肉、煎羊扒、羊腩煲等都是属土的食物，要去掉羊肉的膻味，加入白萝卜就可以了。

990 | 吃什么可以改善孩子的精力不足？

在面对繁重的学习时，孩子常常精力不足，觉得疲惫、精神不佳等，这时可以给孩子多吃一些芒果，

因为芒果是火性的食品，可以提高孩子的能量，使其精力充沛，获得敏捷的思维，以提高学习成绩。

991 | 吃什么食物可以改善孩子的健忘？

从五行来看，缺水会引起大脑方面的问题，如反应迟钝、健忘等，对于缺水而健忘的孩子来说，多喝鱼头汤，是补水和改善健忘症的好办法。猪脑也有改善健忘的功效，猪脑属水，可以改善肝肾的阴虚症状，消除头晕目眩及耳鸣、健忘等，在烹制时可以加入天麻、枸杞等中药食材，提高进补的效果。

第二十四章 恋爱与风水

992 | 什么叫桃花运?

风水学对人的运程进行了划分,每十年行一次大运,即每十年就有一个干支。如果在这个干支中,出现了"子、午、卯、酉",就表示在这一大运中会出现桃花,叫做桃花运。在行桃花运的大运中,最容易出现恋情,缘分来时要好好把握,否则就会错过机会。

993 | 什么叫桃花入命?

人的八字是由十天干和十二地支组成的,风水学认为,在十二地支中,"子、午、卯、酉"代表了桃花,如果八字的地支中也出现了"子、午、卯、酉",则是"桃花入命"。桃花还分为外桃花和内桃花,内桃花是指在年支和月支中出现了"子、午、卯、酉",它代表会有十分完美的感情;外桃花则指在日支和时支中出现了"子、午、卯、酉",则代表着会有很好的异性缘,并且婚后有可能发生出轨行为。

994 | 子时出生的人命带什么桃花?

子时是23:00至凌晨1:00的时段,这个时间段出生的人命中带有水桃花。水可以滋润万物,拥有水

桃花的人,常常感情丰富,但水的性质是多变的,所以有可能出现多情善变的情况。

995 | 午时出生的人命带什么桃花?

午时是11:00至13:00的时段,生于这个时段的人,命中带有火桃花。火具有热烈奔放的性格,有敢爱敢恨的个性,拥有火桃花的人,在爱情中是一个会为爱疯狂的人,但是他(她)的爱来得快、去得也快。

996 | 卯时出生的人命带什么桃花?

卯时是5:00至7:00的时段,生于这个时段的人命中带有木桃花。木是理性、忠厚的象征,拥有木桃花的人,对爱情十分执著,一旦确立了恋爱关系,就会表现出无与伦比的忠诚。

997 | 酉时出生的人命带什么桃花?

酉时是17:00至19:00的时段,生于这个时段的

人，命中带有金桃花。金具有冲动好胜的性格，拥有金桃花的人，通常注重情义，行为果断而冲动，敢于为爱付出，但也容易引来不少麻烦。

998 | 八运期间的桃花位位于何方？

风水中桃花位共有四个：一白坎水，三碧震木，七赤兑金，九紫离火。这四颗飞星飞临的方位，即桃花位。在这四个方位放置水晶、花瓶等能催旺桃花的风水物，有利于恋爱。八运期间，九紫星和一白星为未来星，是两颗生旺的飞星，因而比另外两颗飞星更加强旺。根据宅命图，九紫星和一白星所在的方位便是桃花最旺的方位。

999 | 如何根据生肖推算最具桃花运的年份？

桃花运会随着时间发生变化，不是年年都有，可以根据自己的生肖推算自己哪一年的桃花运最旺盛。

属猪、兔、羊的人，在子鼠年最有桃花运；属蛇、鸡、牛的人，在午马年最有桃花运；属虎、马、狗的人，在卯兔年最有桃花运；属猴、鼠、龙的人，在酉鸡年最有桃花运。如2011年是卯兔年，因而属虎、马、狗的人要把握这难得的机会。

1000 | 怎样根据生肖确定桃花位？

风水上的桃花位，是指在什么方向上可以找到桃花。桃花的方位要根据一个人出生时的地点来确定，也可以以自己居住的住宅为基准点。属猪、兔、羊的人，桃花位在北方；属鸡、蛇、牛的人，桃花位在南方；属猴、鼠、龙的人，桃花位在西方；是属虎、马、狗的人，桃花位在东方。如果在相亲时能这样安排方位，可以提高成功率。

1001 | 怎么推算出最具桃花运的月份？

只按桃花年来看，每个生肖十二年才有一年为桃花年，所以在不是桃花年的年份里，要好好把握桃花月。桃花月的算法和桃花年相同，每年都有固定的桃花月。要把握好这个时机处理恋爱和婚姻事宜，可以起到事半功倍的效果。农历的二月为卯兔月，是属虎、马、狗的人的桃花月；农历的五月是午马月，属鸡、蛇、牛的人的桃花月；农历八月是酉鸡月，是属猴、鼠、龙的人的桃花月；农历的十一月为子鼠月，是属猪、兔、羊的人的桃花月。

1002 | 什么样的房子格局不利于遇上桃花运？

人的居住环境会影响桃花运的到来，如果长期居住在阴冷潮湿又偏僻的房屋里，很难遇上桃花运。因为在这种居住环境下，人很容易变得孤僻不合群。居住在室内风大、阴冷的房屋，以及狭窄、远离人群的房屋，也容易让人产生逃避的心理，从而远离桃花运。此外，如果房中栽有大树，也不利于招来桃花。

1003 | 怎样的住宅可以催旺桃花？

风水中认为"子、午、卯、酉"是桃花的代表方位，所以要对应住宅的方向，凡是在"子、午、卯、酉"其中一个方位出现了水，就代表这间房屋容易有桃花。单身的人住进桃花屋，可以利用这里旺盛的桃花，寻到完美的爱情。

1004 | 什么朝向的房屋最具桃花运？

风水理论中，四种房屋最具有桃花运。第一种是坐山在正西方位，来水从正东流向正南的住宅；第二种是坐山在正南方位，来水从正北流向正东的住宅；第三种是坐山在正东方位，来水从正西流向正南的住宅；第四种是坐山在正北方位，来水从正南流向正西的住宅。这些水应该在住宅外呈弯曲环抱的姿态，避

免直来直去、反弓流走，否则不仅招来的桃花不好，还会对家人身体和财运产生不利的影响。

1005 | 住宅风水也会影响恋爱效果吗？

在风水学中，男为阳，女为阴，只有当阴阳调和时，才能恋爱成功。所以，目前还没有谈恋爱、独居的男女，一定要注意自己的居家环境，应使房间通风透气，不可使室内阴气太重或阳气太盛，否则都不利于恋爱。

1006 | 怎样的庭院布局不利于恋爱？

大部分别墅前面会布置一个庭院，有些人将庭院做成圆形，以制造出一种和美的感觉。为了观赏植物和出行方便，庭院中都会设置小路，无论道路怎么布置，从远处看，这个庭院都像一面破碎的镜子，从而形成"破镜煞"。

破镜煞是一种会影响感情的煞气，象征原本完美的感情会出现裂痕。化解的办法是改变庭院的形状，或将庭院中间的道路封闭起来，让其成为一个完整的圆形。

1007 | 什么叫咸池星？

咸池星在诸星中代表了桃花，是偏重于性生活的同居星，同时它也主财，意味着财与桃花同来。咸池星入命的人通常长得很漂亮，不过也比较风流。如果流年或流月中出现了咸池星，则意味着会有桃花出现，或者会发生性关系。

1008 | 得知咸池星所在的地支有什么意义？

如果得知咸池星地支，就可以得知桃花最旺的时间和地点，以及生旺桃花的人和物是什么。如生于子鼠年的人，咸池星在酉，意味着此人在酉年、酉月、酉日的桃花最旺，会有桃花出现。家中的西方位，即正西方，最能生旺桃花，如果布置好可以起到催旺桃花的作用。属酉鸡的人可以成为其理想的恋爱对象，同时佩戴鸡的饰物也可以起到催旺桃花的作用。

1009 | 如何根据生肖寻找咸池星？

根据出生年份的地支生肖，可以找到咸池星所属的地支。例如，子鼠年出生的，咸池星在酉；丑牛年

出生的，咸池星在午；寅虎年出生的，咸池星在卯；卯兔年出生的，咸池星在子；辰龙年出生的，咸池星在酉；巳蛇年出生的，咸池星在午；午马年出生的，咸池星在卯；未羊年出生的，咸池星在子；申猴年出生的，咸池星在酉；酉鸡年出生的，咸池星在午；戌狗年出生的，咸池星在卯；亥猪年出生的，咸池星在子。

1010 | 向下走的房屋布局对恋爱有什么影响？

进门后还需要向下走才能进入家中，就表示气不容易进入家中，即使进入，气也会由大门沉到下面去，这样格局的房屋不利于室内外气体交流，会使运气受阻。长期在这样的房屋中居住，夫妻感情难以维系，会导致离婚。解决的办法是，将房屋的地面垫高，如果不想浪费房屋空间，可将下层用作储物室。

1011 | 阳台上晾挂内衣裤会影响恋情吗？

内衣裤是私密的物品，通常会由它们联想到身体的一些隐秘部位。如果把这些物品堂而皇之地晾晒在阳台上，则表示对性的不在乎，故而容易招来烂桃花，使人在恋爱中过早有性的念头，会导致恋爱失败。

可以将内衣裤用较低矮的架子摆放在阳台上晾晒，在不易被人看到的地方就好，切记不要将其晾挂在洗衣间等阴暗潮湿的地方，否则容易滋生细菌。

1012 | 怎样布置卧室西南方位提升恋爱运势?

西南方为坤卦,象征孕育后代的母亲,代表了桃花运。要想催旺桃花运,可以在卧室的西南方摆放几支蜡烛,并使用红色的灯罩罩住,能生旺此方位,带动桃花运。此外,在此方位长期摆放长颈玫瑰、心形相框也能起到催化作用,可以时刻催醒宅主的爱情意识。

1013 | 歪斜的门会不利于恋情发展吗?

在风水上,歪斜的门实为斜门的意思,如果家中的大门或卧室的门出现了歪斜的状况,有可能使居住者的性情发生变化,并招来意图不轨的桃花。因此在装修时要注意,不要为了追求个性、前卫而修一扇歪斜的门。如果门出现了歪斜的状况,一定要及时修理,否则会影响原本好的风水。

1014 | 怎样利用命卦确定卧室的桃花位?

在风水中,延年方即为桃花位,根据每个人的命卦可以确定卧室的桃花位。坎命的延年方在离,即正南方;艮命的延年方在兑,即正西方;震命的延年方在巽,即东南方;巽命的延年方在震,即正东方;离命的延年方在坎,即正北方;坤命的延年方在乾,即西北方;兑命的延年方在艮,即东北方;乾命的延年方在坤,即西南方。

在这些桃花位摆放一些能催旺桃花的物品,就可以起到提升恋爱运的作用。

1015 | 怎样布置卧室有助于带来恋爱运?

风水中认为,卧室是关乎婚恋的重要场所,合理的布局可以帮助女孩子尽快找到自己的伴侣。摆设床铺时,一定要将床头靠着墙,这样有助于找到可靠的男性。歪斜的镜子也不要挂在卧室里,否则容易使单身女性产生独身的想法。此外,卧室不要过于阴暗,应经常打开卧室的门窗进行通风,否则会导致屋主性格孤僻,不利于与异性沟通。鱼缸和盆栽也不适合摆放在卧室,二者产生的阴气不利于恋爱。如果想用桃花来催生恋情,最好将桃花插在花瓶里。

1016 | 哪些不良的风水布局会影响恋爱运?

不良的风水布局也会影响恋爱运,一定要注意避免。第一,房间有黑色的家具。黑色象征浊水,黑色家具会让恋爱运必需的"水"气变浊。第二,衣橱脏乱。布具有招缘的力量,将衣橱好好整理一下,自然就能招来良缘。第三,浴室、梳洗台等水汇聚的场所如果太脏乱,会形成很重的阴气,会让恋爱运变差。应将浴室地板擦干净,马桶盖最好放下盖着。

良好的气息不会停留在脏乱的地方,所以一定要经常打扫房间,保持清洁。干枯的花摆在家里也会产生"死气"，让空间的气枯萎，爱情也会枯萎，所以一定要及时清理。

1017 | 卧室镜子会对恋情产生什么影响？

镜子在风水中是容易招来煞气的风水物，如果将其摆放在卧室里对着床的方位，可能会影响恋爱关系。卧室是私密的空间，与感情有关，如果恋爱中的男女经常从镜子中看到自己的影子，则预示着会出现第三者，或导致自己出现同性恋的倾向。

1018 | 梳妆台的摆设与三角恋情有什么关系？

梳妆台是摆放镜子的地方，因为镜子会影响人的恋情发展，因此梳妆台的摆放直接影响着自己是否会被卷入三角恋情中。应注意，梳妆台绝对不能对着床摆放，也不要摆在房间的中间，没有靠墙的梳妆台容易引发三角恋，导致人财两空的情况发生。梳妆台的摆放应该与床平行，或放在卧室的角落里。

1019 | 什么样的卧室氛围可以提升恋爱运？

一些女性一直找不到合适的伴侣，可能与她们暴烈或孤僻性格有关，要想增强恋爱运就要对卧室的装饰进行相应的改变，从而改变心情。

卧室是最容易产生情感的地方，所以应该将其布置得温馨一些。卧室的装饰可尽量素雅，采用圆形作为装饰的主要元素，以消磨掉性格上过于尖锐的部分，尽量少用尖锐的形状。也可以在床头摆放新鲜的散发淡雅芳香的鲜花，增加人的愉悦感，消除疲劳。

最好安装柔和的黄色灯光，避免黑白相间的色调。卧室的光照也不要太强烈，最好设置一层遮光布，再安装一层窗纱，良好的遮光效果可以使人睡眠沉稳，轻柔的窗纱也能唤起心底的温柔感。一个心情愉悦、性格温柔的人容易获得别人的好感，由此一定能得到一段好的感情。

1020 | 斜摆的床会影响恋情发展吗？

一般来说，床的摆放应该与卧室的墙壁垂直或平行。如果床与卧室的墙壁形成锐角形状，会使气场发生变化，长期睡在歪斜的床上难以吸纳正常的气场，也不利于休息，易导致思想上的偏激。当出现烂桃花时，有可能因为不辨是非或者赌气而接受对方。所以，歪斜摆放的床一定程度上会影响正常的恋情发展。

1021 | 双层的床铺会影响恋爱运吗？

现代人由于居住空间有限，所以拥有许多成员的家庭，往往会添购双层的床铺以便节省空间，但是从风水上来看，无论是睡上铺还是睡下铺的人，都会因为离天花板太近或是上有床压，而感到有压迫感，情绪上会变得不安，不容易开始恋情，还会有晚婚的现象。化解的方法是节省卧房内其他空间，买一张较小的双人床共睡，这样才易促使恋情发生，也较不会有晚婚的现象。

1022 | 床垫过软对恋爱有什么影响？

为了睡觉舒适，有些人往往会选择一些很柔软的床垫，其实床垫过软，不但对健康不好，就风水而言，

长期睡在过软的床垫上，也会让一个人变得好高骛远，在爱情上也容易存有不切实际的想法，容易制造是非，让爱情常常遭受到一些不必要的干扰而多有波折。化解的方法是选择软硬适中的床垫，并铺上粉红色、粉蓝色色系床单，以增强爱情运。

1023 | 横梁压床的布局对恋爱有什么影响？

床头正上方不可以有横梁，因为横梁压着头，会感觉头脑沉重，睡觉时眼睛向上望，容易产生压迫感，同时也会间接地让爱人过多地胡思乱想及产生不必要的猜忌，而影响双方本来良好的互动关系，有碍于恋情的进一步发展。化解的办法是摆放一个床头柜，以避开梁压头的格局，让睡眠跟爱情都更加安稳。

1024 | 如何利用九紫星催旺桃花？

在风水学中，九紫星是最具桃花效应的飞星，九紫星飞临的方位就是桃花位。如果将每月的流月星入中宫飞伏，就可以得到当月的流月星。如2009年正月的流月星是五黄星，该月九紫星的方位在南方，即月桃花位在南方；同理，十一月的桃花位在北方，十二月的桃花位就在西南方。

如果将每年的流年星入九宫中宫，经过飞伏后，九紫星所在的方位就是当年的桃花位。如2010年的流年星为八白星，九紫星所在方位在西北方，在此方位催旺桃花的效果就很好。

1025 | 如何利用植物催旺九紫星？

桃花是最能生旺九紫星的植物，将用红布包裹的桃花放在九紫星的方位，并缠绕九道红线，可以催旺九紫星。结子的石榴也能催旺九紫星，对于还没有婚配的男女效果更好。放一个椰子在九紫星的方位也能催旺桃花，椰子数量最好为一，与九紫星的数目合十为宜，取和谐的吉兆。

1026 | 如何利用动物催旺九紫星？

乌龟的五行属火，与九紫星的属性相同，在九紫星的方位养九只乌龟可以大旺桃花，或者摆放乌龟的饰品。鸭子为甲木，木可以生旺九紫的火，在九紫星的方位放置四只木鸭子，即合了四绿星，是木气很旺的风水物，也能催旺桃花。

1027 | 如何利用物品催旺九紫星？

属火的物品对九紫星有催旺的作用。所有的电器都属火，可以在九紫星飞临的方位摆放电视、音响等。一盏有红色灯罩的灯如果长期在九紫星方位点亮，也能有效地生旺桃花。属木的物品也可以用来生旺桃花，如木雕、木制品等。

摆放物品时要注意物品的数目，如属火的物品可

以摆放九个，与九紫星的数目相合；属木的物品可以摆放四个，与生旺九紫星的四绿星相合。

1028 | 如何利用鲜花提升恋爱运？

鲜花是爱情的代表，男性宜将鲜花摆在客厅的左方，女性宜摆在客厅的右方，可以提升爱情运。摆放的鲜花最好不是干花或假花，没有生命的花朵缺少鲜花所拥有的气场。

鲜花最好选用大花瓣的，招摇的形态代表对爱情大方热情。鲜花最好选择没刺的，西方传统认为玫瑰象征爱情，很多人喜欢插玫瑰，但玫瑰有刺，会阻碍爱情的发展，因此，玫瑰在插进花瓶前要用刀子将刺除掉。需要注意的是，鲜花是有生命的，干枯的鲜花会影响原本良好的气场，所以一旦鲜花出现枯萎的状态就要赶紧扔掉。

1029 | 不同属相的人如何摆放鲜花？

利用鲜花来生旺桃花是常用的一种催旺桃花的方式，而不同属相的人在卧室摆放鲜花时有一定的讲究。

属鼠的人要生旺桃花，可以在正西方摆放一个蓝色的花瓶，并插一枝花。

属牛的人要生旺桃花，可以在正南方摆放一个蓝色的花瓶，并插一枝花。

属虎的人要生旺桃花，可以在正东方摆放一个绿

色的花瓶，并插四枝花。

属兔的人要生旺桃花，可以在正北方摆放一个绿色的花瓶，并插四枝花。

属龙的人要生旺桃花，可以在正西方摆放一个绿色的花瓶，并插四枝花。

属蛇的人要生旺桃花，可以在正南方摆放一个红色的花瓶，并插九枝花。

属马的人要生旺桃花，可以在正东方摆放一个红色的花瓶，并插九枝花。

属羊的人要生旺桃花，可以在正北方摆放一个红色的花瓶，并插九枝花。

属猴的人要生旺桃花，可以在正西方摆放一个白色的花瓶，并插七枝花。

属鸡的人要生旺桃花，可以在正南方摆放一个白色的花瓶，并插七枝花。

属狗的人要生旺桃花，可以在正东方摆放一个白色的花瓶，并插七枝花。

属猪的人要生旺桃花，可以在正北方摆放一个蓝色的花瓶，并插一枝花。

1030 | 牡丹花可以增强女性的桃花运吗？

牡丹是花中之王，拥有淡雅的色泽，还拥有雍容华贵的气质，可以为女性增加贵气。单身女性在客厅的右边摆一盆牡丹花或在墙上挂一幅牡丹图，就可以吸纳到牡丹的气势，提升自己高雅的气质，从而吸引到条件优异的男性的注意。

1031 | 如何避免烂桃花靠近？

烂桃花是指那些容易欺骗人的恋爱对象，如果无法分辨这些小人，又想避免这类人的入侵，可以借助水晶的力量来阻拦。水晶容易携带，可以起到避邪的作用，让烂桃花远远离开。在睡觉时，可以将3～5厘米的水晶放在枕头和脚跟两处，加强气场防止小人靠近。紫色水晶的效果更好，但不利于低血压者。

1032 | 水晶如何催旺恋爱运？

水晶一般都有多个切割面，清澈、浑圆的水晶具有传送光和能量的作用，是增加运气的风水物。选择粉红色或黄色的水晶，或一些由水晶制作的饰品，摆放在家中可以激发附近的气场。佩戴水晶在身上，能产生吸纳爱情的力量。

1033 | 怎样利用紫水晶保持理想的恋爱关系？

在谈恋爱时，有些人会被爱情冲昏头脑，变得偏执而一厢情愿。这时可以佩戴紫水晶的项链或手链等饰品。紫水晶有镇定安神的作用，可以增强人的包容度，使人理性地对待事物。因而紫水晶拥有使人与人之间理性交往的力量，在爱情上，则代表着高层次、精神的恋爱。对于那些被爱情冲昏头脑的人来说，紫水晶是最好的安定剂，有助于追求一份理性且美好的恋情。

1034 | 怎样利用虎晶石激发恋爱的勇气？

虎晶石的纹理和颜色都像木纹，有木变石的说法。在加工虎晶石的过程中，可以在木纹的垂直面打磨出如同眼睛的纹理，因此它又被称为虎眼石。虎晶石是威严的象征，对于个性欠缺坚强果断的人来说，可以利用虎晶石的威严力量激发自己的勇气和信心，大胆追求属于自己的爱情。

1035 | 如何通过首饰点燃对方的爱意？

银首饰较为含蓄、淡雅，可以提升一个人的受关注度，在所有质地的首饰中最能催化感情。想跟希望的恋爱对象接触时，可以通过佩戴雅致的银色首饰来吸引对方的注意。

在各种形状的饰物中，心形的银色饰品又是首选。如果是第一次约会，心形的饰物表示对对方的重视，可增加对方对自己的好感度；如果恋爱对象反应较为冷淡，应选择心形的饰物去点燃他心中的激情；如果已经是恋人关系，心形的饰物更能加深两人的感情。此外，具有浪漫感的月亮形和星形的饰物可以使两人的关系更好地发展下去，而想增加两人的整体缘分时可以使用花朵形饰品。

1036 | 龙饰品可以增强男性的桃花运吗？

龙是万物之尊，象征着强壮和威严。单身的男性在客厅的左边摆放一幅龙的图案或佩戴龙的饰物，就会在家中散发龙的威严气息，同时增加自己的权威感，从而吸引条件好的女性。

1037 | 在家中摆放空花瓶有什么不好？

很多人为了摆设上的美观，而在家中摆放漂亮的空花瓶，然而摆放空花瓶虽然美观，但从风水的角度来看，空花瓶却带煞、带邪，容易招来桃花劫，进而导致自己被骗财骗色。所以，想让感情平顺的人，不宜在家中摆放空花瓶。化解的方法是在属于自己的桃花方位，悬挂有花朵的图画或是摆放插有真花的花瓶，如此便能提升爱情运，招来好桃花。

1038 | 领带和丝巾对增进双方感情有什么作用？

通常认为，脖子是具有亲密关系的人才能碰触的地方，男性的领带和女性的丝巾都是佩戴在脖子上的装饰物，因此送丝巾和领带给异性时，都是爱慕的暗示。在恋爱中，想增进双方的感情，可以赠送丝巾或领带，如果亲手为其系上，则代表两人的关系像丝巾结或领带结一样紧紧连在一起。另外，围巾也有相同的作用，特别是冬天送一条温暖的围巾可以瞬间温暖对方的心，自己围上漂亮的围巾也可以给单调的衣服增添靓丽的颜色，吸引对方的注意力。

1039 | 单身人士如何利用喜气增加自己的异性缘？

单身人士要多借助别人的喜气来增加自己的异性缘，如多参加亲戚朋友的婚礼、参加新婚夫妇的聚会，通过这些喜庆的活动洗掉身上的阴气。在这些聚会中，也可以增加寻找异性的机会。在充满喜气的环境中，人心理的防线会降低，很容易向对方敞开心扉，因而是发掘异性缘的好机会。

1040 | 女强人如何增强自己的爱情运？

女强人往往果敢刚毅、脾气暴躁，常被员工称为"男人婆"。不少女强人都会因为寻找不到恋爱对象而苦恼。要改变这种状况，就需要削弱女强人身上的阳刚气。可以通过改变办公室或办公桌的方位来改变自己的婚恋状况。女性坐在西北方会对婚姻产生不利影响，因为西北乾卦的阳刚之气会极大地削弱女性的阴柔之气，因此办公室或办公桌不宜设置在西北方。女性如果坐在西南方位的坤母位置，会较大地提高恋爱

机会。坤母为纯阴之地，代表了孕育万物的大地母亲，不仅能增加女性的阴柔之美，还使之更有慈爱的母性之美，十分利于开展婚恋。

1041 | 什么食物最能为女性带来异性缘？

螃蟹是最能为女性带来异性缘的食物。秋天是螃蟹肉肥的季节，农历九月、十月是螃蟹的发情期，有发育成熟的蟹膏，女性食用后可拥有吸引男性的魅力。吃螃蟹的时候，一定要把整只吃完，这样才能完整地吸收螃蟹的能量。注意不要跟虾同吃，否则会完全抵消吃螃蟹的效果。

1042 | 什么食物最能为男性带来异性缘？

虾是最能为男性带来异性缘的食物，鲜虾和干虾具有相同的作用。虾是一种经济的恋爱食物，一周可

以吃多次。

虾有多种煮法，可以与鸡蛋一起煮。虾米蛋羹富含蛋白质和矿物质，能补肾壮阳，特别是虾的壳能使人强壮。如果一顿饭吃了虾米蛋羹，最好就不要再吃别的荤类食物了，特别是螃蟹，否则会削弱其效果，不过要注意摄入多种蔬菜以均衡营养。

1043 | 红色食物对恋爱有什么促进作用？

红色是热情的象征，经常食用红色食物可以增加人的激情。西红柿炖牛肉、红辣椒炒肉、西红柿洋葱头、西红柿炒鸡等，还有红色的樱桃、杨梅等水果，

这些红色的食物拥有火性的能量，能令人的体温升高并充满能量。在餐桌上再摆放一支红玫瑰和一瓶红酒，可以增加宴会的浪漫氛围，让人在这样的气氛中变得更有激情。

1044 | 如何利用酒来增加恋爱机遇？

葡萄酒被喻为爱情春药，喝少量的葡萄酒具有催化爱情的作用。喝少量的酒可以排解人的压力，使人放松戒备之心，可以促进人际关系的发展，因此在参加一些聚会时，喝一点酒可以制造浪漫的邂逅。切忌过量喝酒，否则遇上的不是良缘而是桃花劫，会给自己带来麻烦。酒后也容易失态，如果在自己心仪的对象面前出现了不佳表现，有可能失去一个恋爱机会。

1045 | 如何利用口香糖提高恋爱的勇气？

口香糖五行属木，拥有生旺火的力量，也是提升恋爱运的佳品。口香糖所含的糖分能令人充满精神，其中含有的薄荷、柠檬或茶爽的香味，可以使人更自信。事实上，嚼口香糖能够转移人的注意力，帮助消除人的紧张感。那些胆小又对恋爱缺乏勇气的人，在喜欢的人面前易显得局促不安，而无法很好地表现自己，这时咀嚼一片口香糖可以给他带来表白的勇气。

第二十五章 婚姻与风水

1046 | 什么叫红鸾星?

红鸾星是代表婚姻生活的桃花星,婚姻的幸福美满与否与红鸾星有着极大的关系。民间也常用"红鸾星动"来形容一个人的好事将近,意指即将结婚。

1047 | 什么样的飞星组合可以促进夫妻关系?

在宅命盘中,当运星和山星的数字相加为十,或运星和向星的数字相加为十,就是"合十局"。合十局因数字相加能达到圆满的十,具有和谐的含义。这样的合十局被称为"夫妻合十局",意味着有很好的姻缘,夫妻能白头到老。在八运中,丑山未向的布局就会有合十局出现。

1048 | 狭长的卧室形状会导致婚姻不顺吗?

卧室一般要设计成正方形或长方形,给人一个舒适的休息环境。如果房间又长又细,就会影响爱情运。狭长的卧室带给人逼迫和狭隘感,容易给人孤独、冷清的感觉,长期居住在里面,会让人的性格变得孤僻,在与他人相处时也会时常流露出冷漠,即使结了婚,也会让对方有逐渐疏离的感觉。

要减少这种不利影响,最好将狭长的房间分隔成两个,从中间隔断最好。如果卧室本身不够大,可以隔出一些空间设置储物间或更衣室。

1049 | 怎样的卧室布局利于增进夫妻感情?

卧室是两夫妻最私密的处所,良好的卧室布局可以增进夫妻之间的感情,因此要注意一些宜忌。第一,在床头摆放花易犯桃花,夫妻两人有可能都会发生外遇,进而导致家庭破碎。第二,床离玻璃窗太近,空洞无依,使人不能脚踏实地,影响婚姻的发展。现代大都市往往高楼毗邻,卧床过于靠近窗户,不能很好地保持其私密性,噪音也会穿过玻璃窗而影响睡眠。第三,床头忌嵌镜。镜子易招来鬼魅影像,使主人经常头疼、失眠。第四,卧室家具忌用有尖锐棱角的,使用藤编的桌椅会给主人财运带来坎坷。第五,床上和地下凌乱也会影响主人的运气。第六,卧室最好使用整扇窗户,忌用分开的两扇或多扇窗。第七,卧室宜放大叶、阔叶的植物,可以增强夫妻之间的感情,增强主人的财运,使人做起事来得心应手,易得上司欣赏。

1050 | 卧室采光不足会对感情产生什么影响？

卧室是日常起居中接触时间最长的地方，卧室的采光虽然有"明厅暗房"的说法，但是长期居住在这样的卧室格局里，容易导致夫妻间发生误会，从而影响感情。在进行房屋规划装修时，应尽量选择有窗户的房间作为主卧，也可以选择光线柔和的灯光作为补充光源，从而提高婚姻的稳定性。

1051 | 卧室的窗户会对婚姻产生什么影响？

卧室不宜开多扇窗户，过多的窗户不利于气息积聚，会使气场变弱，致使夫妻不能同心协力，解决问题时也会出现诸多分歧。床最好也不要摆放在靠近窗户的位置，外界的干扰会影响人的睡眠，自古也有"窗下多梦"的说法，意指人容易红杏出墙，对长久的夫妻关系会造成不好的影响。

1052 | 如何布置一个温馨舒适的新房？

新房的布置会影响夫妻的感情和未来的关系。阳光充足的新房可使人感觉到新婚的快乐，并长期保持健康和睦的夫妻关系，而光线不充足的房间则会吸走快乐，让婚姻变得岌岌可危。装饰新房时，不要使用过深的颜色，否则会使人心情变得压抑。红色是喜庆的颜色，在布置新人房时可以用红色的象征爱的物品进行装饰，这一喜庆元素可以保持一年半载，但不宜长期使用。如果长期住在这种红色偏多的房子里，人的脾气容易变得暴躁、乖戾。

新房要注意通风透气，最好在结婚入住前一两个月装修完，敞开数日让装修的气味挥发，减少装修产生的难闻气味。新房的装修要使用环保材料，不要购买劣质的材料，否则会损害身体健康。

1053 | 什么样的卧室风水会对受孕产生影响？

卧室不宜摆放鱼缸、镜子，以及电话机、收音机、电视机等，这些都会对受孕造成影响。鱼缸会使卧室的空气变得潮湿，从而导致阴阳失调；过多在卧室摆放镜子会导致男方精气耗损，也会赶走女方的胎气；有些夫妻习惯将收音机、电话等放在床头，这些物品会干扰正常的磁场，影响人正常休息，从而引起难以受孕的状况。

卧室的位置和布局也是影响卧室风水的关键。卧室不宜设在卫浴间、车库、神坛、厨房、骑楼的上方，卧室的门也不宜与其他房间的门对开，否则都会导致受孕困难。

1054 | 床头物品的摆放有什么禁忌？

床头忌摆放鲜花，鲜花有生旺桃花的作用，两人已经结为夫妻，如果床头柜上还摆放着鲜花，有可能促使夫妻两人都发生外遇。床头也忌摆放镜子，否则会造成人失眠、头痛，由此引来各种争吵，导致夫妻关系产生裂痕。

1055 | 如何保持夫妻之间的感情长久？

温馨的家是夫妻感情生活的基础，使人产生留恋感，因此在进行居家布置时要尽量营造一种温馨的氛围，不要因为过于追求时尚个性的装修，而使用一些冰冷、超现实的元素。

第一，要尽量给椅子加上坐垫，特别是木制的椅子，较硬的底部不适宜人长时间坐，配上坐垫能使人坐下去感觉舒适，于是会在家中逗留更长的时间。

第二，多使用绒毛制品，毛绒制品给人柔软舒适之感，也有利于吸附屋内过多的水汽，如在门口摆放毛绒垫子、毛绒拖鞋、毛绒装饰品等，让人一进家门就被温馨的感觉包围，心情立刻变得轻松。需要注意的是毛绒制品容易吸附灰尘，要定期进行清理。

第三，在卧室或客厅摆放结婚照，有利于巩固两人的感情。最好选用自然色调的相框，避免五颜六色，

使用木制的也可以给人亲切的感觉。

另外，在日常居家生活中，可以通过炖煮食物和听舒缓的音乐来平缓心情，使人处于安定的状态，从而稳固感情。

1056 | 怎样摆放结婚照片利于婚姻关系？

一般人会将结婚照摆在卧室中，表示两人婚姻美满、幸福。天天看到摆放的结婚照，有利于保持亲密的夫妻关系，有助于感情的维持，但要注意摆放结婚照时也有一定的讲究。

结婚照片不应该摆在床头，人像照片或含有人像的图画摆放在床头都会给人造成压力，不利于婚姻关系的发展。结婚照也不要摆在镜子对面，镜子具有复制作用，镜子中映照出结婚照，意味着有两对夫妻，容易造成夫妻离异。结婚照摆放在客厅的西北方最好，可以使妻子拥有丈夫长久的爱。

1057 | 怎样利用印章增进夫妻感情？

印章有权威的意思，利用印章的力量可以稳固夫妻间的感情，最好在同一枚印章上刻上两个人的姓名。印章的材料可以选择各种材质，可以将刻好的印章用七彩丝线缠绕后放在床头的位置，或者将它们放进盒子后再放在床头。这样的印章不仅利于夫妻的感情稳定，还能增加财运。

1058 | 什么"水"会使人变花心？

在风水中，水是桃花的象征。水也有好坏之分，不好的水会导致人花心。如卫浴间空气不流通，致使湿气过大，就会使人因为水汽过大而花心；家中长期存储着被污染的水，会引来烂桃花的困扰；如果家中的装修出现太多的黑色，会增加水的阴气，也会使人变花心。

1059 | 营造怎样的居家环境可以治人的花心？

花心是因为家中或体内有不少坏的水汽造成的，风水上认为，只要驱除了坏的水汽，增加好的水汽，就可以治人的花心。

第一，家中要做到通风透气。特别是卫浴间和卧室，不要太过潮湿，要经常拉开门窗，让阳光照射进来，干燥空间的同时杀灭细菌。如果太阳照射不进卫浴间，可以在浴室安装大瓦数的灯泡照射一段时间，并注意换气抽湿。

第二，保持家中的卫生清洁。卫浴间要定期清扫，不要长时间存放使用过的脏水，这样可以避免细菌的滋生，有利于家人的身体健康。

第三，注意增加室内的生气。在阴暗的卫浴间摆放鲜花，鲜花的香气可以去掉空气中的臭味，驱除阴气，种植一些喜阴植物，可以中和多余的水汽，但植物不宜摆放过多，否则也会致使阴气旺盛，摆放一两盆即可。

1060 | 怎样的居家摆设会影响夫妻感情？

在卧室中摆放物品要小心，有些物品可能会导致夫妻关系僵化，影响夫妻间的感情。首先，卧室是夫妻的私密空间，不宜出现夫妻以外的人的有关物品，如前男友或前女友的照片等物品，这是引起争吵的根源；裸露的图片或明星画也会让人浮想联翩，使伴侣的心灵受到伤害。

其次，不要摆放电视机、收音机、电脑等电器，属电的物品五行属火，容易增加卧室的火气，也会使人的脾气变得暴躁，增加夫妻间的争吵。电器产生的辐射波也会对气场产生影响，妨碍人的正常作息。

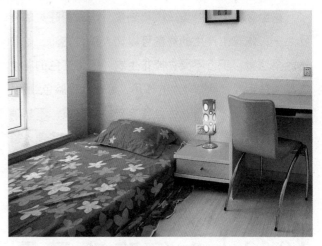

此外，摆放在卧室里的物品最好不要有凶恶感，如狮子、老虎或者一些奇形怪状的雕塑品，如果这些恶兽头朝向房内，会引起夫妻不和而产生争吵。如果要摆放老虎等物品，要注意它们的头不能朝向屋内，而应朝外；且宜上山，不宜下山。脸谱和露牙的玩具也不宜摆放在卧室里，否则也易引起夫妻不和。

1061 | 杏仁怎样吃有助于旺夫？

杏仁是一种旺夫的食物，女性多吃有助于增加自我能量，从而对丈夫有所助益。杏仁糊具有较好的旺夫效果，在糊里再加汤圆是最佳搭配，吃了使人精力充沛。吃杏仁糊时切记不要在里面添加鸡蛋白，因为蛋白对皮肤不好，吃多了可能会使皮肤产生皱纹。

1062 | 怎样吃花生最能旺夫？

花生含有丰富的蛋白质和热量，是最能旺夫的食物之一，吃花生产生的能量可以让人精力充沛。吃花生时要注意，千万不要去掉花生衣，因为红色的花生衣富含铁元素，具有补血的作用，可使女性脸色红润，身体更加健康。由于花生含有丰富的蛋白质，不易消化吸收，所以最好不要吃过量。油炸的花生会使人摄入过多的脂肪，也容易使人上火，要少吃。生吃是最好的食用方法。

1063 | 如何吃韭菜最能旺妻？

具有补肾功能的食物和药材有旺妻的作用，如冬虫夏草是最常见的一种食用药材，但一些补肾功能的药材和食物需要考虑人的体质和承受能力，不能随便吃。韭菜是一种经济而又无副作用的补肾佳品。它不

仅利尿消肿，对肾脏有益，还能激发雄性荷尔蒙，使男性的魅力得到最大的释放。最好的食用方式是韭菜炒蛋，能令男性精力旺盛。

1064 | 莲藕如何增进夫妻感情？

"藕"与"偶"谐音，有佳偶天成的含义，平时多食用莲藕，有利于保持夫妻间的感情。莲藕具有清热凉血、健脾开胃、益血生肌的作用，是食补的佳品，不论男女，多吃莲藕都有滋润身心、去燥的作用。在居家食谱上增加一道放有花生、红枣、冬菇、豆角的莲藕汤，夫妻同喝，对增进感情有很大的帮助。

第二十六章 健康与风水

1065 | 双星到向的格局对健康有什么影响？

双星到向是最能招财的格局，但是主管人丁的当令山星飞到了朝向上，则会对健康产生很大的影响。许多成功的企业家英年早逝，跟这个有一定的关系。

要避免双星到向对健康的不利影响，需要在朝向方向放置瓷器或山石，当环境与飞星相符，就能消除飞星对人的不利影响，从而保证身体的健康。

1066 | 九星如何影响人的身体健康？

随着天体的运行、时间的变化，九星飞临各处，或生旺，或衰退。由于飞星对身体各部分有不同的影响，所以在它们生旺时，往往对人的身体有好处；但当它们衰退时，就会对人的身体各部分产生不利的影响，有可能导致疾病。

1067 | 一白星掌管哪些疾病？

一白星可分为天蓬星和贪狼星。天蓬星代表肾脏，掌管血液疾病，使人容易食物中毒、酒精中毒，或得卵巢方面的疾病。

贪狼星代表血液，掌管脉络疾病，使人容易得泌尿系统、循环系统的疾病，可能会出现遗精、痛经、耳鸣、腰疼、喉咙干燥、口渴、眼目眩晕等症状。

1068 | 二黑星掌管哪些疾病？

二黑星可分为天任星和巨门星。天任星代表脾脏，掌管脾胃疾病，使人容易得食道、十二指肠疾病，严重的会得癌症。巨门星代表肌肉，掌管消化疾病，使人容易牙疼、食欲不振、积食，进而得肠炎、胃炎、胃下垂、便秘、皮肤病等。

1069 | 三碧星掌管哪些疾病？

三碧星可分为天柱星和禄存星。天柱星代表胆，掌管火症疾病，使人容易遭受意外的伤害，头、脸、手、脚等容易受到伤害。禄存星代表神经，掌管肥胖疾病。

327

1070 | 四绿星掌管哪些疾病？

四绿星可分为天心星和文曲星。天心星代表肝脏，使人容易遭遇天灾和虫蛇咬。文曲星代表运动，掌管寒症疾病，使人容易先天不足。

1071 | 五黄星掌管哪些疾病？

五黄星可分为天禽星和廉贞星。天禽星代表脑，掌管口的疾病，使人容易遭遇土煞、横死、精神分裂症。廉贞星代表内脏，掌管精神疾病，使人容易头晕目眩、中毒、麻痹、失眠、神经痛、忧郁，甚至得肿瘤。

1072 | 六白星掌管哪些疾病？

六白星可分为天辅星和武曲星。天辅星代表骨骼，掌管头的疾病，使人容易得老年痴呆症。武曲星代表思考，掌管鼻子的疾病，使人容易感冒、咳嗽、喉咙干燥、气喘、得关节炎。

1073 | 七赤星掌管哪些疾病？

七赤星可分为天卫星和破军星。天卫星代表肺部，掌管痨症，使人容易得流行病、性病、艾滋病，易难产、自杀、受刀伤等。破军星代表呼吸，掌管肺部的疾病，使人容易气喘、牙疼，易得肺炎、妇科病、口腔癌等。

1074 | 八白星掌管哪些疾病？

八白星可分为天芮星和左辅星。天芮星代表胃部，掌管脊背的疾病，使人容易憔悴、坐骨神经痛、骨折、扭伤等。左辅星代表手足，掌管日常疾病，使人容易腰酸背痛，易得结石、脚病、腹膜炎等。

1075 | 九紫星掌管哪些疾病？

九紫星可分为天英星和右弼星，天英星代表心脏，掌管中风，使人容易不安，遭雷击、触电、火灾、煤气中毒，得血崩、高血压等。右弼星代表视觉，掌管日常疾病，使人容易因噩梦而惊恐、被灼伤，易得眼疾、心脏病、红斑疹。

1076 | 八卦如何影响人的身体健康？

飞星会在不同的时间影响人的身体健康，而在不同方位上的形煞，也会对人体健康造成影响。如在某个方位看到山有压迫过来的趋势，有高大的树木张牙舞爪，有狭窄的通道或水道直冲过来，有屋脊、屋角对冲，有烟囱、高压线逼近等，这些都是形煞。这时考虑其所在的后天八卦方位，再参考先天八卦方位，就可以预测可能得的疾病。

1077 | 形煞在坤卦可能导致什么疾病？

后天八卦的坤卦，在先天为巽卦，掌管股，主要涉及肝脏、神经系统，与大肠、胆相通。如形煞在此方，可能导致心绪不宁、秃头、风灾、肝病、中风、癫痫、抽搐、眩晕。

1078 | 形煞在兑卦可能导致什么疾病？

后天八卦的兑卦，在先天为坎卦，掌管耳，主要涉及肾脏、睾丸、子宫，与三焦、尿道、肛门、膀胱相通。如形煞在此方，可能导致困倦、不孕、性病、肾病、水肿、畏寒、足痿。

1079 | 形煞在乾卦可能导致什么疾病？

后天八卦的乾卦，在先天为艮卦，掌管手，主要涉及胃部。如形煞在此方，可能导致口臭、呕吐、关节炎、脱臼、胃病、坐骨神经痛。

1080 | 如何加强空气流通促进身体健康？

风水学讲究风与水的平衡，尤其强调流动气场所产生的影响，保持居住环境气的流动对风水很重要。气流动良好的房屋，能使人精神振奋、健康有活力，尤其有利于杜绝和改善呼吸系统的疾病。

平日要经常开窗透气，以吸纳更多的自然风。在自然空气流动较差的情况下，可以利用家中的电风扇来加强空气的对流，将大自然中的气引导到屋内，更新屋内的气。

1081 | 住宅的色调对健康有什么影响？

色彩对人有相当大的影响，尤其是整天待在家里的人更要特别注意。一般原则下，房间的颜色应以感觉舒服为主。根据色彩的五行冷暖学，春夏两季出生的人，宜采用清　淡雅的颜色，如浅蓝、白色等；而

秋冬出生的人，则适合明亮而有生气的色系，如红、绿、黄色系。

1082 | 如何根据五行选择装饰的颜色？

每个人由于五行属性的不同，对不同的颜色会产生不同的反应，适合自己的则能令人身心舒适，从而利于健康，因此在进行家居布置时要慎重使用颜色。

如五行属水的人，看见白色会觉得亲切，而属火的人可能就不喜欢。五行缺水的人，需要用蓝色、白色、灰色、银色去装饰家居，这样能弥补水的不足；而五行缺火的人，则需要用粉红色、黄色、橙色、紫色等弥补。

1083 | 住太高的楼层会影响健康吗？

在选择住宅时，要多从健康风水的角度来考虑，不建议挑选过高的楼层作为居室。

第一，楼层越高风力越强劲，风的元素过强会对风水产生极大的负面作用。且居住的楼层距离地面过远，就不容易吸收地球的磁能，同时还会因为吸收过多的太阳能量而使自己体内的能量失衡，从而使心情浮躁，健康也会每况愈下。第二，高层建筑会出现"经常性微幅摆动"的现象，这对神经系统的影响很大，容易导致神经衰弱、失眠之类的疾病。在家中摆放一些盆栽或给窗户挂上窗帘，能在一定程度上改善风水。

1084 | 什么样的居住环境有利于改善抑郁症？

现代社会的快节奏和高压力使越来越多的人患上了不同程度的抑郁症，轻度的抑郁症不需要吃药，通过心理和环境的调节就能改善；重度的抑郁症除了按照医生的吩咐用药以外，配合居住环境的改善能起到事半功倍的效果。

一是室内光线要充足。明亮的环境代表着活泼、积极，它能使人心境开阔，情绪和心态也会更积极一些。阴暗的环境在风水学中象征安静、消极、负面的能量，人长期生活在这样的环境中就会产生较多的负面情绪，心态也会变得消极，日积月累就产生了抑郁症。

二是空气要流通。室内空气流通顺畅，能将秽浊的气体排到室外，使室内的气得到更新，带走累积的负面因素。

1085 | 如何使自己保持身心健康？

居室装饰适当运用一些活泼的装饰元素。色调要柔和，墙壁选择米色最好，不会过于温暖而让人急躁，又不至于过冷让人情绪压抑。家居活泼温馨可以避免出现冷清凄凉的感觉。同时可经常邀请朋友到家中聚会，欢乐的氛围能将负面的气冲散。摆放一些花草、饲养宠物也可以增加家中的生气，它们尤其能让独居的人感觉有精神支柱，保持身心健康。

1086 | 如何布置住宅西北方有利于健康？

西北方是乾卦，象征天子之气，代表了家中的父亲，是权威的代表。这个方位如果设置不当，就会使父亲生病。最忌讳将洗手间建在西北方，它会压制天子之气，正气被压邪气便生，有可能导致人患疾病。灶也不应设置在此方位，因为灶的火气会烧掉健康的运气，使人因内火过旺而引发疾病。

1087 | 卧室位于西北方的孩子为何易生病？

西北方象征家中权威的方位，孩子不可能成为一家之主，一旦他（她）住进了西北方的卧室，就可能被西北乾位的强大气场所损害。住在西北方卧室的孩子通常体质虚弱，容易患疾病，即使医好了也容易再犯，最好的办法就是让他（她）搬离这间卧室。

1088 | 如何布置住宅正东方位有利身体健康？

正东方位是代表健康的方位，要特别注意这个方位的风水布局，才可以常保家人健康。由于正东方属木，所以催旺这个方位最好的方法就是摆放健康的绿色植物，所选植物的大小要和房间成比例，而且不可摆放尖叶的植物。根据五行相生相克的原理，水生木，在正东方位摆放鱼缸、风水轮或小型喷泉等水景，对

增进健康也有帮助。但要避免放置与木相克的物品，例如属土、属火和属金的物品。

1089 | 怎样摆放电脑有利于身体健康？

电脑是使用越来越普遍的电器，同时电脑对人的健康危害也是公认的。在使用电脑时要将其危害降到最低，原则上是以身体舒适为主，那么电脑的各个组成部分要摆放合理。主机、音响应该放在干燥避光、远离暖气的地方，以延长使用寿命。

显示器的摆放位置最重要，一般来说，屏幕的中点应该略低于视线，颈部的姿势才最自然、最不容易疲劳；显示器与眼睛保持一个臂长的距离是最适宜的，以保护眼睛。显示器的前方应该留出一些地方用于阅读书写，工作起来更加顺手。键盘一般放在显示器的正下方，高度以手腕能平放为宜。根据日常所处理工作的内容来安排键盘的具体摆放，鼠标则依据个人习惯而定。笔记本电脑的键盘、显示屏相对不太好调节，如果不能习惯笔记本电脑的话，

建议购置外接的键盘，以免僵硬不舒适的姿势影响到身体健康。

1090 | 如何正确使用电脑？

电脑的五行属火，其电磁辐射很高，若长期面对电脑，会出现眼干、烦躁、头痛、疲倦、注意力涣散一类症状，脸部甚至会出现色斑。使用电脑的时候应该注意休息，每隔一段时间让眼睛离开屏幕远眺一会儿，舒展一下筋骨。如果电脑的噪声过大，也会影响健康，可以通过放音乐来掩盖。

除了在电脑上粘贴防辐射的保护膜以外，在电脑前放一杯清水，养一缸金鱼或者摆放水元素的图片都能泄其火气，减少危害。还可以在电脑上放置一些水晶石，数目以八的倍数为宜。

1091 | 影响健康的不良风水因素有哪些？

在居家风水中，影响健康的因素有很多，下举一二。

第一，摆放的盆景植物一定要健康美观，不可出现枯萎的状况，因为木属阳，是五行中唯一具有生命的东西，可以生长、繁殖；也切忌使用干花，它会吸收阴气，不利于风水。

第二，睡眠品质与健康关系非常密切，而卧室风水的好坏，会直接影响人的睡眠质量。床对着的楼上不可以是浴室或洗衣机所在的位置，卧室也要避免位于走道的尽头。

1092 | 晚上看恐怖片有什么不好？

晚上看恐怖片是一个不好的习惯，因为晚上人更容易受到剧情的惊吓，而且在本该休息的时间没有休息，会对神经系统造成影响，容易导致神经衰弱。同时，恐怖片阴森恐怖的氛围也会感染居住环境的气场，久而久之，家中的氛围就不再是单纯的温馨平和，使人身心不能完全放松，对健康有害。

1093 | 经常赤脚走泥路有利于身体健康吗？

我们的周围环境充满了无形的电磁波，高压线、家用电器、手机等都会释放电磁波，虽然肉眼看不见，但日积月累，无形中它们会让人脸色暗淡、神经衰弱、健忘、失眠等。周末时可以多到远离这些有害电磁波的郊外走走，经常赤脚在泥土地上走路，可以将身上所带的电磁粒子转移到地上，促进人体的健康。

1094 | 头痛与风水有什么关系？

不良的住宅风水是令人产生头痛的一个因素。如果窗户和房子的大小不成比例，窗户开设过大会使气流的流入过多、过快，可能导致头痛的发生。建议将门和窗户改到与房屋面积大小相和谐的尺寸，这样就能改善家中气流动过快的现象，改善头痛的症状。

1095 | 咳嗽与风水有什么关系？

中医有肺朝百脉的说法，水在风水学中被看做血脉，水与人体的肺气直接相通相连。基于这一原理，风水学认为周围环境水流状态的改变，可能会对机体的气血盈亏产生影响，从而影响人体的抵抗力。水与肺脏的关系最密切，水流状态变差，使肺脏功能失调，从而导致内虚咳嗽的出现。

1096 | 为什么多接近水能改善健康？

水被称为"生命之源"，水也是影响和调节风水的重要因素，在居住环境中不可或缺。在家中摆放鱼缸、水族箱可以帮助改善家中的风水，游弋的鱼儿令人赏心悦目、心情愉快，能让工作、生活更加顺心如意。需要注意的是，鱼缸或者水族箱的大小要适宜，并且不要放置太高。如果想要改善风水，最好让水动起来。

1097 | 旧床能不能使用？

搬入新的住处一定要购买新的床铺。如果房间里有上任房主留下的旧床，最好不要使用。因为床是经常使用的家具，上面富含了大量上任屋主的信息，如上任屋主的气味、病菌以及磁场效应。如果上任屋主在这张床上生病甚至死亡，就更为不利，对自身健康有损，因此那些来历不明的旧床最好不要使用。

1098 | 音响摆放在床头有什么不好？

一个人每天要保证6~8个小时的睡眠时间，如果在床头摆放音响，代表动的因素就会一直伴随着人的睡眠，而且音响工作的时候释放的电磁也会干扰人体，影响人的身体健康。科学实验也证实了这种说法，电器会干扰甚至抑制脑细胞的生长。因此，最好将音响摆放在远离床头的地方。

1099 | 情绪与健康有什么关系？

紧张焦虑、生活不规律对肝脏的健康影响很大，良好的心态对健康有利。所以日常应该保持乐观开朗的情绪，与家人和睦相处，减少摩擦，营造一个和谐的家庭环境。培养自己的各种兴趣爱好，如饲养宠物、栽培花草都有利于身心健康。

1100 | 春天应该如何调整心态？

生活中充满着各式各样的压力，心情经常会处于一种紧绷的状态。在不同的季节，要寻找最适合的放松方式，才能较好减轻压力，有益于身心健康。

春在五行之中属木，因此春天最适合去爬山、赏花，享受自然，走在充满芬芳的森林中，有益于呼吸系统的健康。此外，对久居都市的人而言，到森林中深呼吸，无论是清新的空气还是泥土的芬芳，都会使人精神振奋、心情舒畅。

1101 | 夏天应该如何调整心态？

夏在五行之中属火，容易使人心浮气躁。因此，夏天可以多到水边游玩，因为水边的空气新鲜洁净，阴离子的含量较多，对人体有益。此外，夏天也是适合多运动的季节，因为运动会让人排出大量的汗水，能加速新陈代谢、振奋精神。

1102 | 秋天应该如何调整心态？

秋在五行之中属金。秋天早晚温差大，人容易感冒及产生呼吸道疾病，因此，秋天以保暖与养肺为主。此外，秋天较不适合远行或从事户外活动，应尽量以室内活动为主，多与亲友聚会，增进感情交流。

1103 | 冬天应该如何调整心态？

冬在五行之中属水，为寒气逼人之态，容易损伤人体的阳气，此时可多吃一些药膳补品，如姜母鸭、桂圆、红枣、羊肉等，以增强体力，提高抗寒能力及人体免疫力。而且，冬天应以休养生息为主，可利用这段时间多看一些书，养精蓄锐，让身体和心灵都得到休息和满足。

1104 | 家居布置与健康有什么关系？

"圆"的转角象征着家庭和谐。住宅格局、摆设或是盆景都应该避免尖角的产生，否则会伤害人的神经系统及内分泌系统。此外，尖角、棱角的形状也会放射出不稳定的能量，阻挠气场的活动，使人脾气暴躁，增加家人间的口角，可以在房中有棱角的地方放置阔叶的盆景来化解。

在阳台上种植一些花草，如摆一棵生命力顽强的阔叶树，能协助居住的人调节气场。从风水来看，它可以化煞，除地磁气；从活化空间来看，它可以调节

室内温度和活化气流方向，对健康非常有利。

　　家中的装饰品也不要过多、过杂，长此以往，杂物对身体会产生不良影响，如损害视力、阻塞气场、使人体抵抗力变差，滞留的气也容易造成家人口角。

1105 | 厨房怎样放置空调有利于健康？

　　厨房的炉灶掌管着全家人的胃，如果空调直接对着灶火，会使灶火不旺，连带破坏烹饪的食物的能量，进而影响到家人的身体健康。此外，灶火还代表性，空调对灶火对夫妻的性生活也有影响。因此，厨房中能不装空调就尽量不要装。如果一定要装的话，就尽可能让风向冲着天花板。

1106 | 饭厅怎样放置空调有利于健康？

　　空调使用了一段时间之后，难免会堆积灰尘。当这样的空调再吹向餐桌，有可能让灰尘伴随着风掉落在热腾腾的食物里，也很容易使桌上美味的饭菜变凉。所以，餐厅里的空调最好不要放置在餐桌的上方或附近。

1107 | 卧室怎样放置空调有利于健康？

　　人在睡眠的时候，毛细孔会张开，呼吸系统也较不设防。如果空调风直接吹向人体，不仅会导致人身体不适，患上感冒，更容易招来邪气。因此，卧室中要将空调的出风口往上调，或将房中的窗户微开，以使直吹过来的冷风变得均衡。

1108 | 书房怎样放置空调有利于健康？

　　空调可以带给人凉爽的感觉，所以有凝聚思维、提高读书专心度的功能。如果能将书房的空调移到北方，利用空调运转的能量，可以带动文昌好运，利于考生或研究学问的人。需要注意的是，一定不能将空调的出风口朝向人的脸或头部直吹，免得书还没读完，头就已经痛得受不了。

1109 | 客厅怎样放置空调有利于健康？

　　第一，空调是一种快速运转的电器，放置在适当位置可以将外面的气流转入家中，有利于气流的交换，使人吸纳新鲜的空气，排掉各种废气，有益居住者的身体健康。

　　第二，空调也不能面对大门，不但泄财，也象征着人气被往外吹，家中不温暖的意思，对人的心理健康产生不良影响。此时可以在玄关处放置玻璃屏风或悬挂布帘进行化解。

　　第三，空调的出风口忌直吹客厅中的主椅（即主沙发），否则会使坐在这里的人被空调的风直吹着脸，这表示其靠山不稳，将影响健康、事业运。因此，应让空调的出风口吹向侧边，或移动主沙发的位置。

1110 | 使用二手空调好不好？

有些人因为便宜而购买二手空调，其实这样的空调最好不要使用，因为里面积聚了其他人的病菌和霉气，一旦运转，就会将它们散播出来。这些与自身不合的气场，会影响人的健康。如果一定要使用，应该将空调彻底地清洗一次，以防止病菌通过空调散播出来。

1111 | 如何调节饮食保持青春活力？

植物的嫩芽是最好的保持青春的食物，嫩芽要生吃，才能最大限度地吸收其青春能量，如苜蓿芽、小麦草芽、黄豆芽、绿豆芽、豌豆尖等。风水学认为，这些鲜嫩的刚冒出头的小菜蕴涵着无限的生命力和能量，经常吃这样的食物可以使人青春常驻。

此外，要想保持青春健康，饭不能吃太饱，吃得

过多不仅会造成消化系统的负担，还会导致营养过剩、肥胖症、脂肪肝等。吃饭的时候一定要细嚼慢咽，吃得越慢寿命就越长，可以使食物中的维生素、矿物质等得到良好的吸收。

1112 | 如何通过饮食来补运？

电脑是现代人生活和工作中的必需品，但人长期对着电脑，会影响视力及身体机能的健康。平时要注意减少在电脑前的时间，还可以通过饮食进行补救。

苦瓜是常用来缓解电脑综合征的最好食物。因为苦瓜具有明目消暑、清热解毒的功效，尤以败火的功能最强，特别是生的苦瓜汁，在下午时分喝效果最好。夏天或是在电脑前工作一天之后，都一定要喝一杯苦瓜汁，或是吃凉拌苦瓜。这样不仅可以败火以利于身体健康，还可以为自己补运。

1113 | 如何依据食物的阴阳属性吃出健康？

食物也有阴阳两方面的属性。阳性食物的蛋白质含量高，能为机体提供充足的热量，如牛肉；阴性食物所含的水分和糖分比较多，如果汁、蔬菜。中医理论认为，阴阳平衡代表着最健康的身体状况。如果能很好地利用食物的阴阳属性，就能达到平衡身体阴阳的效果。

如果身体呈现出阴阳某一方偏盛的状况，就可以

利用食物的阴阳属性来反向制约；如果是某一方偏于虚弱，则可以进行相应的补充，从而达到阴平阳密的状态。阴阳平衡不仅有益身体健康，对精神、心态和性格都有有利影响。四季其实也有阴阳属性，所以反季节的水果对健康有害，最好少吃。

1114 | 进餐的环境会影响健康吗？

进餐环境也是影响身体阴阳的因素之一，根据自己的需求安排餐厅的色彩、布局，购置一些小摆件等对改善健康有帮助。质地坚硬的东西一般属阳，柔软的多属阴；明亮、开阔的环境属阳，阴暗、狭小的环境属阴；节奏强劲的音乐属阳，节奏轻柔的音乐属阴。心情不同，就餐环境可以作相应的调整，如心情抑郁的时候，布置出明亮的色彩，播放动感的音乐，在这样装饰活泼的环境中进餐，可起到一定程度调适心情的作用。

1115 | 烹饪方法对改变食物阴阳有什么作用？

除了食物本身能起到调节机体阴阳属性的作用外，不同的烹饪方法也能改变食物的阴阳属性。如煎炒的食物比凉拌的食物更偏阳性，咸的东西相对于甜的东西来说是属于阳性的。

1116 | 身体健康与饮食调节有怎样的联系？

脾气不好其实就是肝火旺盛所致，可通过日常饮食来调节不好的脾气。多吃芋头可以调节不好的脾气，使人心胸宽广。中医认为，芋头利水消肿、清热散湿，且益脾胃、调中气，吃过芋头之后不能大量喝水，否则会腹胀。不同的人所吃的芋头有不同的烹制方法，如肠胃不好的人要用"芋头糖水"来作辅助治疗；而八字五行为"己土"及"辛金"的人，多为金命人生于春天，如果他们的出生日天干为"庚"或"辛"，

生于"寅"或"卯"月，吃芋头或芋头糕，可以催旺好运，促进身体健康。

1117 | 如何根据五行选择适宜的食物？

食物也有阴阳的五行属性，中医还将其分为四气五味。依据自己命理的阴阳五行来食用食物，对增进健康有很大的作用，因为一个人的命理暗示了他的体质。一般说来，缺什么补什么，如果五行缺火的话，就多吃一些诸如红酒、生姜、辣椒一类补火的食物。

味道和颜色是判断食物的五行属性最简单的办法。金辣，木酸，水咸，火苦，土甜；白色属金，绿色属木，黑色属水，红色属火，黄色属土。另外，在饮食中，还应该尽量保证食材的新鲜，要注意五色搭配，这样才能尽可能多地吸收食物的天然能量。如果想要补运和改运，可以在每天的饮食中添加五色豆，即豆腐（白色金）、绿豆或毛豆（绿色木）、黑豆（黑色水）、红豆（红色火）、黄豆或花生（黄色土）。

1118 | 五行缺水的人如何食用豆类？

五行缺水的人，通常肾脏不好，应该多吃黑豆。黑豆木中带水，能给缺水的人更多的滋润。且黑豆是补肾的佳品，具有调中益气、下气利水、解毒去脂的作用。对于工作压力大的人来说，多吃黑豆具有增加活力的作用。如果用醋泡黑豆，每天早晚各吃一勺，能起到祛除心火、调节肠胃的作用，这种吃法很适合缺水的人。

1119 | 五行缺土的人如何食用豆类？

五行缺土的人，可以多吃黄豆，黄豆是豆中之王，具有极高的营养价值。黄豆含有较高的植物蛋白，其蛋白质含量是瘦猪肉的两倍多，比鸡蛋高出三倍多，而且由于其组成接近人体所需要的氨基酸，是完全蛋白，易于消化吸收，因而黄豆有"豆中之王"、"植物

肉"的美称，是心血管疾病患者最好的食疗品。五行缺土的人通常脾胃欠佳，黄豆正好有补虚开胃、健脾宽中的作用，能健身宁心、益气养血，日常饮食中应该多摄入。

1120 | 五行缺金的人如何食用豆类？

五行缺金的人，可以多吃木中带金的白豆。白豆也叫做饭豆、眉豆，是一种能健脾补肾、生津止渴、理中益气的食物。对于肾虚、腹泻或小便频繁的人，具有很好的食疗效果，对于糖尿病和肾虚患者也有所助益。但是要注意，白豆吃多了容易胀气，所以通常与其他粮食一起熬粥食用，或用来制作豆沙馅。

1121 | 五行缺水的人怎样利用食物旺运？

对于五行缺水的人来说，旺运的最好食物是银耳。银耳具有滋阴润肺、生津养胃的功效，口感柔润且不腻不燥，是现代人的养生佳品。对于经常加夜班而过于劳累体虚的人来说，以银耳、花旗参、桂圆肉一起炖服，可起到滋养身体的作用。同时，银耳对于神经衰弱也有较好的疗效，可以起到安神的作用。神经衰弱者大多是八字中火气较多的人，这类人最容易紧张而导致心神混乱。

要补"水木"的人，可以用银耳加南北杏、蜜枣、鸭肾及猪蹄一起炖汤，如果在汤里再放少许雪梨干，则更有清心润肺的功效。生肖为羊、兔、猪的人，

吃银耳能旺运，特别是感情生活不安定，或因情感问题而心绪不宁的时候，最好的治疗方法就是喝银耳汤。

1122 | 五行缺火的人怎样利用食物来补运？

命中缺火的人可以在日常饮食中为自己补运，经常食用红葡萄、红辣椒、西红柿、红皮洋葱、红皮苹果这五种红色食品就可以补充火性。据专家分析，红皮蔬果中含有山柰酚和解皮黄酮，能够阻止癌细胞为生成血管而制造蛋白质。五行缺火的人常吃这五种食物，不仅可以为自己补运，还可以预防癌症的发生。

1123 | 夏季如何利用食物五行促进健康？

属火的时令是夏季；属火的器官是心、小肠、舌；属火的情绪是喜；属火的味道是苦味；属火的食

物是赤色食品。

夏天是一年中最热的季节，心属火，火性很热而且向上蔓延。这时候容易上火，心绪不宁，心跳加快，会给心脏增加负担，所以夏季最重要的是养心。除了多吃养心食物之外，根据五行相克的原理，肾可以克制心火，在冬季补养肾气是个有远见的方法。

养心最好吃赤色食物，这种颜色给人的感觉就是温、热，它们对应的是同为红色的血液及负责血液循环的心脏，气色不佳、四肢冰冷的虚寒体质人更可以多吃一些，如红豆、红枣、胡萝卜、红辣椒、西红柿等。

肾是人体重要的器官，外出就餐过多容易伤肾，因为餐馆的厨师做菜喜欢油多盐味重，这样饭菜更有味道，但咸味属水，适量补充有益身体，过度则会损害身体健康。如果发现自己面色发黑，这就是肾脏发出了警报。

应该多吃黑色食物，这些食物对应的是肾脏及骨骼，能保证与肾、膀胱、骨骼关系密切的器官新陈代谢正常，使多余水分不至于积存在体内造成体表水肿，有强壮骨骼的作用。黑色食物包括黑豆、黑芝麻、蓝莓、香菇、黑枣、桂圆等。

1124 | 五行属水的食物可以补人体的哪些器官？

属水的时令是冬季；属水的器官是肾、膀胱、耳；属水的情绪是恐惧；属水的味道是咸味；属水的食物是黑色食物。

1125 | 具有哪种五行属性的食物对肝有好处？

五行中的木与人的肝脏有着密切的关系。属木的时令是春季；属木的器官是肝、胆、眼睛；属木的情绪是怒；属木的味道是酸味；属木的食物是青色食物。

肝是人体内集中藏血的器官，工作的时候肝脏不断地储存血液。五行是按照肝一心一脾一肺一肾这个方向相生的，如果肝过劳虚弱，就会影响心、脾、肺、肾的功能，而且过度劳累积蓄的怒气也会伤肝，所以加夜班时可以吃一些有酸味的零食，如话梅。

如果属木系的某个器官感觉不舒服，可以多吃一些属木的青色食物。它们对应人体的肝脏及胆，含有大量的叶绿素、维生素及纤维素，能协助器官加速排出体内的毒素，如白菜、包菜和菠菜等青菜。

1126 | 具有哪种五行属性的食物对肺有好处？

属金的时令是秋季；属金的器官是肺、大肠、鼻；属金的情绪是悲；属金的味道是辛味；属金的食物是白色食品。

秋天容易出现咳嗽等呼吸道疾病，这是受了五行的影响，是养肺的最好时节。秋天容易让人感时伤怀，心情抑郁，悲属金，跟肺同源，过度的悲伤抑郁也会造成肺损伤。

属金系的食物大多是白色食物，性味偏平、凉，能润肺败火，还能促进肠胃蠕动，强化新陈代谢，让肌肤充满弹性与光泽，如洋葱、大蒜、梨、白萝卜、山药、杏仁、百合、银耳等食品。

1127 | 具有哪种五行属性的食物对脾胃有益？

属土的时令是夏季；属土的器官是脾、胃、口；属土的情绪是思；属土的味道是甘味；属土的食物是黄色食品。

夏季多雨，是一年中最湿的时期。湿气过多会伤害脾胃，脾胃受伤容易影响食欲，所以夏季时节人的胃口较小。这时候要多补充甘苦的食物，多吃甜的食物也能补脾胃。按照五行观点，属火的心滋养属土的脾。

土系器官出现问题，应多食用黄色食物。脾、胃在人体中充当养分供给者的角色，将它们调理好了，气血才会旺盛，如可以多吃花生、橙子、玉米、黄豆、甘薯等食物。

1128 | 不同五行属性的人吃鱼有什么讲究？

在肉类中，鱼类含有的蛋白质最高，所以多吃鱼有利于身体健康。如果同时能根据人的五行属性来吃鱼，对健康更有助益。鱼代表水，也就是说五行缺水的人应该多吃鱼，并且应该吃蒸鱼或是吃生鱼片。但五行忌水的人，应该吃煎炒或烤的鱼，做鱼时再加入一点辣椒，这样可以蒸发掉鱼中的水分，减少水分的摄入。

1129 | 多吃动物的头部在风水上有什么特殊含义？

动物的头部的健脑功效已经得到了科学验证。头部在风水学中五行属火，五行属火的孩子只要平时多吃鱼头、鱼眼、鸡头、鸭头、猪脑、乳鸽头（尤其是它的脑部）等，就会脱胎换骨，精神面貌大为改观。当然，在吃这些食物的时候，还应该配以大量蔬菜，并加强运动，以防胆固醇过高，引发青少年肥胖症。

1130 | 太寒的八字宜用什么食物来补？

太寒的八字一定要用"热土"来补救，热土即"未"和"戌"。未是羊，戌是狗。因此，这两种肉在中医学中属于热补的食物。吃羊肉、狗肉可以使人充满进取心和斗志。所以，五行需要火的人宜常吃涮羊肉、羊扒或红焖羊肉、烤羊肉及狗肉等食物。

1131 | 无花果在风水上有什么妙用？

无花果干五行属木，而且是寅木。也就是说，无花果干的作用相当于十二生肖中的虎，以及日常生活中的猫。生于冬天的人八字寒冻，都要热土、热泥给

予温暖，可以通过吃无花果干来补充，效果较好。

无花果干有很多药用价值，其一是可以迅速消解酒精中毒的症状。从风水学角度看，酒者属于"酉"，酉是十二生肖中的鸡，鸡自然怕虎，因为鸡本来就是虎的食物。所以，无花果干可以解酒也就不稀奇了。同时，无花果干对于痔疮也有很好的辅助治疗功效。此外，取生鲜无花果中的籽，然后加入蜂蜜，放入米饭锅中与白饭一起蒸软，早晚各一颗，缓缓嚼碎咽下，对于保持喉咙健康有很好的效果。

1132 | 为什么说洋葱是风水宝物？

吃洋葱可以使人心情愉快，大旺运势。经证实，洋葱具有增强自信心、消除压力的效果，还可以消除口腔异味。生于夏天的人，最容易有口腔异味，而八字为"戌午寅"三合火局的人，容易出现口气，洋葱是最好的消除口腔异味和口气的食物。

洋葱可以起到镇静剂的作用，如果患有神经衰弱及神经官能症，可以在每天的饮食中加入洋葱。喝洋葱汤，用洋葱配其他菜如菠菜、鸡蛋、荷兰豆等来炒，都具有很好的疗效。失眠的人每天喝一碗洋葱汤，可以摆脱睡眠方面的困扰。

第二十七章 装饰与风水

1133 | 如何改善房屋上大下小的状况？

房屋上大下小的格局容易倾斜，不利于平衡，最好不要选择居住。上大下小的房屋也给人头重脚轻的感觉，若长期居住在此，不好的风水会令人心里不安，导致走霉运。

如果无法搬出这类房屋时，可以通过房屋的装饰进行改善。如从楼上端凸出的部分往地下打基础柱，或用墙来掩饰凹陷的部分，也可以用金属条做成的格子来装饰凹陷的部分。只要不让人看出房屋上大下小的格局，就可以调整风水。

1134 | 不方正的房间该如何进行装饰？

风水学上，方正的房屋才能较好地采纳四方之气，狭长形或不规则形会在一定程度上影响住宅的风水。在进行装修时就需要在房间的布置上动心思，对空间进行修改。

狭长的房屋是指长超过宽一倍以上的房屋，这种房屋会让人感觉不舒服。改造的方法是将狭长的房间隔断为两个空间，如客厅可以隔出一个饭厅或休息间、卧室可以隔出一个书房或换衣间。但这种隔断最好要通风透气，采用一些矮小的家具作隔断比较理想。

不规则的房屋是指不成方形的房屋，改造的方法是定制家具，将倾斜的边用家具改为类似方形，尽量使室内空间看起来方正。如果不规则的房屋较大，可以隔成两个空间，主要的空间要保持方形。

1135 | 住宅缺角或凸出时怎么办？

住宅以四方的形状最好，因为它可以平衡地吸纳四方气场。在风水中，如果房屋某一边有小于二分之一的部分凹陷，就为缺角。缺哪个角就代表哪个方位的成员将受损害，要尽量将缺角补齐，如修建阳光房或种植能伸展出去的植物。

如果房屋某一边有小于二分之一的部分向外伸，就是凸出。凸出相对而言比缺角好，有时还代表吉利。应在房屋装饰时进行相应的填补，如在凸出的外侧种植常绿阔叶树木，以挡煞气。

1136 | 如何补救不同方位的缺角？

在风水中，正方形的房屋是最理想的格局，因为它可以平衡地吸收来自四面八方的气场。房屋出现缺角就会导致不能平衡地吸纳气场。根据后天八卦的方位，房屋所缺方位对应卦象所代表的人，则表示家中该成员的运势不好。

如房屋西北方缺角，代表家中父亲的运势不好，化解的办法是摆放紫砂茶壶、陶瓷或画。如西南方缺角，代表家中母亲的运势不好，化解的办法是摆放玩具狗。如东方缺角，代表家中长男的运势不好，化解的办法是在此方位种花，或摆放兔子、一对鸳鸯、"震"字挂件。如东北方缺角，代表家中长女的运势不好，化解的办法是摆放牧童骑牛的陶瓷工艺品。

1137 | 跃层式建筑的房间要如何安排？

人们越来越追求居住空间的优越性，跃层式建筑的空间优越性吸引不少人。但由于房间过多，需要合理的安排才利于风水。跃层式建筑至少有上下两层，大门所在的楼层，适合设为家庭成员共有的空间，如客厅、厨房、娱乐室、健身房等，另外的楼层则适合设为较为私密的空间，如卧室、书房等。

1138 | 如何改造风水不好的屋顶？

风水不好的屋顶应该尽快改造，改造的原则是尽量不使屋顶的形状过于变形，以利于气流的均衡流动。有以下几种情况可以考虑通过装饰改变不良的风水：一是倾斜度很大的三角形屋顶，可以在屋顶的一半处重新建一个坡度更缓的屋顶；二是一面坡的屋顶，最

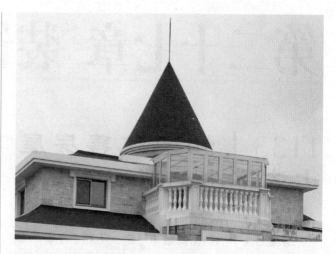

好将其改为两面坡；三是平坦的屋顶，这样的屋顶天气热的时候太热，天冷的时候太冷，所以最好在屋内使用天然的装修材料，如布质或木质的壁纸及木质地板等。

1139 | 为何不宜使用单一的颜色装修房屋？

在装修住宅时，有些人为了表现自己与众不同的独特品位，喜欢用黑色装修墙壁、地板、门窗，连沙发、椅子、桌子等家具也用黑色。在风水学而言，这种纯黑的室内装修是不可取的，一般人不宜居住在这种环境里，因为黑色太多会破坏室内的阴阳平衡，影响居住者的生活和健康。

古人认为，五行是构成世界所有事物的基础元素，五行之间的相生相克是自然界保持平衡的必要条件，五行一旦失衡，就会导致灾难发生，居住环境对人的影响也体现在阴阳五行方面。而颜色也有五行之分，黑色属水、红色属火、白色属金、黄色属土、绿色属木，住宅的阴阳五行平衡了，才会对人体产生有益的

作用。所以，住宅装修的五种颜色当中任何一种颜色"过分"或"不及"，都是不适宜的。

1140 | 家装颜色与风水有什么关系？

在家装颜色上，不同方位的装饰品颜色也有讲究。第一，东方利红色。红色代表喜气、热情，而在风水学上，东方也象征年轻及勇于冒险的精神，因此可以摆放一些红色的家具及装饰品，如红木吊饰、红地毯等，能使家人充满干劲，有利于学业和事业。第二，南方利绿色。在风水学说上，南方主宰灵感及社交能力，而绿色有生气勃勃之意，因此在南方放置绿色的植物，对人际关系有催旺的作用。第三，西方利黄色。黄色代表财富，而西方被认为是主导事业及财运的方位，若放上黄色的家具饰物如黄色水晶，可以带来旺盛的财气，令事业飞"黄"腾达。第四，北方利橙色。北方掌管着夫妻关系，橙色有热情奔放的意思，可以在睡房的北方放置橙色台灯、抱枕等，有利于夫妻感情的增进。

1141 | 建筑材料对风水也有影响吗？

风水学上认为木材料拥有很好的通风透气性能，因而拥有更多的气场；钢筋混凝土建筑的换气率则很低，大约只有木建筑的三分之一。但现代建筑多采用钢筋混凝土材料，在材质上有六十年左右的耐用程度，但风水上的耐用程度却很短，比起木建筑上百年的耐用度，可以说是很短的了。

虽然混凝土建筑有这些风水上的弊端，但因为普及，所以只能设法改进。如应该经常打开窗户，利于空气流通，特别是卫浴间应该时常开着抽风机。为了增加房间的灵气，则需要在饭厅、客厅、卧室等地方放置植物。

1142 | 为什么要少使用金属材质的装修材料？

家具建材忌全部使用金属材料，由于装潢材料的日新月异，各种金属材料也广受欢迎，但诸如铝、铜、不锈钢等材质的建材或家具，不可以过多使用。使用过多会给人一种冷冰的感觉，加上磁场紊乱，不但有碍身体机能，更容易使居住者因为判断错误而招来是非等。

1143 | 大刀叉饰物适合摆放在哪个方位？

大刀叉形状的装饰物品造型别致，很多人将其摆放在家中，但刀叉的形状始终具有煞气，应小心对待。

刀是利器，在五行中属金，即使是木制刀也含有较多的金属性。西方和西北方五行属金，如果将刀叉放置在这两个方位，就会助长金气的力量，可能导致家人受伤。如在东方或东南方悬挂刀叉饰品，则没有太大的危害。

1144 | 如何根据五行选择墙壁的装饰材料？

墙壁在房间中占有很大的面积，墙壁采用的材料能对风水产生较强的影响。如果能根据五行来选择装修墙壁的材料，更有利于风水。

缺土的人适合在墙上刷乳胶漆，或装饰云石、瓷砖，但要避免因土过多而催旺二黑星和五黄星，不要在两星方位装饰云石。缺木的人适合用木条装饰墙壁，不仅利于日常清洁，更能令缺木的人吸纳木气。缺金的人可以在云石上镶嵌铜片、铝片或镀金的装饰，此外土能生金，因此属土的玻璃也适合缺金的人装饰墙壁。缺水的人不适合使用云石，会导致水更加缺乏，而金能生水，所以玻璃、金属等装饰品很适合缺水的人使用。

1145 | 怎样根据五行安排房屋的装饰？

在装饰房屋时，切忌在家庭成员的所在方位摆放其禁忌的物品。在后天八卦中，西北方代表父亲，西南方代表母亲，东方代表长男，北方代表中男，东北方代表少男，东南方代表长女，南方代表中女，西方代表少女。如果家中的母亲五行忌火，却在西南方设置炉灶或点长明灯，就会使母亲因火气过旺导致身体和事业出现问题。

1146 | 如何根据五行装饰住宅的西北方位？

西北方代表天子正气，在风水学上是一个拥有较大能量的方位。在装饰此方位时，要根据人的五行禁忌来布置。忌火的人不要在西北方摆设属火的物品，忌金的人不能摆设金属或镜子，忌木的人不能摆设高大的绿色植物，忌水的人不能在西北方摆放鱼缸或挂有水的图画，忌土的人不能在西北方放置陶瓷工艺品。

1147 | 如何通过装饰保持室内温度？

在家居风水中，讲究藏风聚气的目的是制造一个有舒适温度的居住空间，倘若室内太热或太冷，都不利于生活，此时可以通过装饰来保持室温。一是采用有良好保温效果的建筑材料，如使用木质材料，其温度散失速度慢，夏天比人体温度略低，冬天也不会太冰凉，对人体来说拥有较舒适的触摸温度。二是每间房屋都要开设窗户，以利于通风。三是室内的绿化、遮阳、围护结构都有隔热的作用，可利用风扇、空调帮助调节室内温度。

1148 | 如何保持室内湿度？

湿度太大的房屋阴气过重，容易使人患上各种疾病，但太干燥的房屋也不利于人体健康，合适的湿度可使人肌肤舒适、呼吸顺畅，心情变得愉悦。在潮湿的季节应使用换气扇、空调等设备来排出湿气，在干燥的季节则用室内植物、喷水、加湿器等来增加湿度。

1149 | 什么形状的物品适合家居使用？

在进行家居装饰时，忌使用尖锐的物品，如有直角的家具、锋利的刀形装饰物等。圆形物品给人饱满的感觉，代表正面的力量，因而最好采用圆润形状的家居用品，如把家具的棱边改为圆弧、花边采用半圆形等。

1150 | 门开设过多有什么风水问题？

一所房屋在四方开门，气流会从四面八方涌入，虽然纳到四方之气，却因为气流四处冲撞而影响风水，

最好根据宅命盘开设一到两扇门。

房屋内开设门太多也会令气流杂乱。面积在一百平方米以下的房屋，房门最好不要超过五个，如门太多，则应随时将卫生间和厨房的门关闭，避免卫生间的秽气和厨房的燥热的阳气留住房里，清新的气流利于家运平稳。

1151 | 充电器对风水有什么影响？

充电器是一种火气极重的物品，特别在使用的时候，能发出强烈的磁场。充电器产生的磁场会对人体

造成严重的损害，因而不适合放在床头充电，应摆放在远离人的地方进行充电。此外，四处乱放的充电器不仅可能危害健康，还会有火灾隐患。如果将充电器放置在恰当的地方，就能生旺风水。充电器最适合摆放在宅命盘中的九紫星所在方位。九紫星是吉星，代表喜事，每次固定在九紫星的方位充电，就能生旺九紫星，从而增旺财运和桃花运。

1152 | 如何对电线进行收纳？

电线五行属火，外形像蛇，对风水布局很不利，因而被称为"火蛇煞"。火蛇煞容易使人疲劳、神经紧张、肌肉抽搐，令筋骨时常处于热毒、硬化、酸痛的状态。但现代家居不可避免要使用电线，因此装修的时候要将电线尽量藏入墙壁内，同时避免发生因插座不足而使电线横跨整个房间的情况，日常使用的插座也最好放在电器旁边或后面掩盖住。

1153 | 石头或水晶装饰品应该如何摆放？

石头是阴性的物品，摆放在家中会对风水不利。同理，晶莹剔透的水晶原本也不适合摆放在家中，不过如果摆放处阳气充足，就能起到好的风水作用。所以在摆放石头或水晶饰品时，应该将它们摆放在太阳经常照射到的地方，或为它们加设射灯，用阳气驱除石头或水晶的阴气。

1154 | 墙壁上的钉子会对风水产生什么影响？

为了方便摆设杂物或装饰品，通常家中都会在墙壁上使用钉子或挂钩。用钉子挂画，画挂好后其磁场会对风水布局造成影响，钉子不会构成影响，而画就成了风水的布局。但将画取下来之后，外露的钉子就会产生不良的风水效应。西北方的墙壁有钉子，预示着父亲的身体将会出现问题；西南方的墙壁上有钉子，则母亲的身体健康会出现问题。因此，要避免钉子破坏家居风水布局。

1155 | 如何处理装修中外露的钉子？

在装修房屋时，常在住宅的墙壁钉上钉子悬挂物品，如悬挂画框可以遮蔽钉子的尖锐感，但没有画框遮挡的钉子，给人强烈的尖锐感，会在无形中刺痛人的身体。如果钉子钉在东方的墙上，表示家中长男的健康会出问题；钉在西方的墙上，则表示小女儿可能会生病。所以要尽量将钉子隐藏起来，如在钉子的头上装饰一些软性饰物即可解决，如果钉子不用，最好将其拔除。

1156 | 吸尘器如何放置有利于风水？

吸尘器有长长的电线和吸管，外形就像一只属火的蛇，吸盘则是蛇头。吸尘器是"火蛇煞"的典型代表，如果不好好收纳，会因火气太旺盛导致人身体不适。平时用完吸尘器后，应收拾好电线将其放回储物柜中，而不要随意放在容易看见的地方。不用的时候吸盘也应该拆下来，才不会把好的风水都吸走。

1157 | 住宅的排水管不通会影响风水吗？

住宅的水龙头漏水，表示家中的财库有漏洞，难以聚财。住宅排水管的水，可以带走家中的污垢秽气。如果浴厕的水管不通，应该尽快处理，水管不能排出的水多是脏水、废水，属于"恶水"一类。水管不通还会形成气的"滞留"，是屋内煞气的一种，会让家人生病，使人破财，尤其是家里气血衰退的老年人，或体力差、抵抗力弱的人会受到较大的影响。因此，排水管不通一定要尽快处理。

1158 | 杂物对房屋的风水会产生什么影响？

杂物是家中最大的煞气，如果堆放在看得见的地方就会制造不好的风水效应。用坏的电器，已经发霉、变质的物品，从未用过或只用了一次就不再使用的物品，这三类杂物对房屋的风水影响最大，它们散发出的浓重秽气，会严重影响家庭运势，是不好的风水格局。最好是把这些杂物都收进柜子里，经常使用的杂物可以装进小篮子，放在柜子上或茶几底下，应该尽快扔掉那些会严重影响风水的杂物。

1159 | 垃圾桶最好摆放在什么方位？

垃圾桶是污秽之物的集中地，不适合放置在吉利的方位。在二十四山方位中，辰、戌、丑、未四个方位最适合摆放垃圾桶。如果每间房都有垃圾桶，要根据每间房所在的位置进行安排。如果垃圾桶不能全部放置在合适的位置，主要的垃圾桶应该要位于适宜的四个方位。

1160 | 家中的垃圾桶应如何管理？

垃圾桶中的臭味不仅难闻，还可能产生各种细菌，引来蚊虫等，不利家人的身体健康，最好使用有盖子的垃圾桶。垃圾要随时进行处理，因此家中使用的垃圾桶应选择较为小巧的，以便于随时清理。垃圾桶要经常清洗，避免滋生细菌和产生味道。外形漂亮的垃圾桶可以使人感觉不到这是污秽之物，越漂亮的垃圾桶越能改变垃圾桶的不利风水。

1161 | 如何根据家庭成员的五行挂画？

最常见的挂画内容多为花草树木或山川河流，选择时要注意画的五行功用。在客厅挂画，要先了解家庭成员代表的方位，才能决定挂什么内容的画。如缺金的人可以挂一幅雪山图，用金色或银色的画框；缺木的人可以挂《竹报平安》，用绿色的画框；缺水的人可以挂《九鱼图》或《江河图》，用蓝色、灰色的画框；缺火的人可以挂《八骏图》，用红色、紫色的画框；缺土的人可以挂《万里长城》，用黄色的画框等。

有些人喜欢在家中悬挂宗教画，宗教画也会产生五行效应，不宜挂太多佛祖、菩萨的画，否则会影响夫妻关系。

1162 | 悬挂太多宗教题材的画会对家庭产生什么影响？

在悬挂装饰画时，宗教画要点到即止，不能悬挂太多。宗教画会在一定程度上产生五行效应，有些人喜欢在挂佛画，甚至写一个"佛"字。阿弥陀佛代表金、水，而佛即是水，佛代表北方，忌火的人最不适宜在家悬挂宗教画。

此外，如果一个家庭在西北方挂了宗教画，会导致丈夫一心向佛，甚至有可能出家。所以在悬挂宗教画时一定要谨慎，最好请风水师选择悬挂的神位，而想挽回沉迷于宗教的丈夫的心，最好摆上两人亲密的结婚照。

1163 | 选择什么画装饰房屋较好？

在进行家居布置时，人们通常喜欢用挂画来装饰。选择挂画的时候要顾及视觉感受和整体协调的效果，

同时还应该考虑挂画的吉凶，从风水学角度去挑选合适的挂画来装饰房屋。可以选择几类挂画：

一是选择动物题材的挂画，如九鱼图的"九"取长久之意，"鱼"指年年有余，寓意家运长久，富贵吉祥；三羊图的"羊"取"阳"的谐音，"泰"是《易经》中一个招福的卦象，三羊图意味着招来了幸福和吉祥。除此还可考虑"百鸟朝凰"、"青蛙戏水"、"猴王献瑞"等。二是选择柔和的风景画，例如日出、湖光山色、牡丹花等，疲乏时看到这些画可给人带来松弛、舒适的感觉。三是绘有仙、佛等的挂画也可以用，但切记神像的颜容要亲切、表情要祥和。

1164 | 字画布置有什么宜忌？

在家里挂字画可以渲染艺术的气氛，使人开拓视野、陶冶情操、增添美感。但挂字画时有几点讲究：第一，要装裱加框。一幅画经装裱加框后，即显露出高雅的魅力，如中国字画，框要选择沉稳的颜色，与字画格调一致，可以突出居室的高雅品位。第二，忌

多求精。精心挑选作品可以起到画龙点睛的作用，切不可将山水、人物、风景等一应俱全地悬挂于一堂，会使人感到庸俗和烦琐。第三，色彩要协调。字画的色彩选择一定要和家具、居室的色彩相匹配，才会给人高雅的感觉。通常水彩画宜和淡色墙壁、家具配用，营造出清新、典雅的情趣；摆老式家具的房间，所挂的画应该具有地方风貌和民族特色，以保持和谐统一。第四，组合重心要稳。摆放时可以选择一组尺寸相同的画，或大小尺寸相配，但都应该有一条基准线，使摆设更合理。

1165 | 哪些题材的画不适合挂在家里？

在风水学中，在房屋里悬挂的画的题材也有一定的讲究。主要可分以下几类：第一，不宜悬挂颜色太深或者黑色过多的图画，看上去有沉重之感，让人意志消沉、悲观，做事情的时候缺乏冲劲；第二，不宜悬挂凶猛野兽的图画，否则会影响到家人的健康，易发生血光、破财的事情；第三，不宜悬挂人物抽象画，否则会影响家人的情绪，导致精神过敏，财运也易被小人劫走；第四，不宜悬挂日落西沉或是秋叶凋零的画，会减小人的工作欲望，使人没有活力，且会减少贵人相助的机会，导致财运无法上升；第五，瀑布或流水湍急之类的图画也不宜挂，以免家人财运反复无常，且悬挂这样的山水画时要留意水的流向，应该向屋内流，不可向外流，因为水流入表示进财，流出则意味着退财。

1166 | 如何悬挂老鹰图？

在悬挂老鹰图时，老鹰的头部应该朝向门外。老鹰图不可以挂在卧室，会生口舌是非，也不可以挂在书桌上方，最好挂在客厅的白虎方，头向外最为吉利。不要的老鹰旧图应该用红纱线捆好收藏，不能随便丢在墙下，否则会惹来是非之灾。

1167 | 为什么不宜在家中悬挂性爱画？

挂画是家居常用的装饰品，其内容不仅具有美观的意义，同样具备风水的寓意。如果悬挂与自身相配合的挂画，可以营造良好的风水效果；如果挂画的性质不合乎风水，就易引起煞气，不利于身心健康。现代人对于男欢女爱已经相对比较开放，性已不是什么禁忌的话题，性欲情欲也不是要回避的问题。有些男士喜欢在家中悬挂裸体性感美女的挂画，这类挂画会直接挑逗人的情趣，把性本能提起来。这样的家宅容易生淫乱之事，引来严重的后果，最好不要悬挂这类画。

1168 | 家里适宜摆放大纸扇吗？

纸扇饰物一般体积都比较大，撑开时有几尺高，占据很大的空间，同时扇面上会涂上红色和加上一些图案。纸上漆上红色，因为中国人认为红色代表吉利，但从风水五行上来看，红色属于火，将火摆在八个方位，可能会引起不同的问题出现，因为各个方位都有五行属性，如果不配合，就会产生风水问题。

将纸扇放在东方，东方属木，火泄木不吉利；如果放在东南方，东南方与东方的意义相同；如果放在南方，南面属火，纸扇旺火，较为吉利；西南方属土，火生土，也算吉利。

1169 | 客厅暗墙如何通过装饰进行改善？

在客厅挂字画，对提升家居运气有极为重要的作用。在一梯四户或四户以上的户型结构中，极易形成暗墙的布局，客厅缺乏阳光照射，致使日夜昏暗不明，人长期处在这样的环境中容易情绪低落，要设法加以补救。在家中的暗墙上悬挂葵花图，是取其"向阳花木易为春"之意，可弥补采光上的缺陷。此外，挂画应以光明正大的内容为宜，避免孤兀之物。沙发顶上的字画宜横不宜直，若沙发与字画形成两条平行的横线，则有相辅相成的效果。

1170 | 应该选择怎样的花瓶作装饰？

花瓶是一种常见的家居陈设用品，质地有玻璃、陶瓷、紫砂、铜、锡、木、竹等，外形或古朴典雅，或飘逸流畅。其中以玻璃或瓷器类的花瓶点缀居室最能营造典雅吉祥的文化氛围。具有现代气息的花瓶适宜摆放在厅室内的博古架上和装饰柜中，与其他装饰物品交相辉映。景泰蓝瓷器比较适合在条几、花架上单独陈列。经典的瓷器类花瓶可以为古朴的环境增添喜气，装饰观赏瓷器在新潮中透着灵气等，不同色彩、造型的花瓶为家居摆设增加了美感。

用花瓶来装饰居室要根据房间和家具的形状、大小来选择。如厅室较窄，就不宜选择大规格的花瓶，以免产生压抑感，在布置时宜采用"点状装饰法"，在适当的地方摆放小巧的花瓶，强化装饰效果；而面积较宽阔的居室可选择大花瓶，如半人高的落地瓷花瓶。花瓶的色彩也要与房间的布置协调。如房间色调偏冷可以考虑暖色调的花瓶，以加强房间内热烈而活泼的气氛；反之则可以布置冷色调的花瓶，给人宁静安详的感觉。

1171 | 玻璃砖和玻璃墙饰应该如何使用？

在一些豪华洋房或复式别墅的设计中，有些人会采用玻璃地砖作为装饰，就是在厅或房中的地上铺设玻璃地砖，并在其中做出图案以作装饰。因为玻璃通透，不能给人"脚踏实地"的感觉，所以会让人欠缺安全感，而厅或房中的地面则必须要稳，所以玻璃地砖并不合适在家里使用。玻璃墙饰也是近来设计师喜欢用的装饰手法，一来可以拉大房子的空间感，二来富于变化，常常给人惊喜。这样的玻璃墙饰可以接受，但是有一个原则是不宜对着床。此外，玻璃墙饰必须靠实墙而置，这样不会令空间虚实不明。也不宜过多，按照不同的房间结构来使用。

1172 | 家居使用的电灯数目以多少为宜？

人们每天都要使用电灯，然而对电灯的了解很多都局限于表面，在选择灯具时，经常被它们五彩缤纷的色泽和各具特色的造型弄得眼花缭乱。居室中的照明已不再局限于过去的"一室一灯"，把用于泛光照明的吊灯、吸顶灯，以及用于局部照明和特殊照明的壁灯、台灯、落地灯等运用风水理论合理地搭配起来，才能营造出阴阳平衡、风水宜人的光照空间。

电灯有不同的款式与用料，大门朝向东、南、东

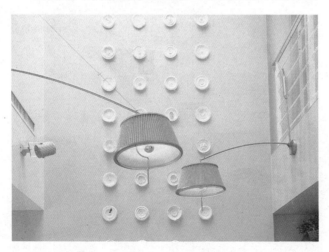

南的房子适合选择长筒形、长方形的木制框的灯饰，而灯泡的数目尾数以1、2为吉祥；大门朝向西、北、西北的房子适合选择圆筒形、圆形的金属制框的灯饰，而灯泡的数目尾数以6、8为吉祥；大门朝向西南、东北的房子适合选择正方形灯框、铝塑制框的灯饰，而灯泡数目尾数以4、9为吉祥。

1173 | 水晶灯如何有助于家运的发展？

水晶是蕴藏天地丰富磁场的结晶体，放置不同的水晶灯在家居不同位置上，可形成家居聚财纳气的好风水。由于天然的水晶具有灵气，有旺财、纳气等风水功效，因此不管是豪华的装修还是简约的设计，都可以借助水晶灯的华丽来点缀家居，并达到催财、聚气与纳财的效果。值得注意的是，不同的水晶具有不同的风水效用，因此，最好根据出生季节来选购适合自己的水晶灯。

一般来说，春季，即在农历二、三、四月出生的人，可选择黄晶水晶灯，并摆放在客厅或房间的东面或东南面；夏季，即在农历五、六、七月出生的人，可选用白晶水晶灯，并放置在客厅或房间的南面；秋季，即在农历八、九、十月出生的人，可选择粉晶水晶灯，并摆放在客厅或房间的西面或西北面；冬季，即在农历十一、十二、一月出生的人，可选用紫晶水晶灯，并放置在客厅或房间的北面。

第二十八章 家具与风水

1174 | 如何选择组合柜？

布置客厅时，主要以沙发来休息，以组合柜来摆放电视、音响及各种装饰物。从风水上来看，组合柜的选用会影响一个家庭的运程。以客厅布局而论，低的沙发是水，高的组合柜是山，这是理想的搭配。一般来说，大厅宜用较高较长的柜，而小厅宜用较矮、较短的柜，一定要大小适中。高的组合柜，一般会在电视、音响之上摆设一些饰物；而低的组合柜大多会在墙上挂些字画来装饰。

1175 | 如何选择合适的衣柜？

在风水上，衣柜起着收纳柜的作用，物品的收纳会影响运气的好坏。衣柜最好摆放在靠西北边的墙壁，让门扇或抽屉朝东或南开，从风水角度看，从东边或南边射入的气含有好的气息，可以给家人带来好运。放置时尽量将衣柜和化妆台等排成一列，可以有效地利用空间。

衣柜的置物空间应该遵循这样的原则，色彩较淡的套装或夹克等宜挂在右边，向左颜色渐深；衬衫类放入抽屉时，右边或上层的抽屉放白色衬衫，左边或

下层放置有色彩、花纹的衬衫。以季节分类，夏天的衣物应该放在上层，冬天的衣物应该放在下层。此外，如果衣柜里已经放置了棉被，这间衣柜就不要再放入其他东西，因为衣物和生活用品一起放置，会降低运气。

1176 | 怎样选择合适的餐橱柜？

餐橱柜是摆放碗碟、酒水饮器的家具，一般的家庭都会在厨房里做一个吊起的橱柜，一是可以节省空间，二是使用物品时方便。放置橱柜时应该选择无窗户的整齐墙面陈列，如果在炉灶的上方，切不可做得太低，否则既有碍于烹饪也不利于健康，橱柜与炉灶的距离最少要在99毫米以上。

选择橱柜时要注意与居室整体色彩及风格相协调，因为色彩会影响人们进餐时的心情。木本色是一种接近田园的色彩，置身在纯朴的实木家具构建的空间里，让生活更具有乡村气息，有益于身心健康。白色则纯洁无瑕，以白色为主调的橱柜呈现出朴素、淡雅的感觉，对于喜欢安静的人是最好的选择。绿色轻松舒爽，赏心悦目，能让厨房充满生机。

1177 | 酒柜应该如何选择？

酒柜大多通透而高大，从风水上来说，是山的象征，应该把它摆放在宅主本命吉方，才符合吉方宜高宜大的风水要义。如果户主属东四命，酒柜宜摆放在餐厅的正东、东南、正南和正北这东四方。

酒柜的镜片不宜过大。一般的酒柜采用镜片作为背板，令酒柜中的美酒及水晶杯显得更为明亮、通透，如果镜片过大则会引起风水上的诸多问题。酒柜也不宜放在鱼缸边，因为酒柜是水汽重的家具，而鱼缸又多水，若两者摆放在一起，就会形成水多泛滥之虞，此时可以在两者间放置一盆常绿植物，消除过多的水汽。

1178 | 怎样选择合适的屏风？

屏风的选择要注重材质，最好选用木质的屏风，包括竹屏风和纸屏风。塑料和金属材质的屏风效果较差，尤其是金属屏风，其本身的磁场就不稳定，而且也会干扰到人体的磁场，应该少用。屏风的高度也不可太高，最好不要超过人站立时的高度，太高的屏风重心不稳，反而给人压抑感，无形中造成人的心理负担。

屏风的风格有多种。中式屏风给人华丽、雅致的感觉，与中式古典的家具搭配恰到好处。日式屏风与中式屏风的设计比较接近，以设计典雅、大方见长，图案也多取材于历史故事、人物等，颜色以白色、灰色等柔和色调为主。时尚屏风无论是取材或设计都非常大胆、新颖，以透明、轻柔的材料取代传统厚重的材料，色彩也更加丰富，多选用跳跃的红色、亮丽的绿色等，是装扮时尚家居的首选。

1179 | 屏风有什么作用？

屏风作为一件优雅的家居装饰品，不仅可以美化家居，还可以改良风水。在屏风侧、前摆放一盆绿叶观赏植物，能令人感受居室的静谧、温馨，美化家居。屏风可以放置在进门处，也可以作隔断用，使居住的人互不干扰，营造宁静的氛围。从风水角度来看，屏风可以阻挡暗箭和煞气，以及遮蔽不良的布局，改变房子里气流的多寡和流动的方向，具有活化气场的作用。

1180 | 屏风的材质有什么讲究？

屏风是家中挡煞、改变气流方向的常用物品，又起着美化家居的作用。布质屏风能减弱强烈的光线，令阳光温和地射入室内，有良好的通风性，适合放置在卧室、卫浴间。金属屏风能增加室内的光线，适合摆放在光线较暗淡的厅室中。木质屏风给人温和的感觉，是较常用的一种屏风，能有效地改变气流的方向，是挡煞的有效工具。带花架的屏风，可以利用植物来柔和环境，给室内带来更多生气。

1181 | 家具最好选用什么材料？

购买家具的时候，在选择材料上要特别注意，天然的材料有增强能量的作用，如选择布质的墙纸、铺设实木地板、使用原木家具等，这些天然的材质能让人有温暖的感觉，并能使人从中吸取能量。金属容易让人产生冰冷感，不适合在日常家居中使用，即便是黄色的铜器，也有冰冷的光芒，因而要尽量减少它们在家居中出现的机会。

1182 | 椅子有什么风水作用？

椅子具有很强的实用性，其功能为便于人们休息，舒适度是衡量座椅好坏的标准。在选择双人椅时，要考虑其材质和功能，常见的材质是布质和皮面，布质易于清洗和调换，可随季节而更换；皮质的椅子则显

得高贵，但不太适合在夏季使用。单人椅更具有多变性，在空间的运用上也有不同功能，高背式单人椅适合居家使用，能传递出休闲、轻松的居家氛围；流线型的造型颜色对比较强烈，具有强烈的视觉美感，适合单身贵族或在工作室使用；个人风格强烈的座椅、躺椅适合放置在空间一角或阳台，作为心情的转换站，有利于调节情绪。

1183 | 家具如何布局较适宜？

过多的家具风水布置，会使人产生一种压迫的感觉；而少量的家具布置，则会给人空荡无依的感觉，只有合理搭配家具，从而使气流通畅，才能改变居住者的运气，给人一种安适的感觉。

第一，家具要与房间大小的比例适合，不宜过大或过小。

第二，家具的色彩要中性，避免寒冷，否则缺乏生气，也要与室内装饰色调相吻合。

第三，各种家具在室内占的空间不能超过50%，

否则会影响屋内正常气的流通。

第四，家具要尽量使用阳性木质，不要用老房屋拆放的旧木料制作家具。

第五，家具中的床要摆放在每个人的吉方位，不能乱放。书桌也要放在文昌位。

1184 | 床的设计对风水有什么影响？

床的好坏会影响人的身体健康，也是关系卧室风水好坏的因素之一。中国古老的大床就是一种非常科学的发明。这种床统称架子床，如月洞门罩架子床，它三面有40厘米高的围栏，床口两边还有40厘米宽的围栏，只留1.2米左右门洞上下床。它有几个好处：第一，有了四周的围栏，人睡在上面会感觉很安全，不会有掉落床的忧虑。第二，床前左右两侧的围栏也设计得很妙，让睡近床口的人手脚都有了依靠，腰部不会有落空的感觉，因此也就没有掉落床的忧虑。第三，架子床把人睡眠的空间缩小了，如果再加上围帐，便仿如一间小屋，是藏风聚气的良好风水布局。

1185 | 如何选择合适的床上用品？

一张大旺的风水床要根据床主出生年份所象征的五行颜色，或是睡床摆设方位所代表的五行来决定。如火年出生的人，适宜选择红色的床上用品，但切忌太红；若睡床摆放在房间的东方，宜选用绿色用品等。

睡床宜选择有床头板的，床头板可以是木制、金属制或软胶制的，应该根据床摆设的方位而定，圆形和弧形的床头板属金，长方形的属木或属土。三角形的属火，波浪形的属水等。深色的床单比淡色的床单

好。如果不能肯定什么事物会对自己造成伤害，最好选用净色并有一些图案的床单，但要注意不要选择那些印有抽象图画、三角图形或尖锐图案的床单，避免由此带来的不良影响。

1186 | 床应该如何摆放才有利于风水？

从风水学的藏风聚气来看，最好不要把床摆在卧房中间。首先，这样摆放形成三面无依无靠的格局，缺乏安全感。其次，把卧房的空间分隔得很零碎，用起来很不方便，如果房间不大还很容易碰伤手脚。在峦头风水上，房门的斜对角是财位，这个角落是一个藏风聚气的地方，门窗都冲不到，床摆放在此可使人睡得安稳，精力充沛。最好能把床摆在三面有墙靠的位置上，也就是尽可能把床放在一个藏风聚气的地方。

1187 | 怎样选择合适的床罩？

在进行居家卧室布置时，床单、床罩应该结合床的款式选定。床单的质地以纯棉为最好，柔软舒适，吸湿性好。不宜用太粗厚的，睡着既有粗糙感，洗涤也比较困难，太疏松的面料也不宜选用，尘土会通过织眼沉积在褥垫上。

床罩的款式和品种很多，花色也越来越多样。选购时主要考虑其装饰效果，应和居室的整体布置和色调一致，尽可能与帐幔、窗帘、桌布等色彩和风格相协调，在和谐中体现美。

1188 | 怎样根据方位选择床上用品的颜色？

当卧室门开在东侧时，床单或床罩以蓝色或绿色为佳；当卧室门在南侧时，床单或床罩应选用绿色；当卧室门开在西侧时，床单或床罩以鹅黄色或白色为佳；当卧室门开在北侧时，床单、枕头套、窗帘以花草颜色为最佳选择。

1189 | 梳妆台应该如何设置？

梳妆台是家庭成员整理仪容、梳妆打扮的家具，梳妆台大块的镜面和台上陈列的五彩缤纷的化妆品，可以使室内环境更为丰富绚丽。梳妆台不宜冲床摆放，因为人在入睡时容易被镜子中的反影吓坏。有些梳妆台的镜子部分有两扇门作装饰，在不需要使用镜子的时候，可以将其关闭。

梳妆台按照功能和布置方式，可以分为独立式和

组合式两种，独立式即将梳妆台单独设立，这样做比较灵活随意；组合式是将梳妆台与其他家具组合设置，这种方式适宜于空间不大的小家庭。梳妆镜一般很大，而且经常呈现折面设计，这样可以清楚地看到自己面部的各个角度。梳妆台专用的照明灯具，最好装在镜子两侧，这样光线能均匀地照在人的面部。

1190 | 鞋柜如何设置比较适宜？

鞋柜的大小应以方便人拿取鞋为宜。鞋柜宜矮不宜高，宜小不宜大，因为在风水上，鞋属土，意为"脚踏实地"。鞋子也代表"根基"，根基稳会有助于事业的发展。鞋柜能放置日常穿的鞋就可以，以留出更大的玄关空间。在鞋柜离地面三分之一以上的高处，应该放置清洁的鞋，或摆放别的清洁物品，高鞋柜的顶部不适合摆放脏鞋。

1191 | 鞋柜内部应该如何设计？

在设计鞋柜的时候，应该设法减少鞋子散发出来的异味，鞋柜也不能完全密不透风，适量的透气不仅有利于保持鞋柜内的卫生，也可以避免不良之气的冲煞，但也不能过于通风透气，以免使浊气大量流向屋内。先将鞋子清理后才能放进鞋柜里，而且要注意定时对鞋柜进行卫生清洁。有些鞋柜内设计的架子是向下倾斜的，使用这种鞋柜时，需要将鞋头朝上，以取

步步高升之意；如果将鞋头朝下，就意味着家运可能会走下坡路，不利于风水。

1192 | 鞋柜的摆设有什么讲究？

玄关处一般设有鞋柜，方便家人在此更换鞋子，而"鞋"与"谐"同音，象征和谐、好合。原则上鞋柜的高度一般不超过房间空间高度的三分之一。

第一，摆放鞋柜时，宜侧不宜居中，鞋柜虽然实用但难登大雅之堂，因此不宜摆放在中心位置，应该向两旁移开一些。第二，鞋柜不宜太高大，鞋柜的高度不宜超过户主身高，否则难以拿到鞋柜上的鞋子。第三，鞋子宜藏不宜露，鞋柜宜有门，倘若鞋子乱七八糟地堆放又无门遮掩，会有碍观瞻；且风水注重气流，所以鞋柜必须设法减少异味，否则异味向四周扩散，对健康、运势都不利。

1193 | 地毯应该如何选择？

地毯是改变风水的最简单的饰品，由于地毯覆盖大片面积，在整体效果上占有主导地位，除了利用地毯的花色和图案引进好的气场来提升财气之外，对于地毯摆放的方位也要特别讲究。一般的图案都有自己的五行属性，如波浪形状五行属水；直条纹属木；星状、棱锥状图案属火；格子图案属土；圆形属金。配合方位和颜色放置地毯可以带来好运势。

1194 | 应该选择怎样的地毯图案？

从风水角度来说，沙发前的一块地毯，其重要性如屋前的一块青草地，是用以纳气的明堂，不可或缺。地毯上的图案千变万化，包罗万象，有些是以人物为主，有些是以风景为主，有些则纯粹由图案构成。在选择时，只要选取寓意吉祥的图案就可以，一些构图

和谐、色彩鲜艳明快的地毯，令人喜气洋洋，赏心悦目，使用这类地毯是最佳选择。

1195 | 大门开在南方宜用什么颜色的地毯？

如果大门开在南方，开运颜色是红色，因为南方属火，因而在此方摆放棱锥状或星状图案的红色地毯，可使家人充满干劲，带来名利双收之效。

1196 | 大门开在东方、东南方宜用什么颜色的地毯？

如果大门开在东方、东南方，开运颜色是绿色，因为东方与东南方五行属木，绿色是树木的主颜色，有生气勃勃的意义。在此方铺设波浪图案或直条图案的绿色地毯，对家运与财运有正面的催化作用。

1197 | 大门开在西南方、东北方宜用什么颜色的地毯？

如果大门开在西南方、东北方，开运颜色是黄色，因为西南方、东北方五行属土。黄色在中国代表着尊贵、财富，同时这个方位是主导智慧与婚姻的，若能

在此方位放上星状或格子图案的黄地毯，即能带来旺盛的财运，使婚姻和美。

1198 | 大门开在西方、西北方宜用什么颜色的地毯？

如果大门开在西方、西北方，开运颜色是白色、金色。因为白色与金色象征高贵与纯洁，若能在此方位铺放格子图纹或图形的白色或金色地毯，可带来好的贵人运与财运，也可增加小孩的读书运。

1199 | 大门开在北方宜用什么颜色的地毯？

如果大门开在北方，开运颜色是蓝色。因为北方掌管事业，若想找个好工作或想增进事业运，可在客厅的北方放置圆形或波浪形的蓝色地毯，有利事业的蓬勃发展。

1200 | 沙发前应该铺设什么地毯？

沙发前的地毯在住宅风水中有相当重要的作用。设置时要注意几点：宜选用色彩缤纷的地毯，以红色或金黄色为主色较为吉利；构图和谐、色彩鲜艳明快的地毯，令人赏心悦目；尽量不要使用色彩单

一的地毯，过于冷清会使客厅顿无生气，不利于生气的聚集。

1201 | 如何选择沙发靠垫？

靠垫是实用性的布艺装饰品，可以用来调节人体的坐卧姿势，使人体与家具的接触更为舒适。靠垫的颜色、图案等对室内艺术效果起到了调节与强化的作用。

靠垫的造型多样，有方形、圆形、心形、三角形、月牙形，以及各种动物和卡通造型；里面可以选择丝

绸、海绵、涤纶、丝绵等填充；工艺上有提花、印花、喷绘、刺绣等品种。靠垫既可以放在沙发上当腰垫，也可以放在床上当枕头，还可以放在地上当坐垫。深色图案的靠垫显得雍容华贵，适合装饰豪华的家居；色彩鲜艳的靠垫显得欢快艳丽，适合现代风格的家居；暖色调的靠垫适合老年人使用；冷色调图案多为年轻人采用；卡通图案的靠垫深受儿童喜爱。

1202 | 家中电器太多会带来什么危害？

需要用到电的东西都对人体不利，一是不天然，二是电磁场的威力对健康极为不利，家里普通电器的磁场威力较弱，而吸尘器和吹风机的电磁场较强。人体就如同一个电磁场的导电体，如果家里有太多电器，体力通常会较容易流失。要想保持最佳的体力，应该把电器尽量往可以转移电磁场的墙壁移，让电器尽量不要在生活起居常经过的地方出现，避免自己的体力过快丧失。

1203 | 电冰箱应该如何摆放？

电冰箱是用来贮藏食物的家用电器，是家中常用的电器之一。从风水角度来看，冰箱要选择合适的位置摆放，才有利于风水。在风水上，冰箱属金，五行缺金的人家中要放一个冰箱。冰箱大多放在厨房里，但厨房是火旺之地，根据五行相克原理，火克金，冰箱放在厨房里其实是为了平衡厨房的火性。

摆放时，注意不要让冰箱紧挨着水槽，以免溅上水。不宜用磁铁将照片、广告贴在冰箱门上，按照传统风水观念，门是幸运的入口，门上贴着多余的东西，幸运就会避开。冰箱门也不要正对厨房的门、炉和灶，因为这样也不利于食品的贮藏。

此外，不宜在冰箱上放置微波炉、电烤炉等，因为冰箱属水，微波炉、电烤炉等电器属火，水火相克，属不利的布局。每周要检查冰箱，将腐败或过期的食物处理掉，并用抗菌抹布等将脏污擦拭干净。

1204 | 洗衣机应该如何摆放？

洗衣机在家居风水学上，代表一个人胃的功能，也代表心脏，胃与心脏属火土，因而洗衣机是火土之物，加上现代洗衣机大多有干洗的功能，洗衣会变成极火的行为，五行中火行过盛不利于风水。洗衣机的风水在家居风水中最难控制，一般来说，洗衣机的摆放位置一固定下来，就很难再根据风水去迁就。

一些住宅由于布局问题，卫浴间没有足够的空间用来摆放洗衣机，因此会把洗衣机移到厨房中摆放，平时为图省事，便在厨房中洗衣服。其实这是不好的风水布局，古人认为厨房是灶君所在，十分神圣，在其间洗涤不洁的衣物会影响运气。如果实在无法将洗衣机放在厨房以外的地方，则最好在洗涤衣物时，把洗衣机移到厨房外使用。

1205 | 钢琴的摆放与风水有什么关系？

摆放在家中的钢琴在弹动时会产生风水效应，钢琴发出的声音属金，如果小孩缺金的话，学钢琴是非常好的补运方法。小孩子在成长的过程中，接触属金的物品机会不多，因为父母从安全角度考虑，一般不会让小孩子接触坚硬、锋利的金属用品。因此，最好让缺金的小孩学钢琴。

在家中摆放钢琴可以催旺金的磁场，令小孩更加精灵活泼。不过钢琴本身隐藏着一个风水陷阱，钢琴属金，不弹的钢琴很快便走音，一走音就没有金，钢琴会变成木。因此它有时属金，有时属木，如果不用

的话，应该尽快搬离，因为钢琴不用便会成极木之物，于风水不利，除非家庭成员中有人要木。

1206 | 家具的摆设形成哪种形状较好？

家中使用的家具造型宜坚实，使用高背的沙发和座椅，不但舒适也象征家庭生活有依靠。从风水学角度来看，客厅家具的摆设最好呈八卦形，由于座椅彼此相邻，可促进人际关系的和谐。方正的摆设形状也比较适宜，象征着四平八稳，寓意家运发展顺利。

第二十九章 动植物与风水

1207 | 植物在风水布局中起什么作用？

开运布局最根本的目的是加强人与自然界的联系，植物是最为实用的改善方式之一，有助于平衡和协调能量，让室内空气清新并美化环境。植物在五行中属木，以五行的相生相克来摆设植物最恰当。

东方属木，将植物盆景放在东方，有助于家人身体健康；东南方也属木，代表拥有财富与成功，摆放植物可增加家中财运；南方属火，代表名誉与地位，摆放红花可以加强运势；北方属水，摆放植物可助事业顺利等。

这种植物八卦分配摆放方法适用于住宅中各个房间，但有时也会受到空间的限制，例如厨房里金属物过多，金克木，会产生冲突，并危害健康与财运，所以厨房不宜摆放盆栽。

1208 | 花卉有哪些风水作用？

在风水上，花卉不仅有观赏价值，还拥有实用的风水功效。将花卉放置在室内能影响气的能量与方向，可以提升气的活力，增加氧气含量，提高湿度，帮助气恢复平衡状态。

花卉会产生相应的能量与当时的环境状况相配合，例如在具有辐射的电器设备附近，会产生与静电相抵消的能量；在毒素漂浮的秽浊空气中，花卉可以起到净化空气的作用。玫瑰、茉莉、梅花、牡丹等喜阳花卉，如果让其长期处在阴湿环境下，就会生长不好或不能开花，甚至死亡枯萎，因此要将其摆放在阳光充足的地方，才会对风水有利。

1209 | 花卉的摆放方位有什么讲究？

花卉可以有效地改善风水。将花卉摆放在东方，代表着拥有家庭与健康；在东南方，代表着拥有财富与成功；在南方，代表着拥有声誉与学识；在北方，代表着拥有事业等。

花卉最好摆放在客厅和餐厅里，因为两者都是家人活动的公用场所，需要较高的能量。摆设花卉时应谨慎选择其摆设的位置，尤其是在厨房，因为木与金彼此相冲，花卉属木易被电器用品与刀刃破坏，而木又会加强炉灶里的火势，由此可能产生不好的能量。

1210 | 不同种类的鲜花该如何摆放？

在客厅布局中，叶大而简单的植物可以提升客厅的富丽堂皇感，而形态复杂、色彩多变的观赏类植物可使单调的空间变得丰富。叶小、枝叶呈拱形伸展的

植物可使狭窄的房间显得比实际更加宽敞，但要避免将杂乱的绿色植物或普通的观赏花卉零散地摆设在客厅的窗台、壁炉及电视机上等位置。过高的房间可利用吊篮与蔓垂性植物使其显得低一些；较矮的房间可以利用形态整齐、笔直的植物使其看起来高一些。

1211 | 如何根据方位选择花瓶？

鲜花具有强烈的风水效应，其色泽与外形会影响住宅的气能，凋谢枯萎的花朵会有负面的影响，必须每天换水并裁剪花茎，延长其生长期，同时注意最好不要使用干花。

玻璃花瓶宜用于住宅的北部；球形的花瓶宜用于住宅的西部或西北部；高深木瓶宜用于住宅的东部或东南部；锥形花瓶宜用于住宅的南部；陶碗宜用于住宅的西南部或东北部。

1212 | 单身人士如何选择花瓶的摆放位置？

花瓶的"瓶"字与平安的"平"字同音，因此，家中适合摆放花瓶。花瓶中最好放入清水并插上鲜花，如果没时间照料鲜花，不插也可以，但清水一定要放。如果鲜花出现了凋谢的现象，要及时将其清理，以免破坏家中风水。

单身人士要按照大门的朝向摆放花瓶：

房门开在正东方、西北角向北方、西南角向南方者，花瓶可放在房间的正北方位置；

房门开在正西方、东南角向南方、东北角向北方者，花瓶可放在房间的正南方位置；

房门开在正南方、东北角向东方、西北角向西方者，花瓶可放在房间的正东方位置；

房门开在正北方、西南角向西方、东南角向东方者，花瓶可放在房间的正西方位置。

1213 | 哪些植物具有驱邪的功效？

植物除了具有装饰美化环境、过滤空气等作用，有些植物在风水学中还具有驱邪的作用。叶子呈尖状、带刺的植物一般会产生毒素或煞气，可以用来挡煞。

柳树：柳为星名，二十八星宿之一，柳树亦有驱邪作用，将柳条插于门户可以驱邪。

银杏树：银杏树在夜间开花，人很难看得见，暗藏神秘力量，因此很多镇宅的符印要用银杏木刻制。

茱萸：茱萸是吉祥物，香味浓烈，农历九月九日佩戴茱萸囊，可以驱邪避恶。

艾草：端午节将艾制成"艾虎"，带在身上，能起到避邪除秽的目的。

1214 | 植物也会影响房屋的阴阳平衡吗？

在房屋里种植太多植物，如开运竹、万年青、发财树等，这些植物虽然有开运旺财的功能，不过大多数的植物属"阴"，在空间有限的房间里种植太多植物，会使房间阴气过重，不利于阳气的流动。特别是

爬藤类的植物，在风水布局上是大忌，因为爬藤类的植物必须仰赖更多的湿气才能生存，绝对不适合在室内种植。有些楼房外部也被藤蔓遮住，从风水的角度看来，也是不吉祥的。

1215 | 如何选择有风水作用的植物？

茂盛的花卉是气的重要促成者，尤其在盛开时期的花，可以将生生不息的能量带进家里，有助于刺激停滞在角落不动的气，使气活络起来，软化那些尖锐、有棱角的物品所产生的阳气，促进家庭运势。

选购植物盆景时，要特别注意叶的形状。尖状的叶子会产生毒素或煞气，即形成所谓"不好的风水"；圆状、叶茎多汁的植物较好，带有吸引"好兆头"的潜在能量。要保持植物的健康和足够的水分，如果其奄奄一息，即象征着死亡与不幸。所以，健康的气来自健康的花卉植物。

1216 | 开运竹起什么风水作用？

翠绿常青、节节高升的开运竹又称竹叶青，属于水培植物，外观笔直、天地相通，象征财路通畅，与钱财的关系亲近，摆在内明堂有火气的水中，加上其生命的能量，可以振兴财运。开运竹要选择笔直健壮、绿意盎然的，万一出现枯黄的现象一定要记得清除，可以把竹叶拔除，露出一节节的梗，象征节节高升的气势。

1217 | 家里不同的处所应该怎样摆放植物？

客厅可以摆放富贵竹、仙人掌、棕竹、发财树、君子兰、仙客来、柑橘等，这些花卉在风水学中为"吉利之物"，蕴涵吉祥如意、聚财发福之意。

卧室需要充满安详温馨的气息，可摆文竹、常春藤、舌尾兰、芦荟、水仙、茉莉等，清新优雅的花香有助于人的休息。

书房是充满书香之气的地方，最好在文昌位摆放植物，如山竹花、常青藤等，这些花卉可活跃人的思维，有利学习和工作。在书桌上也可以放盆叶草、菖蒲，这些植物有宁神通窍、防止瞌睡的作用。

餐厅摆放植物要求整洁、统一，可以摆放黄玫瑰、黄康乃馨等，因为黄色可以增加食欲。

阳台则可按光照条件选配适宜的植物，如菊花、海棠、石竹、秋海棠、太阳花等，摆放时要将阳性的植物靠近阳光。

大门若对楼梯，可将鱼尾葵、棕竹等摆放在相冲处进行化煞。

1218 | 开花的植物为什么不能摆在卧室？

在室内种植花草树木时要注意，虽然开花的植物很漂亮，但并不能使家中空气变得更好。从风水的角度来讲，种花的目的是为了清新空气和聚财，而并非单纯为了观赏。要想卧室有良好的空气，最好种植不会开花的常绿植物，例如万年青、铁树等。

在大厅里可以种养开花的植物，开花的植物可以催旺桃花，此处的桃花旺证明你拥有良好的人际关系。但卧室只宜种不会开花的植物，除了担心引来不正桃花导致夫妻感情出问题之外，花粉也会使人过敏或得花粉症。不管种什么花都不要让花垂下来呈低头哭泣的姿态，否则意味着两个人悲戚相对，会对风水产生不良影响。

1219 | 仙人掌有什么风水作用？

在风水上，常利用仙人掌和仙人球挡煞，如住宅周围有尖角冲煞，就可以在窗外或门外对着尖角的方向摆放仙人掌或仙人球进行阻挡。植物吸收二氧化碳，释放出氧气，将其摆放在房内可以供氧，也可以它的枝叶来挡煞避邪。如果有冲煞之形对着门口，则应在进门处摆放一盆仙人掌，这样不但可以阻挡煞气，还能起到招财进宝的作用。

1220 | 在办公室内植物应如何摆放？

在办公室内摆放盆栽植物，可以起到美化环境、净化空气的作用。一般来说，植物最好摆放在办公室的角落处，不仅达到一种平衡美，还可以使植物本身的活力和生气得到充分的发挥。此外，放在靠窗的位置也不错，因为此处的自然光线最好，适宜植物生长。而从风水学角度而言，将植物放在窗前，可以阻挡窗外冲入的煞气。

1221 │ 该如何选择种植在庭院的植物？

植物通常都具有非常旺盛的生命力，创造一个清新、充满活力的家居环境，有助于消减现代各类家居用品产生的辐射和静电。植物也可通过光合作用释放氧气，为居所提供新鲜的空气。植物的枯荣亦代表家道的兴衰，只有欣欣向荣、生气勃勃的植物才能带旺家运，因此应该要使这些植物保持茂盛而充满生机的状态。一些植物因其特殊的质地和功能，更加具有灵性，能起到保护家居的作用，如棕榈、橘树、竹、槐树、枣树、桂花树等植物。有几类植物忌在庭院种植，一是松柏类植物，这些植物会散发油香，令人感到恶心；二是夹竹桃，夹竹桃的花朵有毒性，花香容易使人昏睡，降低人的智力；三是郁金香，郁金香的花有毒碱，过多接触容易使毛发脱落。

1222 | 如何选择适合家居种养的植物？

在家居布置中，很多人喜欢把植物摆放在室内进行装饰，如仙人掌和吊兰等植物较适合摆在家里，仙人掌是逆呼吸，晚上吸入二氧化碳释放出氧气，有旺宅、煞邪的功效；吊兰则有过滤空气、净化空气的作用。一些人会选择万年青、黄金葛等，其实这些植物会呼出二氧化碳污染居室，还会与人争氧气，不旺宅反而会引邪招灾。

无论是盆景还是瓶插花卉，在适当的水分、光线、

肥料和通风环境下，植物的寿命越长，就表示屋内的"磁场"越好，好的环境可以使人健康、精力充沛。

1223 | 龟为什么被称为"四灵"之一？

古代称龟为玄武，与青龙、白虎、朱雀合称四灵。龟的背部有龟纹，龟纹中央有3格，代表天地人三才；旁边有24格，代表二十四山；龟壳的底部有12格，代表十二地支。在这样的小小的龟壳上，包含着所有代表开运玄机的密码，因此龟被称为"四灵"之一。

1224 | 乌龟有什么风水作用？

乌龟有化煞的功效，如果在那些尖角冲煞之处，摆放玻璃缸或瓦盆，内贮清水饲养乌龟，这样可以美化居室环境，同时也可收到化煞的效果。需要注意的是，凡是用来化煞的动物，若出现了伤亡的情况，要立即扔掉，以免招来煞气。

1225 | 哪些人不适合养狗？

现代很多人喜欢养狗，在开运布局中，一个人出生在冬天，就需要热土给予温暖。代表热土的动物有羊和狗，吃羊肉和养狗都可以使一个人得到温暖，给人带来好运。

生于农历五月至八月或十月八日至十一月七日，即生于巳、午、未、戌四个月份的人，本身极热，不宜养狗，且不能与狗做朋友；生于四月五日至五月五

日的人，属于龙月出生，如出现甲乙、乙庚、丙辛、丁壬、癸戊五种组合之一，并产生良好的合化局，也不能养狗，因为狗会将龙的生化破坏。

有一种非常强烈的感应力，对主人的运气好坏会产生特殊的反应。所以在安置狗窝时最好让小狗自己去选择睡觉的位置，由此可知自己目前行什么运。

1226 | 狗窝设在家里哪个位置最好？

在家居风水布局上，狗窝容易被人们所忽视。狗喜欢睡的位置代表那里有热土存在，假如男主人需要热土，可以让狗睡在西北方；假如女主人需要热土，则可以让狗睡在西南方。需要注意的是，狗与生俱来

1227 | 什么住宅不适宜养狗？

在十二地支之中，"辰"、"丑"与狗相冲。"辰"的方位在巽方，即东南方，如果住宅大门开向东南方，门就会与狗相冲，家中所饲养的狗容易生病。"丑"的方位在艮方，即东北方，如果大门开在东北方，亦

不适宜养狗，因为狗易沾染各种毛病。如果住宅大门不是开在适宜养狗的四个方位而又想养狗，可以将狗屋安放在对狗有利的方位上。另外，狗屋不宜用金属制造，因为狗五行属土，金属制的屋属金，金会泄土，如果狗长期住在这样的房屋里，它们的健康状况会每况愈下。

1228 | 大门开设在哪些方位的房屋适合养狗？

狗在十二地支中属于"戌"，而地支与狗相合的有"午"和"卯"。"戌"的方位在乾方，即西北方；"午"的方位在离方，即正南方；"卯"的方位在震方，即正东方。以上几个方位与狗相合，如果住宅大门开在这四个方位，饲养的狗都会比较强壮。

1229 | 养猫要注意哪些问题？

猫与虎同科，所以可以取虎的方位来计算设置猫的方位。在十二地支中，与虎相合的方位有"午"、"戌"，因此对猫饲养有利的方位有正南、西北等方位。大门开设在这些方位的房屋饲养的猫会特别健壮。如果大门没有开设在这些方位，可以将猫的窝放置在这几个方位。而与"寅"方位相冲的地方不适宜养猫，西南、东南方也与猫相冲，饲养的猫会变得体弱多病，不听主人的教导。

1230 | 如何为猫选择合适的地毯？

选择给猫睡觉的地毯，以黑色、蓝色、青色、绿色为宜，因为猫的五行属木，黑色及蓝色属水，水可以生木，有利于猫的成长；而青色及绿色属木，木可以旺木，对猫的健康有很大的益处。红色的地毯属火，火会伤猫的元气，所以不宜用红色的地毯。

1231 | 家中饲养金鱼有什么风水作用？

在家中养金鱼可以带旺五行中的水，有广泛的风水作用。如果居住的外环境有江河、游泳池、喷水池等，是壮旺财运的好布局；如果房屋周围没有水，可以在住宅西南角及窗前摆放鱼缸，但若家中女主人忌水，则不能在西南方摆放太多水，因为西南方代表女主人的方位。如果有家中成员缺水，可以在他所属的方位摆放金鱼缸，水的流动和鱼的运动可以带旺运势。

1232 | 鱼的颜色与风水有关系吗？

鱼身的颜色在一定程度上会产生催财的动力。金色或白色的鱼，五行属金，金可以生水，因此催财的能力较强；黑色、蓝色的鱼，五行属水，水能生财，催财的能力也很强；青色或绿色的鱼，五行属木，木会泄水，催财的力量较弱；黄色或咖啡色的鱼，五行属土，土能克水，催财的力量很弱；红色的鱼，五行属火，水火相冲且火能克金，催财的力量也很弱。此外，在鱼缸旁边放圆形金钟或铜钟，因为金能生水，可以促进家庭的运势。

1233 | 鱼缸的大小对风水有影响吗？

从风水学来看，水固然很重要，但太大的鱼缸会储存太多的水，不但没有聚气的作用，"人气"也会被鱼缸吸走，而使室内湿气加重。

同时，鱼缸过高也不好。鱼缸若是高于成人站起时眼睛的位置便谓之过高，风水学上有一个名词叫"淋头水"，意思是水从上而下直冲头部。在住宅中，如果墙壁高处渗水或鱼缸摆放位置高于头部都是"淋头水"的格局。若长期受"淋头水"的影响，会给人带来疾病、脑力衰退等影响。如在客厅沙发旁边放置水位比坐在旁边的人还高的鱼缸，就会有这种现象。

"淋头水"会成为煞气，必须是头部很接近鱼缸。鱼缸摆放在柜子或桌子上的水位一般都高于1米，比坐在沙发上的人高，因此建议将鱼缸摆放在离沙发1米以上的地方，以避开"淋头水"。由此可见，客厅中的鱼缸不宜过大、过高，尤其是面积较小的客厅更加不宜。

1234 | 哪些人适合在屋内摆放鱼缸？

鱼缸在风水学上是"水"的同义词，其在风水上有接气化煞的功效。鱼与水共生，使室内更有生机，并对家居风水产生积极的作用。因此，鱼缸的宜忌即是水的宜忌。

生辰八字缺水的人，在客厅摆放鱼缸会对运程产生很大的帮助；但对于忌水的人而言，则不适宜养鱼。如果以往在家中养鱼而使家运兴旺，即便搬了新家也可以继续养鱼；如果以往家中养鱼而使家运不宁，则要尽快停止养鱼，与水有关的物件也尽量不要摆放在客厅里。

1235 | 鱼缸最好摆在客厅的什么方位？

一般的住宅都会有煞气的存在，鱼缸可以化解外煞，因此鱼缸不宜放在房屋的吉方位，最好摆在衰位或凶位。风水学中有"拨水入零堂"的说法，"零堂"指的是失运的衰位，意指把水引入失运的方位，就可以转祸为祥，逢凶化吉。

1236 | 家中适合摆放什么形状的鱼缸？

在选择鱼缸的形状时，要考虑不同形状所具有的五行属性，然后选择相配的鱼缸。圆形的鱼缸，五行属金，可以生旺水；长方形的鱼缸，五行属木，虽然泄水气，但二者有相生的关系，也可以使用；正方形的鱼缸，五行属土，土能克水，会出现相克制的力量，故鱼缸不宜选择五行属土的正方形；六角形的鱼缸，以六为水数，故五行属水，也可以利用；三角形或八角形，甚至多角形的鱼缸，五行属火，水火相冲，最好不要使用。

1237 | 鱼缸摆放在厨房可以吗？

鱼缸多水，厨房的炉灶属火，"水"与"火"会相冲，因此厨房里不宜摆放鱼缸。如果客厅的鱼缸与厨房的炉灶形成一条直线，也犯了水火相冲的忌讳。水火相冲，火为水克，属火的炉灶会受到影响，从而会影响家人的饮食，使家人的健康受损。

1238 | 财神位下方为什么不能摆放鱼缸？

有些人认为将鱼缸摆在财神之下，可取金生水之利，但实际上鱼缸不能摆在财神之下。福禄寿三星之类的财神应该摆放在当旺的财位，若把财神摆放在鱼缸之上，则犯了风水上的忌讳。因为鱼缸一般是摆放在住宅的凶方，倘若把财神摆放在鱼缸附近，这便与"财归财位"的原则相矛盾；若是把财神摆放在了鱼缸之上，那更是犯了风水学的"正神下水"的忌讳，会招来破财之灾。

第三十章 吉祥物与风水

1239 | 风水中常用的镇物有哪些？

风水中的镇物有很多种，如经常泛滥成灾的河流，可以在河边修建镇河的宝塔；桥亦有镇邪的功能，在水口建桥可起到守护的作用；"石敢当"是一种镇宅的宝石，常立在正对大路、大街的方向上，以挡邪镇宅；照妖镜也是常用的镇宅物，有驱邪的作用。另外，还有一种镇物为灵符，灵符是一种文字或图画，如"五岳镇宅符"以桃木为板，上用朱砂书五岳神符。

1240 | 建筑为什么要悬挂镜子？

古人在长期的风水实践中发现了镜子具有特殊的风水功能，具有纳吉化煞的功效，于是将其广泛应用在建筑中。风水学认为，每个人都有自己的吉方位，如果家里的门窗与吉方位不符，就可以通过镜面的折射改向，将屋外的吉气纳入。这种镜子就叫照妖镜，或称风水镜，主要是用来处理不吉利的室外环境，如其他建筑的转角、电线杆、过高的物体等对着房屋，改善不良的气场。

1241 | 罗盘可以化解哪些煞气？

不管何种门派的罗盘，都刻有大量的阴阳两界的数据，它可以说是一道很有力的符。罗盘的威力是以先天之气化后天无形之煞，用来化解不良的煞气。若宅门或单位门窗正对天斩煞，或正对着庙宇、坟场、电柱等，都是不吉的形煞，会影响屋内人的运气，这时可将罗盘挂在门上或窗前，正对煞方，即可达到化煞的目的。若随身携带，则只需放入公文包、手袋或放在汽车上，均可以达到化煞护身的作用。

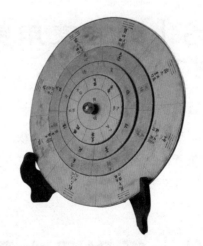

有许多室外形煞可以用罗盘来化解，比如尖角冲射、街道直冲、斜坡直冲、反弓煞、门路直冲，还有门正对电线杆、烟囱、怪树、怪石、单位大门等。凡是遇到形煞冲射的住宅，均会引起家人的不安，重则

375

病、伤、残。很多风水师用凸镜、凹镜、八卦镜、盾牌、乌龟壳来化煞，虽然收到一定效果，但效果不是十分明显，而用罗盘来化煞，效果较好。

1242 | 罗盘具有哪些镇宅功能？

住宅中阴气太重，小孩无故大喊大哭，或屋宅犯空亡卦线坐向等，都可以将罗盘放在屋内的四角或对角上来镇宅，不论哪个方位，针头指向南极的零位上，平放在墙角即可达到兴旺避邪的目的。具体放置方法是，把罗盘放在神龛下方，或者神像的后方，或者摆放在神像的下层，都可以起到增强神灵加持力、镇室安宅的功效。此外，还可以将罗盘直接挂在住宅、办公室、犯阴煞方或通道门口，可以保家宅平安，趋吉避凶。

1243 | 如何使用罗盘招财？

罗盘具有化煞、镇宅、招财三大特性。正确使用罗盘也可以招财，将罗盘的针尖指向北极，平放在八宅理气的生气方、延年方、天医方、伏位方四个吉位上，便可收到较强的招财效果。

1244 | 催财风水轮应该如何使用？

风水轮是家居风水布局的必备旺财物，最好选

用由简单的铜盘制作的。山管人丁水管财，在当运旺位财位摆放催财风水轮，能风生水起、立马起运。不过要注意，使用合理可以带来良好的风水，使用不当可能会带来煞气，若摆在失运之位会导致破财连连，故应谨慎选择摆放的位置，数量上一般以4个兜、6个兜和9个兜的为宜。

1245 | 如何用风水算盘来化解煞气？

在风水学上，铜算盘常作为银行、贸易、金融、财务、公务员等人士旺财招财之用。可以放在命主的抽屉内，也可以挂在门上、窗上或者书架上，用来招财旺财、化煞、化解小人。另外，若门或者窗对着电线杆，形成"六煞水"，应该在门外或者窗上挂一个铜算盘来化解，否则电线杆形成的"六煞水"会对宅主人健康及事业造成负面之影响。

1246 | 大铜钱有什么风水作用？

大铜钱可以化煞挡灾，保家人出入平安。大铜钱的使用方法有几种，一是将大铜钱摆放在门口地上，用来化解开门见楼梯或电梯的煞气；二是将大铜钱放置在大门右侧，用黄线串上挂起来，可以防家中妇女口舌过重而惹来是非；三是将两个铜钱放在枕头底下，可以维持良好的夫妻关系。

1247 | 五帝钱有怎样的化煞作用？

五帝钱是指清朝顺治、康熙、雍正、乾隆、嘉庆五个皇帝时期的铜钱，可以挡煞、避邪。把五帝钱放在门槛内，可以挡尖角冲射、飞刀煞、枪煞、反弓煞等；放在身上可以避邪，不会受蛇灵鬼怪骚扰；用利是封包装着，或用绳穿着挂在脖子上，可以庇佑自己，提升运气。

1248 | 金元宝有什么风水作用？

金元宝有生财旺财的功用，多以一对并用，可以化解不良的煞气，增加财运。可将一对金元宝放在住宅最大的窗台上，左右角各放一只，目的是为了把窗外的财气吸纳进来，窗口越大财气越旺。或把金元宝放在大门入宅斜对角的地方，此处易藏风聚气，是明财位，放上一对金元宝可以加强招财进宝之气。

1249 | 风水剑应该如何使用？

风水剑的种类繁多，包括七星剑、桃花剑或其他材料做成的剑，主要功能是用来克制室外的尖角、电线杆的煞气，避官司口舌是非等。风水剑不需要开锋，也不宜开锋，因为开了锋的剑锐利，容易伤人。钝剑不伤人，但仍有化煞的作用。

1250 | 铜锣有怎样的风水作用？

在风水学上，铜锣可以净化气场。当要清洁经常有声音异常响动的地方时，一般使用铜锣。铜锣的响声可以传到很远的地方，锣声所到之处，周围的气场都可以得到净化，改善不良的风水。古代的为官者鸣锣开道即为此义。

1251 | 八卦吊坠有什么风水作用？

阴阳八卦吊坠饰品可以使自己感觉厌恶的事物远离，象征阴阳的太极有将凶转换为吉、催生新事物的作用，使自己持有的能力进一步激发，使现状趋于好转。阴阳八卦吊坠可以放在室内、车内等地方进行装饰，尤其在气容易减少或低落的地方效果更显著。

1252 | 风水竹箫有什么风水作用?

从竹箫的外形来看,竹箫的关节一节比一节粗壮,象征着步步高升。将竹箫细端向上挂在墙上,可以增加室内的吉气,使家庭运道和生意运程更上一层楼。

1253 | 山海镇平面镜有什么风水作用?

镶在镜框中的山海镇平面镜,集齐了所有开运的要素:招财进宝、纳福寿禄、镇宅、明光、日月、财神、贵人等。因此它有调节风水、平衡财运、营造人气、调和神佛、驱散邪气、平衡阴阳的作用。将其摆在客厅、起居室等处,可以提升运气。

1254 | 镜球有什么样的风水作用?

镜球也是经常使用的风水吉祥物。在房间角落或阴暗的地方悬挂镜球,可以反射、弹开那些不好的气息,提高气的流动性。而将镜球悬吊在气息流通良好的地方,可以将良好的气息循环送到整个房间里。

1255 | 寿桃有哪些风水作用?

相传西王母为庆祝寿辰常举行蟠桃盛会,各方神仙都会来祝寿,所以蟠桃又称寿桃,泛指西王母居住处的仙桃。《山海经》载:"沧海之中,有度朔之山,上有大桃木,其屈蟠三千里。"这种寿桃摆放在家里,可保家人长寿安康,家运昌盛。

1256 | 葫芦有什么风水作用?

葫芦是常用的风水物品,嘴小肚大的外形可以收纳好的气场,也可以将坏的气场吸收殆尽。铜葫芦的化煞效果最好,因为铜有化煞转运的作用,葫芦又有收煞的作用,两者结合化煞的效果倍增。

葫芦的用处有几点:一是增进夫妻感情。最好使用铜葫芦或木葫芦,将其安放在主卧室的床头,可以促进家庭和乐,有助于增强生育能力。二是招纳福禄。葫芦的音与"福禄"相近,加上它入口小、肚量大的特色,能够广吸金银珠宝,财富不易外流。三是保健功能。古代的医师常用葫芦来装仙丹妙药,它能消灾去厄,吸收房间里的煞气,恢复干净清新的空气。

1257 | 玉器有哪些风水作用？

玉器自古以来都受到人们的欢迎，因为玉中含有人体所需的微量元素，这些微量元素会通过体表进入汗腺，再进入毛细血管，参与体液循环，起到医疗保健的作用。在家中摆放玉器还能避邪、保平安、增强运气、消灾解难等。佩戴一款与自己生肖吉祥物相匹配的玉佩，可起到护身避邪的效果。鼠牛相配，虎猪相配，兔狗相配，龙鸡相配，蛇猴相配，马羊相配，如果能结合自己的贵人生肖相配则最佳。

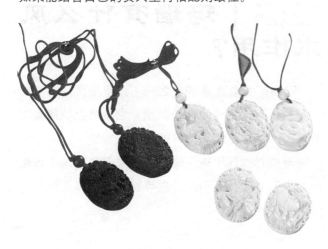

1258 | 石榴有什么风水作用？

古人认为儿孙满堂是福气，而石榴则有开百籽的含义，从求子的角度来说，可以在家中摆放石榴摆饰。这类风水物形状吉祥，含有吉祥的意义，可以起到装饰家居的作用，如果能善加利用，可以改善家居生活风水。

1259 | 紫水晶有什么风水作用？

紫水晶呈现出紫色是因为成分中含有铁元素。紫水晶代表纯洁、和谐，有定神和加强记忆力的作用，可缓和暴躁的脾气。睡觉的时候将紫水晶置于枕下，有助于改善失眠症状；将紫水晶摆放在工作台或书桌上，有助于提高个人的思考力和创造力，增进人际关系。

佩戴紫水晶饰品有利于身体健康，使人身心愉悦，其散发的神奇能量可以避邪、护身、招福挡煞，带来幸福和长寿。

紫水晶又代表坚贞纯洁的爱情，常作为送给伴侣的定情石，可以升华爱情，促进爱情开花结果。

1260 | 水晶饰物该如何摆放？

水晶能够净化不好的能量，如果把能量过强的水晶摆放在凶方，就会迅速催动煞气，有可能引起祸患。

水晶的五行属土，应该放置在家中的吉位上。在所有的水晶饰品中，水晶洞及水晶簇的能量十分强大，气感稍强的人，只要把手掌往水晶洞内悬空摆放，手掌就会有麻痹的感觉。如果想要借助水晶促进运势，最好选用水晶球，不要使用水晶洞或水晶簇。

1261 | 红水晶有什么风水作用？

红水晶又叫维纳斯水晶，它是水晶中昂贵的品种，产量稀少。天然红水晶能启发心灵，凝神静气。红色水晶在五行中属火，主分泌系统，经常抚摸它可以改善内循环，对妇科疾病有很好的疗效，还可以使皮肤变白皙，具有美容的功效。红水晶能激发人的斗志，增强信心，避秽气和不洁之物近身，可以起到护身符的作用。

1262 | 绿水晶有什么风水作用？

绿色是代表生命的颜色，是宇宙间的幸运光；绿色也被称为"正财"，表示由努力工作获得的正当报酬。绿色的各种水晶代表"财富水晶"，包括所有的好运、好机会、贵人相助等。水晶在地底形成的过程中，混合了绿泥岩之类的矿物，此类水晶被称为"绿幽灵"水晶，可以招揽财运，有高度凝聚财富的力量。此外，绿幽灵水晶可以强化心脏功能，平稳情绪，有助于思维提高，增加自信、表现才能，还具有驱走邪气的能量。

1263 | 琥珀有什么风水作用？

琥珀不是一种矿物，它是松脂化石，经历了五千万年而形成。未成化石的树脂，遇水会溶化。琥珀的能量相应于人体的"腹轮"，即下丹田的位置，可以帮助温养这一能量中心，使它的功能更强大。此外，琥珀可作药用，有定惊和吸纳身体病气的作用，它也是佛教七宝之一，可用来辟邪。

1264 | 玛瑙有什么风水作用？

玛瑙是水晶家族成员之一，产量很大。玛瑙颜色齐备，不论何种颜色的玛瑙，它所产生的能量都有沉厚、稳定及柔和的特性，可以帮助人体的每一个能量中心得到平衡、稳定。日常佩戴玛瑙可以帮助个人平复紧张的情绪。它可以避邪，也是佛教七宝之一。

1265 | 碧玺有什么风水作用？

碧玺又名电化石，是一种非常漂亮的蓝宝石，颜色多样，七色齐全，所以它的能量对应于身体的每一部分。碧玺能帮助身体疏通血气，改善风湿及关节炎。出现这些症状都是因为能量在身体里运行得不够畅顺，可以借助碧玺强大的能量冲散长期郁结的、造成身体负累的能量。此外，把碧玺原石摆放在电脑和电视机附近，可以化解对身体有害的辐射磁场；佩戴碧玺制作的小饰物，可以消减手机带来的辐射影响。

1266 | 弥勒佛有什么风水作用？

弥勒佛在佛教中被称为未来世佛，有着最慈悲的胸怀、最无边的法力，帮助世人度过苦难。弥勒佛以大笑、大肚为典型特征，有"大肚能容天下难容之事，笑天下可笑之人"之说，代表了人们向往宽容、和善、幸福的愿望。大肚弥勒佛的造型，宜摆在大堂或客厅等公共场合。

1267 | 观音菩萨有什么风水作用？

观音菩萨又叫观世音菩萨、观自在菩萨、光世音菩萨等，从字面解释就是"观察世间民众声音的菩萨"，是佛教四大菩萨之一。她相貌端庄慈祥，经常手持净瓶杨柳，具有无量的智慧和慈悲，普救人间灾难。因此，风水学认为摆放观音菩萨在家里，可以使家运一帆风顺、家人万事顺心。

1268 | 观音和关帝为什么不能摆放在一起？

观音和关帝不应该摆放在一起供奉，因为观音是佛教的佛，以慈悲为怀，戒杀生；而关帝则是民间崇拜的英雄偶像，疾恶如仇，在血腥中建立功业。因此把二者摆放在一起格格不入。而且观音洁净无瑕、忌荤腥，所以其摆放位置不宜朝向卫浴间、房门和餐桌，宜坐西向东，而关帝则宜朝向大门。此外，观音宜吃素守斋，适宜用水果和蔬菜供奉，不宜与其他神祇一起供奉。

1269 | 达摩尊者有什么风水作用？

达摩尊者又名达摩多罗，为佛教十八罗汉中的第十六位，是中国佛教的第一代传人。将其摆在住宅的客厅，有弘扬善德、教化众人向善的功效，让人明白善有善果而多积德行善。

1270 | 布袋和尚有什么风水作用?

民间传说布袋和尚的布袋内装满了金银财宝,用来救济穷人,布施四方,所有善良的人遇到他都能得到金银财宝。在风水上,布袋和尚具有招财纳福、保佑全家安康的风水意义,适宜摆放在客厅里,不宜摆在卧室内。

1271 | 财帛星君有什么风水作用?

财帛星君的外形很富态,是一个面白长须的长者,身穿锦衣系玉带,左手捧着一只金元宝,右手拿着写着"招财进宝"的卷轴。相传他是天上的太白星,属于金神,专管天下的金银财帛,求财的人可以将其供奉在家中的吉方位上,面朝屋内,有利于引财入室。

1272 | 福禄寿三星有什么风水作用?

福禄寿三星主管福气、功禄、寿命,一般供奉时都是三星同在。福星手抱小儿,象征家丁兴旺、有福气;禄星身穿华贵朝服,手抱如意,象征加官晋爵、增财添禄;寿星手捧寿桃,面露祥和笑容,象征安康长寿。传说有福禄寿三星的照耀,人间才拥有喜悦瑞祥的气息。将三星摆设在家中的财位上,可以带来满堂吉庆,得到吉星高照,多福避难。

1273 | 运财童子有什么风水作用?

运财童子,顾名思义为运财之物,若全屋为未婚男士,所起的风水效应更大。此物放在浴室最为有效,因为水为财。将之放在床头亦可,但女士要避用,且此物只能摆放一年。

1274 | 地主财神应该如何摆放?

现代有很多人在家供奉神祇,期望得到庇佑,招财进宝,健康长寿。地主财神供奉在室内,与供奉在室外的"门口土地财神"一内一外作为住宅的守护神。

地主财神必须要当门而立，面向大门，向门外四方纳财，这样可以增强宅主的财运。地主财神的最佳摆放方法是把神位单独供奉在面向大门的玄关地柜中。地柜可用作鞋柜或杂物柜，为了与周围的环境配合，外部的颜色可以随意，但地主财神柜的内部必须采用漆上金色的红漆。

1275 | 武财神应该如何摆放？

一般民间供奉的武财神有赵公明和关羽两个。赵公明又名赵玄坛，是一位威风凛凛的猛将，相传他能够服妖降魔，又可以招财利市。关羽字云长，是三国时期的名将，形象威武，他不但忠勇过人，而且能招财进宝，护财避邪。两个财神摆放时应该面向室外，或是面向大门，这样一方面可以招财入室，一方面又可镇守门户，不让外邪入侵。

1276 | 展翅石鹰有什么风水作用？

雄鹰展翅高飞，翱翔天际，志在千里。展翅高飞的雄鹰给人一种积极向上的感觉，可以将此吉祥物放在书桌上，使人有挑战及克服困难的勇气，但属鼠、兔、蛇之人忌摆放。

1277 | 松鹤同龄有什么风水作用？

在中国传统里，松树、仙鹤代表长寿，猴子代表吉祥和运气。松树作为坚贞的象征受到文人墨客的赞颂，历来被视为"百木之长"，地位很高；又因为松树耐寒，因此还被人视为"常青之森"，赋予延年益寿、常青不老的吉祥意义。所谓"松鹤同龄"，就是形容长寿。鹤栖息于松树之上，猴子坐在树上、树下，构成"松鹤图"，是祝寿的最好礼物。

1278 | 貔貅有什么风水作用？

貔貅以财为食，纳食八方之财。它的作用与其他瑞兽有所不同，它是一种凶狠且护主心特强的瑞兽。貔貅在风水上的作用有：一是镇宅辟邪。将已开光的貔貅安放在家中，可令家运转好，赶走邪气，有镇宅的功效。二是趋财旺财。除了有助偏财之外，貔貅对正财也有帮助，所以生意人宜安放貔貅在家中。三是化解五黄大煞。貔貅还可用来化煞，对化解五黄大煞有较为明显的作用。摆放貔貅时切忌面向室外，平时可以用檀香或一杯水供奉。

1279 | 马踏飞燕有什么风水作用？

马踏飞燕寓意为一日千里、马到成功，其性质为驿马。凡经常出差公干或想调动升迁、出国留学移民之人，适宜在写字台上或家中的财位摆放，或送给亲朋好友、上司作为礼物。如果可以摆放在属相为马的主人的方位更佳，但马不可以放在南方，否则火烧天门，反而招来灾患。

1280 | 麒麟有什么风水作用？

麒麟是古代的仁兽，集龙头、鹿角、狮眼、虎背、熊腰、蛇鳞、马蹄、凤尾于一身，是吉祥之物，从古到今都是公堂上的装饰，是权贵的象征，有添丁与纳禄聚财的作用。麒麟能够消灾解难，驱除邪魔，镇宅避煞，催财升官。在风水学中，麒麟还有旺后代的作用，因此民间自古便有"麒麟送子"的说法。现代的麒麟没有雌雄之分，它是仁兽，不伤害其他生物，只会对付坏人。

1281 | 蝙蝠有什么风水作用？

蝙蝠酷似老鼠，又称为蝠鼠。蝙蝠在中国传统里属于瑞兽，因为蝙蝠的蝠与"福"同音，因此在很多吉祥图案中都有蝙蝠。有些图画上画有五只蝙蝠的图案，具有"五福临门"之意。在传统中，福有五种，分别福、禄、寿、喜、财，因此很多人都喜欢带有五只蝙蝠的装饰物，有着吉利的风水含义。

1282 | 三足金蟾有什么风水作用？

这不是一只普通的蟾，它只有三只脚，会吐钱，传说它本是妖精，后被刘海仙人收服，改邪归正，四处吐钱帮助贫穷的人，所以后来被人们当做旺宅的瑞兽。摆放三角金蟾时要将其头向室内，不宜面向室外，否则钱容易吐到室外，不能催旺家中财气。

1283 | 寿星和麻姑有什么风水作用？

寿星就是南极仙翁，相貌慈祥，面带笑容，一手拄着拐杖，一手托着仙桃；麻姑也是一位仙人，相传麻姑曾见东海三次变桑田。一般来说，为男性老人祝寿，宜赠送寿星造型；为女性老人祝寿，宜选用麻姑造型。也可以将寿星和麻姑摆在老人的房里，寓意健康长寿。

1284 | 摆放龙饰物要注意什么？

龙有化煞的功能，对污秽、阴气、邪恶有着强烈的震慑作用，可在殡仪馆、屠宰场、垃圾场等处摆放。如果住宅附近有公安局、军营、监狱等肃杀之气较重的地方，风水龙也可以发挥其灵动力进行化解，使家人的精神状态保持良好，从而改善生活品质。

龙最好摆设在住宅东南偏东方，如果以青龙、白虎等方位而言，必须摆设在左手边。龙适宜摆放在有水的地方，如鱼缸的旁边。如果室内外均无水，可以将龙摆在北方，因为北方是水气当旺的方位。

在选择龙饰物时要注意，龙具有祥瑞纳吉的能力，最好选择金、玉或陶瓷为主要材质的，这样才能显出其尊贵感。龙的形体刻画要有腾跃感，才能展现龙的气势，收到良好的风水效果。

1285 | 摆放羊饰物要注意什么？

羊一直以来给人温驯、乖巧的印象，其实羊有着执拗与刚毅的精神，在家中摆设风水羊可以增强一个人的耐性与意志力。在风水学上，有"三羊开泰"的术语，要利用羊来增加财运，必须是三只全羊。羊饰物的制作材料以金、镀金为最佳，陶瓷也可以。需要注意的是，不能使用只有羊头的饰物，这样反而会产生煞气，对健康不利。

风水羊宜摆放在家中厅堂或办公场所的西南偏南方，数量最好是三只。属牛的人不宜摆设风水羊，因为丑未相冲。摆设的方位也不可在东北偏北的地方，否则发挥不出风水羊的灵动力量。

1286 | 老虎饰物有什么风水作用?

老虎反应敏捷,有强者的风范,给人威严的感觉。在家中摆放老虎的画像或老虎的瓷像,可以起到增强风水的作用。不过,有些生肖的人不适宜摆放老虎饰物。在术数里,"虎"、"马"、"狗"叫做刑,所以生肖属马及狗的人不宜在家里摆放老虎饰物,否则有可能损坏身体健康,不利于财运。俗语云:"一山不容二虎。"生肖属虎的人也不宜在家里摆设老虎饰物,否则会使主人身边出现很多小人、工作不顺等。

1287 | 摆放瑞兽狮子要注意什么?

狮子是可以带来祥瑞的动物,简称"瑞兽"。在犯煞的方位可以摆放一对狮子,雌狮居右,雄狮居左。雄狮右爪下雕着一个绣球,寓示将权力掌握在手中,可以挡住煞气而产生招财的力量。狮子还适宜摆放在

神位内或窗台上,同时要头部向外,且要摆放在招财的方位,否则会损坏家人的健康。

1288 | 摆放龙龟有什么避讳?

龙龟是瑞兽的一种,主要作用为吉祥招财、化三煞。把龙龟放在财位可以催旺财气,放在三煞位或水气较重之地最有效。水气较重的地方容易导致是非口舌,在此摆放龙龟能够化解口舌,催旺人缘。有些龙龟的背部可以活动,将之掀起,放入茶叶、大米,可以增强化煞的效果。

1289 | 铜金鸡有什么风水作用?

铜金鸡可以挡住烂桃花带来的邪气,将其放在大门对冲之处,例如屏风式摆设架上,可禁绝外来桃花的影响。若怀疑配偶有婚外情,可以将其放在配偶的

衣柜内，要放一对在衣柜的暗角处，左右两边各放一只。铜金鸡还可以挡住虫煞，不论家中何处有蛀虫或虫煞，只要将铜金鸡朝向该处，就能有所改善。此外，鸡有振奋人心的作用，可以重振家中的生气，改变颓败状况。

1290 | 招财象有什么风水作用?

大象象征着吉祥、平安、幸福，是现代人家居中很好的装饰品，可以抵挡外面不吉利风水的冲击。大象吸水最厉害，一般摆放在门口或屋顶。如果将大象朝着财位摆放，又正好碰见有水的话，那么水是财，大象能帮助住宅主人吸财，是发大财的风水布局。

1291 | 兔有什么风水作用?

在人们印象中，兔子是喜欢干净而且温和的动物，所以在风水上被认为是相当吉祥的灵兽，可以借助其温和的灵动力去化解煞气。风水兔选择木质材料制作最好，陶瓷也可以，不过如果是金或玉质，反而会使祥和的灵动力变为庚气而无法发挥。

风水兔最适合摆放在东方或东南方，切忌放置在西方，因为西方属金，会克木。如果没有合适的方位摆设，也可以摆放在朝向大门的左手边，即俗称的青龙方，这对改善人际关系有助益；不宜摆放在右手方，白虎方属金，也会克木。

1292 | 跑马有什么风水作用?

跑马既可以招来财气，又有助于加强事业的好运，使主人前程似锦。经常出差公干或奔走于两地的人士，适宜选用一对铜马摆放在写字台或家中的财位上，取"马到成功"之意。马有健康之相，有利远方，此物不宜放在卧室或灶台，因马为午，午属火，水火相克，不宜。同时属鼠者也不宜摆放跑马。将马放置在面向大门或窗口的地方为大吉。

1293 | 牛有什么风水作用?

牛具有吃苦耐劳的习性，将其饰品摆放在家中，可以起到纳福旺财的作用，旺盛的生气对事业也有帮助。风水牛以黄金打造为最佳，浑身散发出的金色光芒，对工作、事业有促进作用，也可以使用铜质或陶瓷制作的风水牛。但是不要用木制的风水牛，因为根据五行属性，牛属土，而木会克土，使风水牛难以发挥作用。

1294 | 平安蛇有什么风水作用？

平安蛇吉祥物的来源与两则故事有关，第一则是关于释迦牟尼佛在打坐时，天降大雨，大蛇出来为其挡雨的故事；第二则是从前有一条蛇找到了七个装满金子的宝瓶，请求路人将金子和宝瓶供养给僧众的故事。平安蛇蕴涵幸运、聪慧之意，是创业、守业一族的吉物，尤其适合属蛇之人。放在家中和办公室，可保佑财宝不漏、吉祥平安。

1295 | 狗塑像应该如何摆放？

狗在风水布局上用于一些不适宜摆放狮子镇守门口的家宅，一般摆放在进门之处，而且头部须向着门

口，但有一点要特别注意，狗不宜摆放在东南方。摆放的数目以一只或两只最为有利。狗的颜色要以方位而定。若是摆放在北方，则宜用黑色的狗；若是摆放在西方，则宜用白色的狗；若是摆放在南方，则宜用咖啡色的狗。生肖属龙的命主，不宜摆放狗的塑像，生肖属兔、虎、马的人特别适宜摆放狗的塑像。

1296 | 猴子有什么风水作用？

在动物群中，猴子聪敏、狡猾、好动，与人类的性格相当接近。如果家中的小孩不喜欢与外界接触，给人自闭的感觉，就可以在厅堂显而易见的位置摆上风水猴，可以逐渐改变小孩的个性。但如果家中小孩已经很活泼好动，摆放风水猴的图绘或雕像，反而会使小孩有多动症状，此时不放为宜。

1297 | 揭玉之龙有什么风水作用？

龙是我国古代传说中的动物，在传统文化中有着极其重要的地位。龙是一种性情良好、温和仁慈的神物，它具有很好的德性，是代表方位的四种动物之一，象征着东方，即太阳升起的地方。如果因为人际关系不佳而使得诸事不顺，可以在家中左手的墙壁上或置物桌上朝向大门位置摆放一对风水龙，可起到一定的改善作用。

1298 | 紫檀骆驼有什么风水作用?

骆驼背有峰似笔架，背藏养分、水分，可以多天不吃不喝，精力仍然充沛，能经受艰苦环境的考验。故紫檀骆驼最宜处在创业时期的人和学生使用，寓意精力充沛、不怕困难、拼搏向上、走向成功。紫檀骆驼适宜摆放在书房、学生卧室和办公室。

1299 | 鱼有什么风水作用?

鱼与"余"谐音，所以鱼象征着财富。鱼跟雁一样，可以作为书信的代名词，古人为秘传信息，以绢帛写信而藏在鱼腹中，这样以鱼传信称为"鱼传尺素"。唐宋时，显贵达官身皆配以镀金信符，称"鱼符"，以明贵贱。将鱼摆放在保险柜上最佳，有旺财、催财的功效。

1300 | 龟有什么风水作用?

龟与龙一样，均属吉祥的"四圣"之一，又是长寿的象征。在遇到一些很特殊的形煞时，风水师会用龟来化解，以柔克刚，这符合风水学"凶煞宜化不宜斗"的原则。不同的龟有不同的摆放方式：

若摆放在屋内，且是放在东方及南方，则宜用木龟。

若摆放在屋外的栏杆上，或是摆放在住宅西南及西北方，则宜用石龟。

若摆放在鱼缸中，或是摆放在住宅北方，则宜用瓦龟。

若摆放在金属制品上，或是摆放在住宅西及西北方，则宜用铜龟。

活龟同样有化煞的功效。倘若在那些受尖角冲射之处，摆放玻璃缸或瓦盆，内贮清水饲养活龟（中国或巴西龟均可）这样既可美化室内环境，同时亦可收到化煞的功效。

附录

有住宅就有方位。风水实践的成功是灵活运用住宅的吉方位，避开凶方位，纳福开运，从而创造良好的居家环境。方位所具有的能量看不到，但是它却有着巨大的影响力，不同的方位有不同的风水能量，各个不同方位上的房间都会给运气带来或好或坏的影响。如果居住者能对住宅的不同方位有较清晰的认识，就能在建造房屋时避开不良的方位布局，通过装修改良房屋的风水，以及摆放相应的吉祥物来改运，使阖家安康、事事顺意。

本附录对住宅的不同方位作了详尽的分析，以图解的形式向大家展示各方位的风水好坏，让大家从中学会取舍，运用好的方位风水助旺家运。

一、大门方位

大门的方位是很有讲究的。基于八角形的易经符号，大门向着八种可能的方向，都会有不同的幸运。向北的门可使生意兴隆，向南的门易于成名，向东的门使家庭生活趋于良好，向西的门则荫及子孙，向东北的门代表智慧及学术上的成就，向西北的门利于向外发展，向东南的门有利财运，向西南的门则会喜得佳偶。

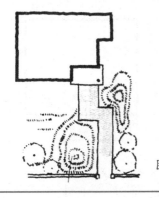

门前通道两旁设假山流水，高度不宜太高（如图1）。

图1

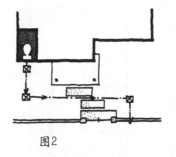

污水排水管不宜通过门前（如图2）。

图2

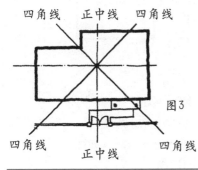

四角线　正中线　四角线

四角线　正中线　四角线

不宜把门扉设在四角线和正中线上（如图3）。

图3

不宜以大型庭石挡住门前通道（如图4）。

图4

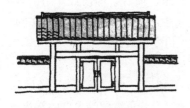

大型门楼应视为独立建筑物，另行搭盖（如图5）。

图5

宅地比马路高时，大门应设在与宅地等高的位置（如图6）。

图6

《二、窗户方位》

住宅不管朝向哪一个方位，只要在东方向阳的一面有窗，就是好的住宅。东方是生气方位，自古有"紫气东来"的说法，紫气就是祥瑞之气。房子东边有窗，可吸纳祥瑞之气，使家运生生不息，对家人的健康和运气都有助益。此外，在风水学中，不同的开窗方位都有不同的含义，且都有其特定的作用。

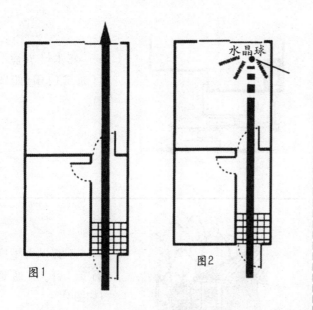

图1

图2

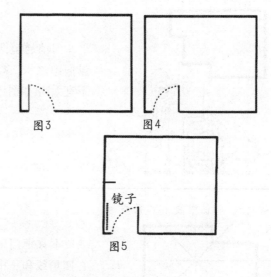

图3   图4

镜子

图5

正门与窗户成一直线（图1）

打开正门立即可看到房子内部隔间的窗户（如图1），会使气从正门流入后，在未充满整个房子时就立即流走。这种隔间常见于出租屋和套房。从正门到窗户之间距离越近，这种倾向就越强。

改进之法：

在正门对面的窗户悬挂水晶球或摆观叶植物（如图2）。借助这个方法，可分散从正门直行而来的气，使之扩散至整个房子中。

门不开在墙壁内侧时（图3）

如图3所示，门向着房间内侧开，是一般的设计原则。如果门开在墙相反的一侧时（如图4），围绕着居住者的气场就会受到压缩。

从常识上来考虑，门的这种开法使墙和门之间会显得狭窄，令人觉得拘束。而且，即使打开门也无法看到整个房间，让人萌生不安感，再加上房间中的照明设备被门遮住，使入口变得昏暗。

改进之法：

改装门。如果做不到这一点时，可如图5所示，在内侧的墙上安装镜子，借此可以解除入口的拘束感，避免对气场的压迫。

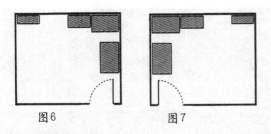

图6　　　　　　　　　图7

门的旋转法则

房间的门也是小的气口。如果按照门的开法来摆设家具的话，会使能量更有效地充满室内。

具体而言，如图6所示，房间的门是向右开时，可由房间的右边起，按照家具的大小顺序向左排列。相反，如图7所示，房间的门是向左开时，可由房间的左边起，按照家具的大小顺序向右排起。这种法则称为"旋转的法则"，最适用于客厅或起居室等比较大的房间。

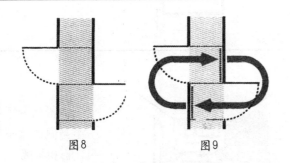

图8　　　　　　　　　图9

门与门的接合有明显的偏离时（图8）

隔着走道的两个门，其接合情况如图8所示时，居住者的气场会受到抑制。由于门的偏离，致使相向房间之间的能量关系遭到隔断，两个房间的气无法相互流通，居住者的身体（正确来讲，是身体的气场）就处于微细的"乱气流"之下。

改进之法：

改善的对策是，像图9那样各自在门口对面的墙壁上挂镜子，或贴上自然景观的照片、海报，以创造出象征性的空间。这样做，两个房间就可以产生一种气的交流关系。

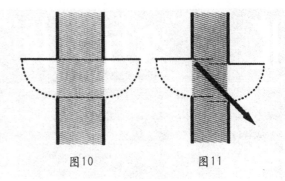

图10　　　　　　　　　图11

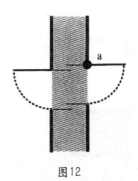

图12

门和门的接合有微小的偏离时（图10）

隔着通道相向的两道门，其关系可以说是使居住者的身心形成各种症状的原因。

如图11所示，门与门之间接合情况似乎良好，是没有问题的设计，但仔细一看却有微小偏离的情况。两个门的接合情况不良时，很容易使居住者在情绪或健康方面发生障碍，家人之间也会发生纠葛。而且，在工作上也很容易发生问题。

改进之法：

在门框与眼睛同高的位置上（如图12），贴上颜色鲜艳的装饰性邮票或小的照片、装饰品，使其能经常吸引居住者的注意。不过，尽管进行了这样的处置，在这个角的延长线上（对面的房间）也不可摆置床、桌子、沙发等。

《三、客厅方位》

客厅是居家生活、交友会客的活动空间，是住宅面积最大的地方，它反映出家庭面貌和居住者的社会地位。因此，它的设计和布置的指导思想应该是"和"和"福"两字。客厅的整体格局宜安排得祥和、清雅、平稳、通达，并具有活力，不宜布置得华而不实。客厅风水的好坏会直接影响到家运的盛衰和家庭成员间的相互关系。

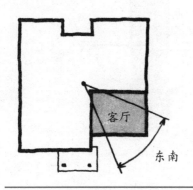

为了使家中访客增多，应把客厅设在东南方位。

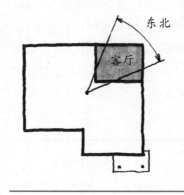

使用频率较低的客厅，设在东北方位较理想。

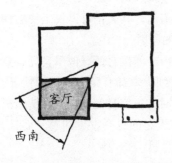

西南方位的客厅，不适合用来招待客人。

倘若把客厅的一半当做储藏室使用，吉相将减半。

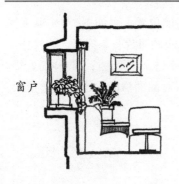

客厅的窗户，以多摆设盆景较为理想。

大厅的延长部分和走廊

如果将走廊和大厅的延长部分当做客厅使用，其天花板不可用通透式的。

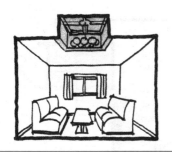

客厅天花板的中间有凹处，吉相会减半。

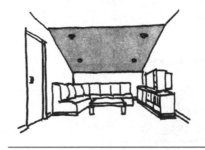

客厅的天花板不宜太低。

客厅勿隐于屋后

客厅正确的规划应该是一入大门即可到达。若需先经卧室或厨房才能进到客厅，不宜。

改进之法：

应重新规划，使客厅位于入门显要之处。

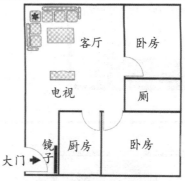

客厅镜子不可正对大门

镜子在某些情况下，固然可以避邪，但也会阻挡财气，故镜子不宜正对大门。镜子亦不可太大。

改进之法：

◎镜子移位。

◎若镜子固定嵌在壁上，无法立刻取走，则可贴上海报或壁纸遮掩。

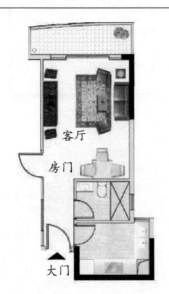

客厅宜方正实用，开阔大气。

布局合理，动静分区，作息互不干扰。

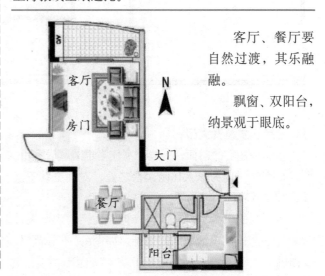

客厅、餐厅要自然过渡，其乐融融。

飘窗、双阳台，纳景观于眼底。

客厅的下方不宜设计成车库。

坐北朝南，视野开阔，君临之态。
高瞻远瞩，尽览自然风光。

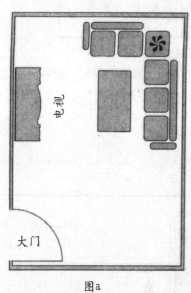

图a

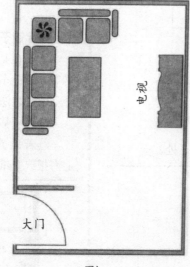

图b

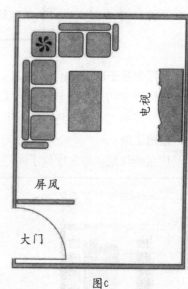

图c

客厅沙发莫背大门

　　客厅是住宅的门面，一般公寓住宅也兼起居室用。所以，客厅对内为家人休闲聚会之处，对外更具备了接待客人的功能。

　　客厅内的主要家具有二，一为沙发，二为电视及音响等。其摆放以沙发向门为准，如图a；不可背门，如图b。

改进之法：

◎移动沙发、电视，使之成正确位置。
◎若背门时，可加屏风或设玄关阻隔，如图c。

【四、餐厅方位】

最好的餐厅位置是设在东南方，因为此方位空气足，光线好，比较容易营造出温馨的就餐氛围，有益健康。餐厅也适合设在住宅的东方，这个方向是太阳升起后最早照射的地方，能给人勃勃生机和活力。如果在此方位吃早餐，更能激发家人积极向上的进取心。

餐厅宜在东南方

餐厅自身的方向最好设在东南方，如此一来就餐在充足日照之下，有利于家人健康（如图1）。

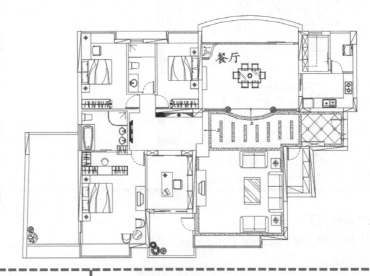

图1

冰箱宜朝北

若在餐厅内摆放冰箱的话，则冰箱的方位以朝北为佳，不宜朝南（如图2）。

图2

餐厅格局要方正

餐厅和其他房间一样，格局要方正，不可有缺角或凸出的角落。长方形或正方形的格局最佳，也最容易装潢（如图3）。

图3

餐桌不可正对大门

大门是纳气的地方，气流较强，所以餐桌不可正对大门（如图4）。

改进之法：

若真的无法避免，可利用屏风挡住，以免视觉过于通透（如图5）。

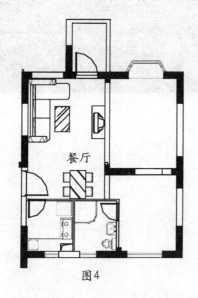

图4

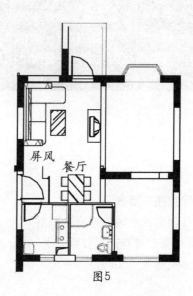

图5

餐厅和厨房避免距离过远

餐厅和厨房的位置最好设于邻近，避免距离过远，因为距离远会耗费过多的置餐时间（如图6）。

改进之法：

一般厨房的位置是不能改变的，所以最好重新调整餐厅位置，将客厅与餐厅位置对调（如图7）。

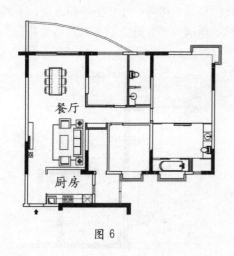

图6

图7

餐厅不宜设在通道

客厅与大门之间都有个通道，餐厅不宜设在通道上（如图8）。

改进之法：

调整餐厅位置（如图9）。

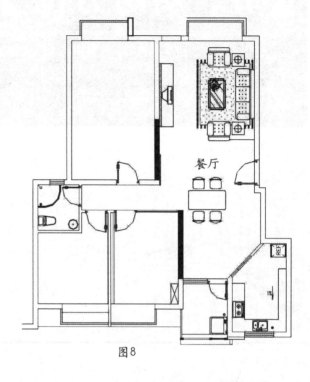

餐厅

图8

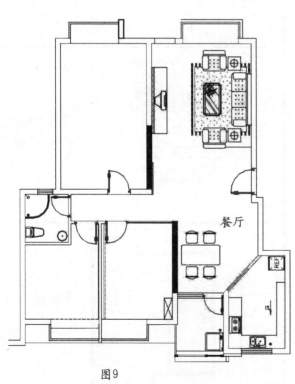

餐厅

图9

《五、厨房方位》

位于东方位的厨房是吉相，因为东为木，木生火；且太阳在东方出，易照到厨房，合乎卫生。位于东南方位的厨房也是吉相，阳光充足。从环境卫生学的立场而言，东南方最好，四季都有充足的光线，空气新鲜，通风也极佳，食物可以保持较久的新鲜度。

图1

厨房内不宜放置容易腐败的东西（如图1）。

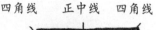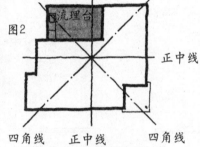

四角线　正中线　四角线

图2

正中线

四角线　正中线　四角线

流理台不能设在厨房的正中线与四角线上（如图2）。

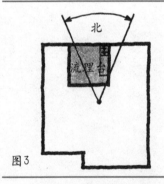

北

图3

流理台不宜设在北方（如图3）。

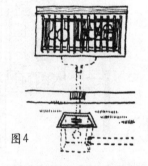

图4

流理台下方的污水槽位置应多加注意（如图4）。

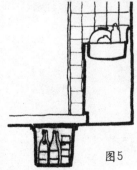

图5

地板下的储藏柜不宜太大（如图5）。

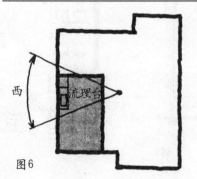

西

图6

流理台不宜设在西方（如图6）。

《六、卫浴方位》

卫浴间最适宜的方位是设在住宅的四周，而卫浴间的门应面对着墙壁。如果方位格局造成卫浴间的门无法面对着墙壁，那么最好在卫浴间的门前摆设一面屏风，它能有效地阻挡污秽的气体，使其不易流入住宅中的其他房间。对于中国的坐北向南的住宅而言，南面是阳的位置，为延年位，是采光条件最优越的地方。在中国，习惯上不把卫浴间设在住宅的南方，因为人们在卫浴间的时间最短。

玄关上方不能设置浴室（如图1）。

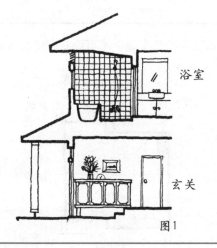

浴室

玄关

图1

厕所外面不宜设有池塘（如图2）。

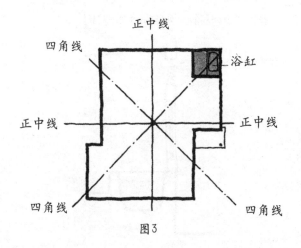

厕所

图2

浴缸禁设在正中线或四角线上（如图3）。

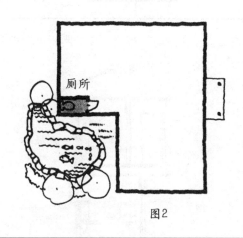

正中线

四角线

浴缸

正中线　　　　正中线

四角线　　　　四角线

图3

玄关上方不宜设有厕所（如图4）。

厕所

玄关

图4

浴室宜在靠房屋外墙的位置（如图5）。

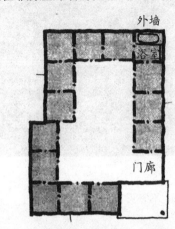

图5

厕所不能设在房屋中心（如图6）。

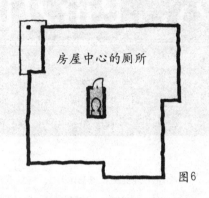

图6

在二楼设厕所时，应与一楼的厕所位置相同（如图7）。

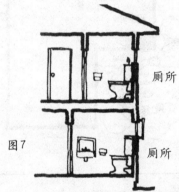

图7

浴室排水管的接头处，不可设在四角线或正中线上（如图8）。

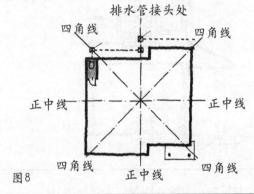

图8

位于北方的厕所，若把化粪池设在北方位不好（如图9）。

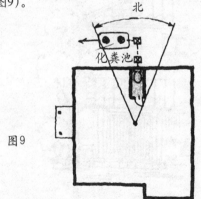

图9

浴室的通风设备必须良好（如图10）。

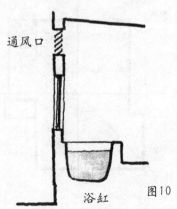

图10

在楼梯下方可以设浴室（如图11）。

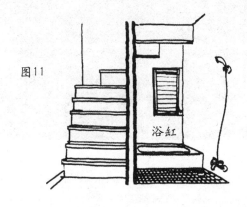

图11

浴缸

浴室中问题最大的是浴缸部分（如图12）。

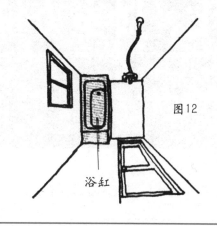

图12

浴缸

厕所隔壁不宜设财位（如图13）。

厕所

财位

图13

厕所排水管不宜通过玄关前（如图15）。

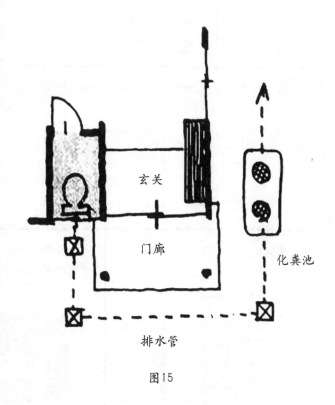

玄关

门廊

化粪池

排水管

图15

热水器应设在屋外（如图14）。

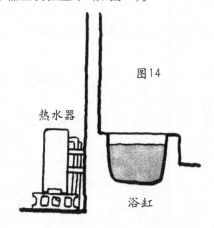

图14

热水器

浴缸

《七、卧室方位》

卧室宜安排在朝阳的方向，卧室门不宜相对。现代家庭设计中经常将卫浴间安排在卧室内，这样虽然方便而且时尚，但是却容易使水汽进入睡眠空间，影响房间空气的清新度。这种情况下一定要注意用各种设计手段做好卫生间的防水和干湿分离。此外，卧室门不能面对厨房门，以免受到油烟的污染。

卧房隔墙并排时，床位不能排成十字形(如图1)。

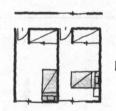

图1

以钢筋水泥建成的房子，应选择通风良好的房间当做卧房(如图2)。

图2

如果主人的性情较暴躁，应睡在西北方位的卧室(如图3)。

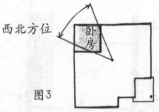

图3

卧房天花板太低，对健康有害(图4)。

图4

床铺面向北方较为理想(如图5)。

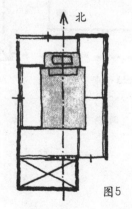

图5

卧房的天花板过分花哨，易对居住者性格产生不良影响(如图6)。

图6

性情较为强悍的主妇不妨睡在西南方位的卧房(如图7)。

图7

《八、书房方位》

书房的理想位置是在住宅的东部或东南方，该方位能使人更自信、活跃，有助于事业和谐有序地成长；书房设在住宅的南方能帮助办公者吸引客户对其经营业务的注意力，并且令其业务受到欢迎；书房设在住宅的西北部有益于领导、组织与协调他人，以巩固事业并获得他人的尊敬。

不常用的书房应设在东北方位(如图1)。

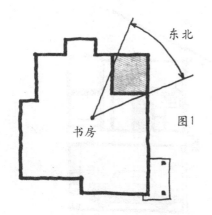

东北

书房

图1

书房中的正中线与四角线上，不能放置暖炉器具(如图2)。

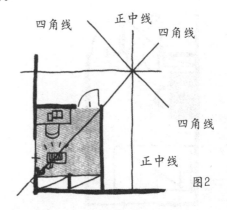

四角线　正中线　四角线

四角线

正中线

图2

书房不宜设在车库上方(如图3)。

书房

车库

图3

书房的位置以远离马路为宜(如图4)。

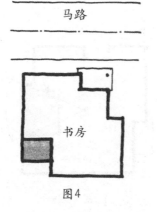

马路

书房

图4

书房内的书桌面对门口为吉(如图5)。

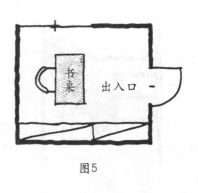

书桌

出入口

图5

405

九、儿童房方位

将孩子的房间设于何处，应该按照其年龄决定。在孩子年纪尚小时，儿童房应紧邻父母的房间；等到孩子10岁以后，房间最好与父母的卧室保持一定的距离，以便各自拥有独立的生活空间。另外，儿童房不宜设在房屋中心，因为房屋中心是住宅的重点所在，倘若将一屋的重点用作儿童房，便有轻重失调之弊。

儿童房的桌子最好面对墙壁(如图1)。

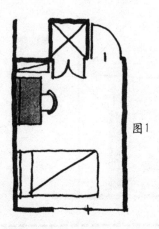

图1

儿童房的下方不宜设置车库(如图2)。

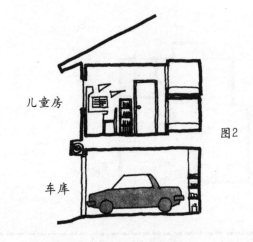

图2

位于南方位的儿童房，门扉上方应加设气窗(如图3)。

图3

儿童房的吉相方位是东方(如图4)。

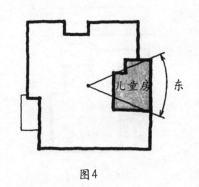

图4

为了使子女学业成绩进步，最好让其朝东睡觉(如图5)。

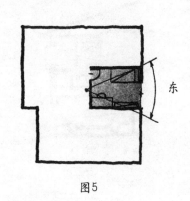

图5

若儿童房内的窗户被树木遮盖，则对儿童房的采光有影响(如图6)。

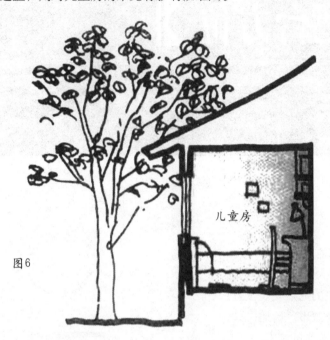

图6

儿童房

儿童房天花板的颜色最好采用素色(如图7)。

图7

《十、吧台方位》

在风水学中，若吧台在南方，放置红色、紫色的装饰品或物品可以加强气场，引进财气；若吧台是在北方，则要用黑色或蓝色，因为黑、蓝色代表北方，五行属水，也可以放置高脚水晶杯；西方与西北方都属金，金、银色的饰品可以带来好的气场；西南方与东北方属土，可以选择黄色为主色的饰品装饰；东方与东南方属木，可放置绿色饰品或是发财树。

吧台宜设在吸引人的地方（如图1）

如果家中的空间足够大，可以另辟休息室和视听室，这都是不错的吧台安装位置，正好与其功能契合，相得益彰。除此之外，吧台应该选择在能吸引人久坐的地方。

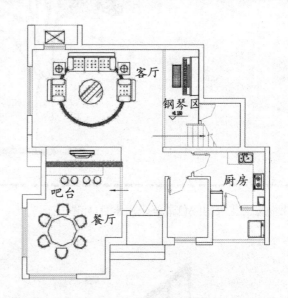

图1

吧台可设在客厅电视的斜对面（如图2）

随着有线电视普及频道的增加，许多人在电视前的时间越来越长。将吧台设计在电视斜对面的位置，可以边喝茶边欣赏精彩的歌舞晚会或者激烈的足球比赛，更能为宾客提供聊天的话题。

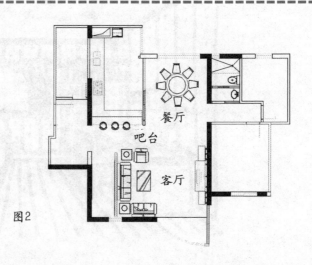

图2

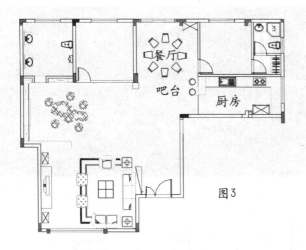

图3

吧台可设在餐厅与厨房之间(如图3)

它的功能有一点类似于便餐台。在一居室的公寓里，这样的吧台很常见也很方便，在不大的地方，也能有效地提高生活质量。它的内涵就两个字：休闲，回家后的第一杯饮品，朋友间的尽兴夜谈……一个用于休闲的吧台，其功能应该考虑得更全面一点。

图4

吧台可设在厨房与客厅交界处(如图4)

吧台建在厨房与客厅交界处也是不错的主意。客厅是一般家庭招待客人的最佳场所，而厨房是储藏食物的地方，如果能综合两个空间的优势，在其交界处设计吧台，岂不两全其美？

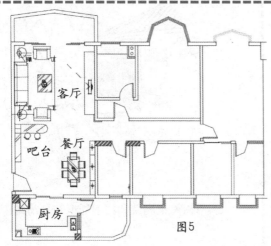

图5

吧台可设在客厅与餐厅之间(如图5)

它的功能在宴请客人时，就能充分发挥出来。在吧台上完成调酒和制作甜点，都非常得心应手。

《十一、庭院方位》

庭院要选择一个最适当的方位，合适的方位能形成一个上佳的气场，对居住者的人生、事业都有很大的帮助。南方位的庭院，日光充足，使人心旷神怡。如果庭院建造在不当的位置上，并且配有不合适的建筑设施，就会形成一个异样的气场，给生活带来不协调气氛。

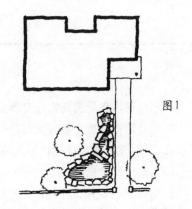

图1

庭院门前的通道旁不宜设有水池(如图1)。

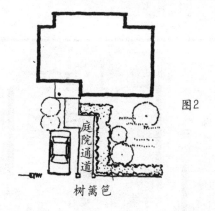

图2

庭院门前通道两旁最好种植树木(如图2)。

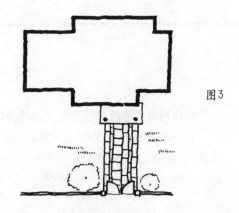

图3

庭院门前的通道不宜铺设太宽(如图3)。

图4

利用树篱把庭院和门前通道划分清楚(如图4)。

《十二、阳台方位》

一般而言，阳台的方位以朝向东方或南方为佳。古人说得好，"紫气东来"，而所谓"紫气"，就是祥瑞之气。祥瑞之气经过阳台进入住宅之内，一家人必定吉祥平安。由于日出东方，太阳一早就照射进阳台，全宅显得既光亮又温暖，全家人也因而精力充沛；如果阳台朝向南方，古人称"熏风南来"，"熏风"和暖宜人，令人陶醉，在风水学上也是极好的。

阳台加盖部分不宜安床(如图1)

将阳台纳入卧室之内，使之变大，这是一般公寓常见的改建方式。如附图的卧房，斜线部分即原有阳台。

此时注意，原来阳台部分不可安床，只可放橱柜或椅子等。床位应在原来的卧房内。

改进之法：

如前述，在原有阳台部分不安床即可。

图1

大门与阳台不可成一直线(如图2)

有些住宅会出现打开大门即可看到阳台门的情况(如图2)。这种情况与开门即见窗差不多。

改进之法：

在直线上放置屏风或橱柜隔断(如图3)。

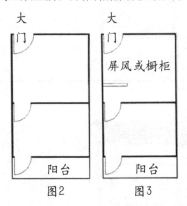

图2　图3

图4

阳台不可全部改建成室内部分(如图4)

住宅不能没有后门。"门宜常开，户宜常关"，所谓"户"乃指家里的后门，作为临时进出及紧急之用。

住宅中，后户不得高大于前门。前门宜置两扇，后户则只可置一扇。目前的大厦或公寓住宅，厨房通到后阳台的门即可论为后门。

改进之法：

不可将所有阳台改建成室内部分，以致形成没有后门的格局。

411

《十三、过道方位》

住宅的过道是一宅之动向位置，若此位置的瓷砖色彩的五行与此方位之五行相克，谓之杀气克宅场，主家宅不宁。此处方位是以本宅中心点分出，东方和东南忌白色瓷砖，西和西北忌红色瓷砖，南方忌黑色瓷砖，北方忌黄色瓷砖，东北、西南方忌绿色瓷砖。

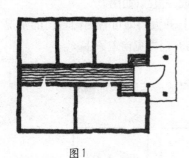

图1

过道不宜将房屋分隔成两半(如图1)。

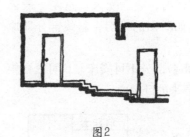

图2

镂空过道应有扶手(如图2)。

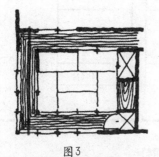

图3

过道的宽度最好在1.2米左右(如图3)。

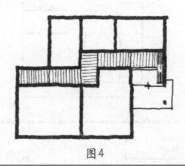

图4

避免过道逐渐升高的格局(如图4)。

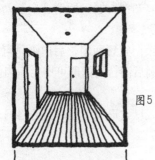

图5

过道不宜铺设榻榻米(如图5)。

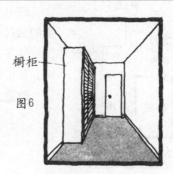

橱柜

图6

在过宽的过道上，最好能摆设一些橱柜作装饰(如图6)。

过道长度为房屋深度的2/3以下较理想(如图7)。

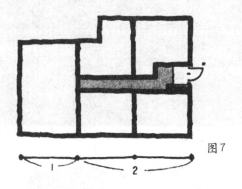

图7

过道的宽度倘若超过1.2米，就视为房屋的延长(如图8)。

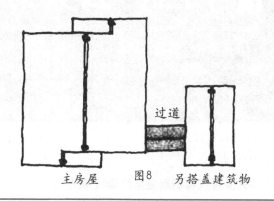

主房屋　图8　另搭盖建筑物

室外过道，如果宽度超过1.2米，主残缺现象，不宜(如图9)。

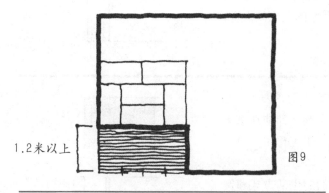

1.2米以上

图9

房屋中心有过道，而过道的屋顶是通透式的时，不宜(如图10)。

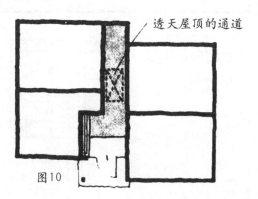

透天屋顶的通道

图10

昏暗的过道，应加设照明灯(如图11)。

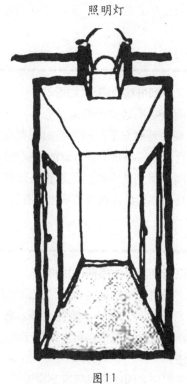

照明灯

图11

十四、玄关方位

玄关宜设在住宅的正门旁边偏左或偏右为吉。如果玄关与住宅正门成一条直线，外面过往的人便容易窥探到屋内的一切，所以住宅正门入口宜设在稍偏左或偏右的位置，不要与玄关成直线，以保持屋内的隐秘性。

玄关可以看到起居室的隔间（如图1）

这是玄关和房间的位置关系中，最为理想的隔间。如果一回到家，起居室就出现在眼前，内心就会觉得无比轻松和放心。而且懒懒地坐在沙发上，一边看电视，一边和家人和乐融融地闲聊，可以解除工作上的紧张和压力。由于家里是安适休息的场所，所以这种隔间对于工作疲累回家的上班族而言，最为理想。

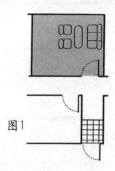

图1

玄关可以看到书房的隔间（如图2）

这种隔间会提高居住者的向学心、求知欲和工作上的干劲。即使在家中也不会糊里糊涂地过日子，而会将时间花在看书或全心投入于工作中。可以说，这是适合家中有小孩准备考试的隔间布局。

房子的隔间所创造出来的无意识条件甚至会影响到我们的生活方式和健康状态，从现代心理学的观点来看也具有科学性。

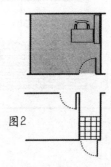

图2

玄关可以看到厨房的隔间（如图3）

住在从玄关可看到厨房的房子或公寓里的人，有一回到家，上衣也不脱，立即走向厨房的倾向。打开冰箱往内瞧，看看有没有东西吃，是回家后第一个动作。平常在家时，也常在厨房或餐厅内度过。

改进之法：

在玄关和厨房之间摆设屏风或装窗帘就可以解决。

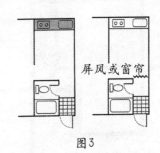

屏风或窗帘

图3

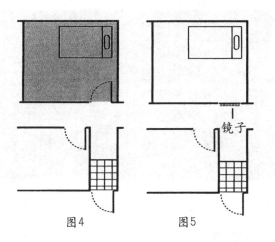

图4   图5

玄关可以看到卧室的隔间(如图4)

或许一般人会认为，这和玄关可以看到起居室的隔间一样，是能令人心情放松的理想隔间。但是，这种隔间因为太过强调轻松的一面，所以让人一回到家就会感到疲劳，而需要立即休息和睡眠。情况严重的话，有使人欠缺干劲、向上心，陷入暮气沉沉、消极的人生观之虞。

改进之法：

可在卧室的门上装面镜子来调整(如图5)。

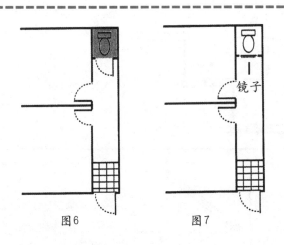

图6   图7

玄关可以看到厕所的隔间(如图6)

住在打开玄关门就可看到厕所的房子或公寓里的人，回家后第一件事就是想上厕所。因为当一进玄关最先看到的是厕所门，就会在潜意识中唤起人的尿意。

改进之法：

可在厕所的门上安装一面可以照到全身的镜子，借此创造出视觉空间感来化解(如图7)。

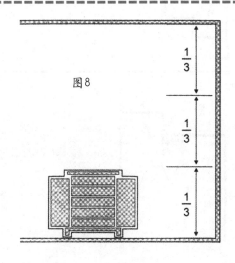

图8

玄关鞋柜不宜超过墙面的1/3(如图8)

如要在玄关放置鞋柜，其高度只能占墙面的1/3。皆因墙壁之最上为"天"，中为"人"，下为"地"。鞋子带来灰尘及污秽，故只宜置于"地"之部位。否则，门口玄关部位污秽不堪，属不吉。

改进之法：

移走或更换为较低鞋柜。若高鞋柜是固定的，无法移走，则柜内的鞋子只可置于低层，高层只可放置其他干净物品。

《十五、楼梯方位》

楼梯既是家中接气与送气的所在，也是容易发生事故的地方。楼梯的理想位置是靠墙而立，避免设在房屋的中心。若方位不对，就会给家中带来损害。从住宅的角度而言，楼梯为重要之"气口"，因此布局上必须尽量位于旺方，尽量做到不让楼梯口正对着大门。

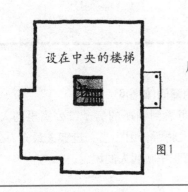

设在中央的楼梯

图1

楼梯不能设在房屋中央。(如图1)。

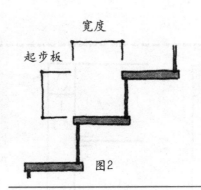

宽度

起步板

图2

楼梯的阶梯不宜太高(如图2)。

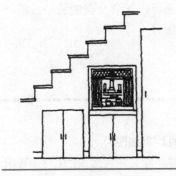

图3

不宜把财位设在楼梯下方(如图3)。

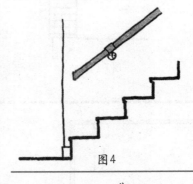

图4

家中有老人时，楼梯应设扶手(如图4)。

厕所

图5

只要楼梯方位安全，即使楼梯下方有厕所也无妨(如图5)。

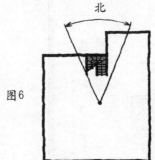

北

图6

北方位不宜设楼梯(如图6)。